物理は自由だ 1

江沢 洋 著

力学

【改訂版】

日本評論社

はじめに

　このシリーズ，「物理は自由だ」で試みたいと思うのは，「物理」という科学の大筋を描きだすことである．第1巻では「力学」をとりあげる．読者としては，物理をABCから学びたいと思っている人々を考える．高校生なら読める，というふうに書きたいと考えているが，ときには背のびが必要なところもでてくるだろう．あえていえば，いまの高校物理に不満な人たちに，この本は読んでもらえるようにしたい．

　高校物理の教科書をみると，著者たちの自己規制のせいだろうか，何か奥歯にものがはさまったような書き方だなと思うところが少なくない．そこをすっきりさせたいというのが「物理は自由だ」の心である．それに，もうひとつ，高校で物理と数学が別々に教えられていることが以前から気になっている．数学で微積分を教えるとき力学の直観を利用しないのは見当はずれな話だし，せっかく習った微積分を物理で利用しないのももったいない話である．この点も「自由」にしたい．

　もう1つ「急がない自由」も欲しい．気になったことは，時間をかけて考える．そうすると，物理の大通りからそれてしまうこともあるだろうが，想像力のおもむくところ横町の探検もしよう．崖も登ろう．わからないことに出会ったら，大切にしよう．わからないことは物理の宝だ．

物理をABCから解説するといっても，その出発点はいろいろ考えられる．Axioms（公理）からはじめることもできるかもしれない．そうすれば物理の構造が見通しよく提示できるだろうか．それとも，ひとまずAncientの時代までもどって物理学の歴史的発展をたどるほうがいいか．

現在ぼくが考えている書き方は，そのどちらでもない．書いてみたいのは，できあがったときに自ずと教科書批判になっているようなものである．それには，なるべく同じ土俵の上で相撲をとるようにせねばなるまい．

教科書といえば，すぐに「学習指導要領」と「検定」とが頭に浮かぶ．検定のことは知らない．すくなくとも指導要領のほうは，昔とちがって，きわめて寛容になっている．「総合理科」なんていう科学の足場なしの博物学を必修として押しつけている点を別にすればの話だが，1994年に高校に入る生徒から適用されるという文部省編の『高等学校学習指導要領』(1989年3月[1])に「書かれていること」は大まかで，問題とするにたりないともいえる．問題は，教科書を出版する側の「指導要領」の「読み方」のほうにあるようだ．

なお付け加えれば，こんどの指導要領で目だつのは「簡単に触れる」，「初歩的な程度にとどめる」，「扱わない」のくりかえしである．物理は「物理ⅠA」または「物理ⅠB-物理Ⅱ」という2路線になっている．いま，物理ⅠBを見ると，その「力のつりあい」の個所で「慣性モーメントは扱わない」といっているのは御愛嬌だが（なぜなら，慣性モーメントは，つりあいが破れて運動が始まるときに初めて問題になる量だから！），2次元の運動にも「簡単に触れる」が円運動は「扱わない」といっているのは，運動は直角座標成分に分けて考えるべし，ということか？

物理ⅠBで直線運動を——これは「簡単」「初歩的」「定性的」のいずれの制約もなく——扱い，「理想気体の状態方程式は扱わず」に「気体の圧力と分子運動の関係」はとりあげ，しかし「定性的な扱いにとどめる」という．この苦心の混乱は，なんと評すべきか？

この気体の圧力と分子運動の関係は，物理Ⅱで「円運動」を扱うまで待つことになっている．「待つ」というのは，こんどの指導要領には，以前はあった「教える順序は指導要領の項目の順序でなくてもよい」という注意が書かれていないからである．書かれ

平成元年版『高等学校学習指導要領』（文部省）．物理ⅠBの部分．「理想気体の状態方程式は扱わないこと．」の文字が見える．

ていなくても以前のとおりだ，と文部省がいってくれたら結構だが，それでも分子運動が直線運動から切り離され，円運動と一緒に物理IIにまわされていることは動かない．

　こうして学んだ生徒たちは，物理学的に探求する方法を習得し，創意ある研究報告書を作成することになっている．

　物理Iには，「B」のほかに「A」もあり，それぞれ次の目標を掲げている．

　物理IB：
　物理的な事物・現象について
　観察実験などを行い
　物理学的に探求する能力を育てるとともに
　基本的な概念や原理法則を理解させ
　科学的な自然観を育成する．

　物理IA：
　日常生活と関係の深い物理的な事物・現象に関する
　探求活動を通して
　科学的な見方や考え方を養うとともに
　物理的な事物現象や物理学の応用について理解をはかり
　科学技術の進歩と人間生活とのかかわりについて認識させる．

ここで，Bでは「理解させる」，「育成する」で文が終わっていることからみて，文頭の「観察実験などを行なう」のも教師であることになる．Aでは，教師は理解をはかれば足りる．

　このA，Bを通じて「原子力の利用とその安全性の問題にも」——Aでは「簡単に」だが——触れることになっている．どんな問題に教科書が触れるか，注目される．

　以上が目論見である．読者に，物理の自由が楽しんでいただけたらと思う．

　この本は『数学セミナー』の連載（1982-3年）をもとにしている．連載中に読者からいただいた質問と連載後のお手紙を巻末に集め，「読者からの手紙，著者の返事」とした．これからのお手紙も，改版の折りに収録できたらと願っている．よろしく．

　1991年11月

　　　　　　　　　　　　　　　　　　　　　　　　江沢 洋

[改訂版にあたって]

　この機会に誤植を訂正しました．丹念に読んで誤植を指摘して下さった都立・小石川高校の上條隆志先生と生徒さんたち，および都立・小山台高校の吉埜和雄先生と生徒さんたち，特に横瀬史拓さんに感謝します．また，これまでの版にあった「座談会」の記録を割愛しました．そこで指摘された物理教育の問題がなくなったわけではありません．問題は，新手を加えてますます重大になっています．指導要領の拘束性が緩和されたかにいう向きもありますが，囲み記事が増える程度です．体系を自由に構想することは許されていません．

　　　2004年1月

　　　　　　　　　　　　　　　　　　　　　　　　　江沢 洋

●註

　1) 指導要領の改定がおこなわれたのは1989年3月である．前回の改定は1978年8月であった．そのとき「あれもこれも，と教える中身がふくらむばかりだった日本の教育に初めてブレーキがかかる」といわれた（毎日新聞，1977年6月9日）．いわゆる「ゆとりの教育」への転換である．

　こんどの改定で「ゆとり」はいっそう増し，理科の必修は「総合理科」4単位だけでよくなる．高校での'物理ばなれ'はいっそう進むだろう．

　食べる量を減らせばゆとりは生まれるのか？

[お手紙をください]

　この本に対するご意見やご感想，あるいはご質問などをお寄せください．もっとひろく

　　　物理に関すること，　物理教育に関すること，
　　　高校物理の教科書に対する批判，　科学について

など，皆さんが日頃から抱いておられるご意見や疑問でもかまいません．自由にお書きください．

　お寄せいただいたお手紙は，この本の増刷の機会に，（ご了解をいただいたうえで）できるだけ収録し，著者も加わって物理に対する考え方の「るつぼ」をつくってゆけたらと思います．「読者からの手紙＊著者の返事」をご覧ください．その中には中学生からのお手紙も2通あります．

　どうか，皆さん，「るつぼ」に参加してください．

　●宛先──〒170-8474 東京都豊島区南大塚3-12-4
　　　（株)日本評論社　第4編集部『物理は自由だ』係

目 次

はじめに　　　　　　　　　　　　　　　　　　　　　i

第1章　運動を記述する　　　　　　　　　　　　　1

第1講　運動の記述　　　　　　　　　　　　　　2
1.1　位置を言い表わす　　　　　　　　　　　　　3
1.2　変位　　　　　　　　　　　　　　　　　　　5
1.3　物体の運動　　　　　　　　　　　　　　　　7
　　　問題　　　　　　　　　　　　　　　　　　9
　　　●物理量と単位の書き方　　　　　　　　　10

第2講　速度とは何か　　　　　　　　　　　　11
1.4　速度を定義する　　　　　　　　　　　　　12
　　　問題　　　　　　　　　　　　　　　　　24
　　　●よい時計をもとめて ── 時間とは何か　25

第3講　速度，加速度，加加速度　　　　　　　29
1.5　速度の変化率 ── 加速度　　　　　　　　　29
　　　問題　　　　　　　　　　　　　　　　　32

第2章　ベクトル算　　　　　　　　　　　　　　35

第4講　ベクトル談義　　　　　　　　　　　　36
2.1　自由ベクトルの算法　　　　　　　　　　　38
2.2　自由ベクトルは同値類　　　　　　　　　　40
2.3　自由ベクトルを成分で表現する　　　　　　40
2.4　座標系を変える　　　　　　　　　　　　　43
　　　問題　　　　　　　　　　　　　　　　　48

第5講　ベクトルの積　　　　　　　　　　　　50
2.5　座標系を変える ── もっと大胆に　　　　　50
2.6　ベクトルのスカラー積　　　　　　　　　　53
2.7　回転の変換行列の性質　　　　　　　　　　57
2.8　ベクトルのベクトル積　　　　　　　　　　60
　　　問題　　　　　　　　　　　　　　　　　65

第3章　ニュートンの運動法則　　67

第6講　運動と力の法則　　68
3.1　運動の第II法則　　69
3.2　運動の第III法則　　76
3.3　運動の第I法則　　77
　　問題　　80
　　●ちがいに気づいたとき　　82

第4章　惑星の運動をきめている力　　83

第7講　運動を知って力を求める　　84
4.1　ケプラーの法則　　85
4.2　惑星は質点か　　89
4.3　等速円運動の解析　　90
4.4　楕円の幾何学　　95
4.5　惑星にはたらいている力　　99
　　問題　　103
　　●地球の自転周期は？　公転周期は？　　105

第5章　万有引力　　111

第8講　力の法則　　112
5.1　球体の引力　　112
5.2　リンゴから月へ　　118
5.3　惑星たちの質量，惑星と衛星の間の力　　121
5.4　万有引力の直接測定　　124
　　問題　　126
　　●積分法の効用(1)　　129
　　●積分法の効用(2)　　131

第6章　惑星の運動を占う　　133

第9講　力+αから運動をさだめる　　134
6.1　位置→加速度→速度→位置→……　　135

6.2	万有引力の場	136
6.3	位置→力→加速度→位置→……	137
6.4	注意をひとつ	140
6.5	面積速度一定の法則	142
	問題	144

第7章　調和振動子　　147

第10講　運動方程式を解く　　148

7.1	エネルギーの保存	150
7.2	運動方程式の解	152
7.3	解の一意性	155
7.4	楕円振動	156
	問題	157
	●屋根瓦のポテンシャル	160

第8章　中心力の場における保存　　161

第11講　保存則の効用　　162

8.1	スカラー積の微分	163
8.2	ベクトル積の微分	165
8.3	角運動量の保存則	166
8.4	エネルギーの極座標表示	169
8.5	調和振動子の運動(極座標)	170
	問題	175

第9章　運動方程式で惑星の運動を……　　177

第12講　逆2乗法則からの解析　　178

9.1	中心力の場におけるエネルギーの保存	179
9.2	惑星の動径運動	183
	問題	188

第10章　軌道の形　　191

第13講　軌道は楕円か　　192
10.1　軌道の微分方程式　　194
10.2　動径の変化する範囲　　195
10.3　方程式を解く　　196
10.4　楕円，双曲線そして放物線　　197
　　　問題　　202

第11章　軌道のベクトル方程式　　205

第14講　レンツ・ベクトル　　206
11.1　楕円軌道の場合　　207
11.2　離心ベクトルの保存　　209
11.3　エネルギーの保存　　212
11.4　軌道の形　　213
11.5　速度ベクトルの挙動　　213
11.6　とりこぼした特徴　　215
　　　問題　　217

読者からの手紙 ＊ 著者の返事　　219

解答　　259
索引　　282

式の番号について
たとえば，第1章，1.2節の3番目の式を(1.2.3)のように表わす．
ただし，同じ章の式を引用するときは，最初の数字は省略する．
たとえば，式(1.2.3)は第1章の中では(2.3)として引用する．

第1章　運動を記述する

第1講
運動の記述

第1章——運動を記述する

　物理学は自然現象を運動に還元してとらえる——ひとまずそう言っておいてもいいだろうと思う．いま，うっかり「自然現象」と書いたが，自然には存在しない人工の現象もずいぶん多くなっている．それらも，もちろん物理学の対象である．そこで，自然にせよ人工にせよ「自然法則」に従っていることに変わりはないと言いたくなるが，そうすると自然法則とは何だろうかという疑問に足をすくわれそうである．どんな物でも，支えがなければ地面にむかって落ちてくるというのが自然の法則だと思っていたら，宇宙ロケットが地球からとびだして太陽系の果てにある海王星までゆく時代になった (図1.1)．地面に落ちてくるリンゴと宇宙にとびだしてゆくロケットとに共通する法則は何か．いや，法則というまえに，両者を同じ観点からとらえること (同じマナイタの上にのせること) を考えなければならない．

　現象を演じるのは (ひとまず) 物である．そこに何か物があって，動く．すなわち，その物の位置が変化し，あるいはその物の形が変わる．形が変わるというのも，考えてみれば，その物の部分部分の位置が相対的に変わることにほかならない．

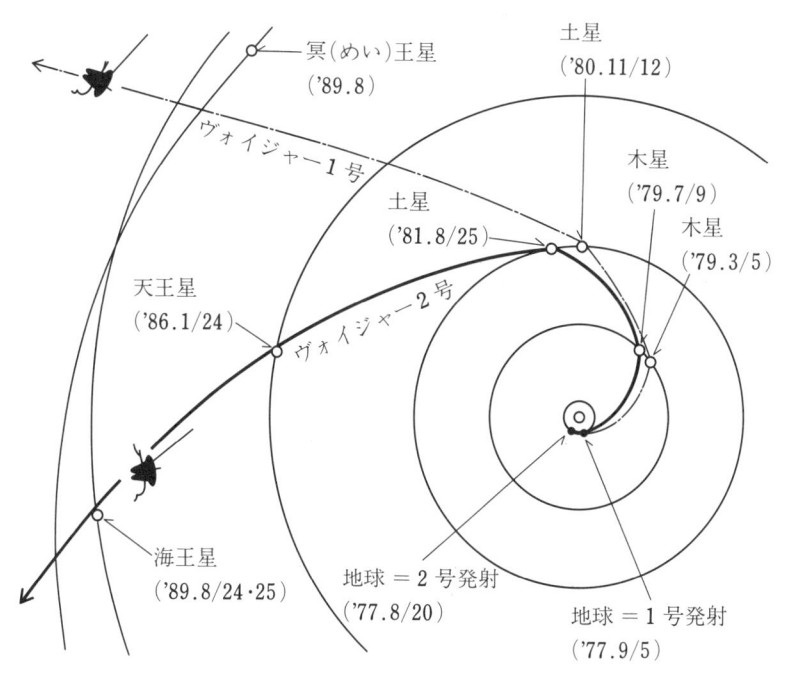

図1.1 ヴォイジャー1号・2号の飛行経路

桂 壽一訳（岩波文庫），ほかに三輪 正・本多英太郎共訳（デカルト著作集3，白水社）もある．

　このように物の位置とその変化というところに普遍を見ようとした最初の人はデカルト（René Descartes, 1596-1650）であろう．彼は1644年*の著『哲学原理』において「物体の本性は……ただ延長のうちにある[1]」と主張し，これを根拠にして「天空の物質と地上の物質とは同一のもの[2]」という普遍の認識をわがものとすることができたのである．そして，この認識が成立したとき，自然も機械となった[3]．時あたかも「（彼の国）フランスの最もすぐれた精神の持主たちの思想は，いよいよ大胆かつ自由になっていった．その政治がいっそう絶対主義的になってゆくのと対照的に——[4]．」

1.1　位置を言い表わす

　物の位置は，何かを基準にして，それと相対的に言い表わすしかない．

　1603年，征夷大将軍となって徳川幕府を成立させた徳川家康は，江戸城の正面玄関として橋をつくり，この橋を五街道（東海道，中山道，日光街道，甲州街道，奥州街道）の起点（あるいは

デカルト（フランス，1596-1650）近世哲学の父．処女作『宇宙論』はガリレオに対する罪の宣告を聞き公刊を断念．後に『方法序説』など多数の著書を発表．物心二元論．自由意思の価値を認め，その実現を真の幸福とした．幾何学に代数的方法を導入して解析幾何学をはじめた．

---

*　日本の鎖国令から5年後．

江戸時代の主な街道

原点，英語にすれば同じ origin）と定めて，日本の中心だからといって「日本橋」と名づけた．つまりは，そこから中山道に沿って××里の地点などというぐあいに位置を表わすための考案であったろう．いまは日本橋の中央に道路元標（1873年に明治政府が建立）の小さな記念碑が立ち，その頭に十字が刻んであるから，街道の原点は十字の交点として精密に指定することができる．その点を O とよぶことにしよう．

もしも，どの街道の上にもない地点の位置が言い表わしたいなら，原点 O から東北東に 41.2 km のところというような表現をすればよい．その地点を A と名づけておこう．

物理では，ここで原点 O から A 地点まで'真直ぐに'行くことを想像する．それを O に発して A にいたる矢印で表わし（O に相対的な）A の **位置ベクトル**（position vector）とよび，$\overrightarrow{OA}$ と書く．原点 O に発して東北東を指す長さ 41.2 km の矢印！ これで A 地点の位置が表わされるというわけだ（図1.2）．

辞書[5]を引いてみると，vector は旅人とか騎手を表わすラテン語（vector）からきた言葉，とある．おもしろい．『ギリシア・ラテン引用語辞典』[6]をみたら

図1.2

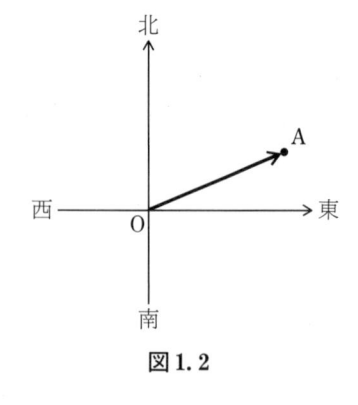

vectatio, iterque, et mutata regio vigorem dapt.
　（航海，旅行および転地は精力をあたえる）

という諺がみつかった．航海の意味だというvectatioが，われわれのvectorに関係しているにちがいない．こんなわけだから，ベクトルは運動感覚でとらえるべきものである．位置ベクトルだからといって，テレビの理科教室がやるように矢印をペタッと黒板にはりつけてすませるのではいけないのではないか．これでは動きがない．静的だ．位置ベクトル$\overrightarrow{OA}$の背後には点Oから点Aまで行く旅人があり馬を走らせる騎手があるのだから，その矢印はOからはじめてAまで力をこめて引くようにしたい．

1.2 変位

　位置をベクトルで表わすことの背後には旅人が想定されているというが，旅人は常に街道の原点から歩きはじめるとは限らない．点Aまできた旅人が次に西に53.8 km歩いて点Bに行けば，その旅は前節の流儀ではベクトル$\overrightarrow{AB}$で表わすことになろう．しかし，これを位置ベクトルとよぶことはできない．位置ベクトルは原点Oにはじまるとしておかないと混乱する（$\overrightarrow{AB}$は点Aに相対的な点Bの位置ベクトルである．このように，ていねいに言えば混乱は避けられる）．

　そこで，$\overrightarrow{AB}$には別の名前をつけて**変位ベクトル**（displacement vector）ないし**変位**とよぶ．このとき始点Aはどこにあってもよいとするから，さきの$\overrightarrow{OA}$も変位ベクトルの仲間とみることができる．

　変位ベクトルは，旅の始点と終点だけで定める．その間は直線で結んでしまうのである．そのとき旅人の歩いた道筋が真直ぐだったか曲りくねっていたかにはおかまいなしに，直線で結んでしまう（図1.3）．これは，さまざまな移動——始点と終点は共通だが途中の道筋はちがうという無数の旅を十把ひとからげに「同じ」とみなすことである．つまり，旅の詳細を捨象してしまうことであるが，そういう代価をはらった見返りとして，ある種の変位たちの間に運動感覚を導きにして代数演算が**定義**できることになる．ひとつ，やってみよう（図1.4）：

　1° **スカラー倍**　変位ベクトルのスカラー（実数）倍とは：
　　aが正の数のとき
　　　　$a\overrightarrow{AB} = $（始点と方向は$\overrightarrow{AB}$と同じ，長さは$\overrightarrow{AB}$のそれ

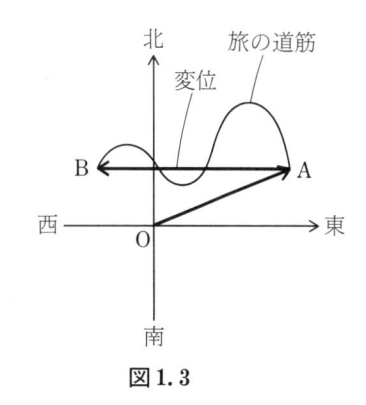

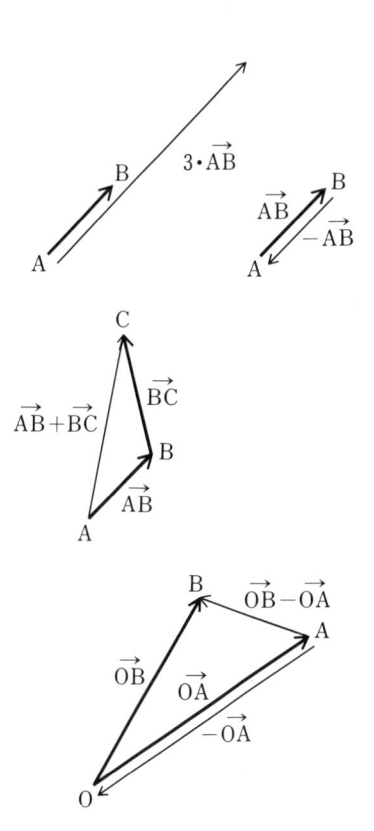

図1.3

図1.4

の a 倍のベクトル)

$a = -1$ のとき

$$(-1)\cdot\overrightarrow{AB} = (\overrightarrow{AB}\text{ の始点と終点を入れかえたベクトル})$$
$$= \overrightarrow{BA}$$

$a = 0$ のとき

$$0\cdot\overrightarrow{AB} = (長さが 0 のベクトル)$$

2° **加法** $\overrightarrow{AB} + \overrightarrow{BC} = \overrightarrow{AC}$ \hfill (2.1)

(旅人が点 A から点 B まで行き，次に点 B から点 C まで行くことは，ひとまとめにして'変位として見れば'点 A から点 C まで行くことと同等)

3° **減法** $\overrightarrow{OB} - \overrightarrow{OA} = (-1)\cdot\overrightarrow{OA} + \overrightarrow{OB}$
$$= \overrightarrow{AO} + \overrightarrow{OB} \hfill (2.2)$$

ただし，$(-1)\cdot\overrightarrow{OA}$ は 1° によって定義されており，$\overrightarrow{AO}$ に等しい．

乗法の定義のなかで'長さが 0 のベクトル'というものがでてきてしまった．長さが 0 では矢印にならないが，これもベクトルの仲間に入れてやる約束にするのである．それを 0 と書き表わす．そうすると次の式がなりたつ：

$$0\cdot\overrightarrow{AB} = 0$$
$$\overrightarrow{OA} - \overrightarrow{OA} = 0$$

ベクトルもスカラーもゼロは区別なく 0 で表わす．

上の減法 $\overrightarrow{OB} - \overrightarrow{OA}$ の定義は，2 つのベクトルの始点が共通な場合に限られている．これは次のような問題に対応する： 原点 O を出発して点 B に行くつもりだった旅人が点 A まできた．あとどれだけ旅をすれば B に着くか？ その答は，1° により $(-1)\cdot\overrightarrow{OA} = \overrightarrow{AO}$ となることから

$$\overrightarrow{OB} - \overrightarrow{OA} = \overrightarrow{AO} + \overrightarrow{OB} = \overrightarrow{AB} \hfill (2.3)$$

という至極当然のものとなる．

この算法は，しかし，減法における 2 つのベクトルの始点が共通という制限にも見るとおり窮屈なものである．そのことは加法の定義 (2.1) に対して'交換の法則'がなりたたないというところにも現われている．もし，なりたてば

$$\overrightarrow{AB} + \overrightarrow{BC} = \overrightarrow{BC} + \overrightarrow{AB}$$

となるわけだが，右辺の指示するような'C に着いた後 A から出発する'という旅は不可能なのである．そういえば，(2.3) で $\overrightarrow{OA}$ を移項するにも，項の順序に気をつけて

$$\overrightarrow{OB} = \overrightarrow{OA} + \overrightarrow{AB} \tag{2.4}$$

としなければならない．

ベクトル算の窮屈さを解消する問題は，もっと経験を積んでから改めて考えることにしたい（第2章，36ページ）．

1.3 物体の運動

物が動くというのは位置が変わることだと前に言ったが，考えてみると事はそれほど簡単ではない．たとえばゴムまりが床に落ちて撥ね返るときには，まりは一瞬ひしゃげる．そのあとは，すぐ球形にもどるのだろうか？　それとも，まりの表面が振動するだろうか？

それに対して，石ころなどは強く投げても形が変わることはあるまい．運動を調べるなら，このほうが単純である．

一般に，運動しても力が加わっても形が少しも変わらないような物体を想像して**剛体**（rigid body）とよぶ．もっと正確にいえば，物体内のどの2点の間の距離も常に一定であるような物体を剛体という．

もちろん，完全な剛体というものは存在しない．石ころだって力を受ければ少しは形が変わるだろう．だから，いまも'想像して'といったのだが——そして，これは物理でよくやる理想化（idealization）の1つなのだが，しかし，石ころの変形のような，そういう小さな変形を捨象しても差し支えない場合があることも事実だ．そこに剛体概念のはたらく場がある．

剛体ならば，その運動を記述するのに，その各点の位置の時間変化をいちいち追う必要はない．

剛体の運動は並進と回転とに分解することができる（図1.5）．これは，たとえば地球の運動について小学生でもやっていることで，地球は自転しながら太陽のまわりを公転しているという．剛体が自分自身に常に平行であるように向きを保ちながら動いてゆくのが**並進**（translation）である．もしも地球の運動が並進だけであったら，1年の間に日の出と日の入りが1回ずつになる．日の出から半年にわたって昼が続き，日が沈むと半年にわたり夜が続くのだ．その単調を救っているのが**回転**（rotation）である．

いま，回転はしばらくおく．地球の運動が並進だけだとしたら，それは地球のなかの任意の1点（たとえば日本橋にある道路元標の中心）Aの位置が時間とともにどう変わっていくかさえ言

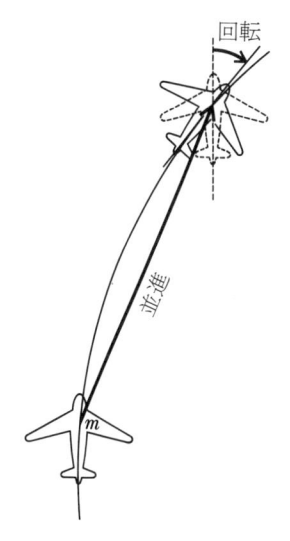

図1.5

えば，十分な記述になる．一般に，この意味で物体の位置を表わす点を**代表点**（representative point）という．代表点の位置を言い表わすには，前節で説明した位置ベクトルを使えばよい．

すなわち，空間に——たとえば太陽の重心というように——1点を選んで原点とする．この原点Oから地球の代表点Aまでひいた矢印 $\overrightarrow{OA}$ が点Aの位置ベクトルである．**ベクトルを太文字で書く**習慣に従って，それを $\boldsymbol{r}$ で表わそう．それが時刻 t の進みとともに変わってゆく様子は

$$\boldsymbol{r} = \boldsymbol{r}(t) \tag{3.1}$$

という関数をあたえることで完全に言い表わされる．$\boldsymbol{r}(t)$ と書くと，その関数の時刻 t における値みたいにも見えるが，この本ではこれを関数の記号にも敢てつかう．数学では潔癖に $\boldsymbol{r}(\cdot)$ と書く．これが便利な場合もあるが，変数を明示したほうがわかりやすい場合もあるのだ．

例1　等速円運動

いま，仮に地球（の代表点 m）は太陽（の重心）を中心とする円周の上を一定の速さで走っているものとすれば（**等速円運動**），関数 $\boldsymbol{r}(t)$ は次の3項で特徴づけられる（図1.6）：

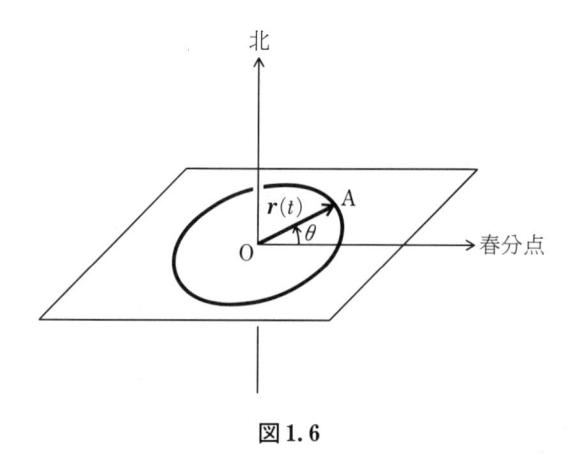

図 1.6

1°　$\boldsymbol{r}(t)$ は常に同一平面上にある．

2°　$|\boldsymbol{r}(t)| = $ 一定 $= a$．

3°　$\boldsymbol{r}(t)$ が基準の方向（たとえば春分点の方向）となす角 θ は

$$\theta = \omega t, \quad \omega = \text{一定}. \tag{3.2}$$

すなわち，θ は時間に比例して増加する．$\boldsymbol{r}(t)$ が回転する向きは，天の北極から見下ろしたとき反時計まわり．

ここに $|\ |$ はベクトルの長さを表わす．また

$$a = 1.5\times 10^8 \text{ km}, \qquad \omega = \frac{2\pi \text{ rad}}{3.2\times 10^7 \text{s}}. \tag{3.3}$$

3.2×10^7 s は 1 年の長さを秒で表わした値である．

例 2　直線運動

$$\boldsymbol{r}(t) = f(t)\boldsymbol{k}. \tag{3.4}$$

ただし，$\boldsymbol{k}$ は定ベクトル；その大きさは単位の長さとしておこう．SI（あるいは MKS）単位系なら $|\boldsymbol{k}|=1$ m とするのである！ $f(t)$ は時刻 t の関数で，たとえば

$$f(t) = \frac{1}{2}at^2 + bt + c \qquad (a, b, c \text{ は定数}). \tag{3.5}$$

定ベクトル $\boldsymbol{k}$ を，その方向は保ったまま長さだけ $f(t)$ 倍すると代表点 m の時刻 t における位置ベクトルになるというのだから，(3.4)は $\boldsymbol{k}$ を延長した直線に沿って点が「すーっ」と動いてゆく運動である（図 1.7）．もちろん，行ったり戻ったりしてもよいのであって，それは時刻 t が「すーっ」と増してゆくときの関数 $f(t)$ の増減によってきまる．一般に，1 つの直線に沿う運動を**直線運動**（rectilinear motion）とよぶ．

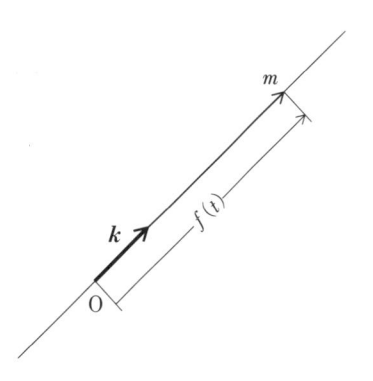

図 1.7

●註

1)　デカルト：『哲学原理』(桂 壽一訳, 岩波文庫, 1964), p. 97.

2)　デカルト：前掲, p. 112.

3)　参考——江沢：『だれが原子をみたか』(岩波科学の本, 1976), p. 131.

4)　J. ブロノフスキー，B. マズリッシュ：『ヨーロッパの知的伝統』(三田博雄ほか訳, みすず書房, 1969), p. 167.

5)　*The Shorter Oxford English Dictionary*, Clarendon Press, 1973.

6)　田中秀央・落合太郎編：『ギリシア・ラテン引用語辞典』(岩波書店, 新増補版 1963).

●問題

1.1　君が，朝，家を出て，学校に（会社に，……）着くまでの君の運動を記述せよ．

1.2　飛行機が成田空港を飛び立ってニューヨークの空港に着くまでの運動を想像して記述せよ．飛行機は高空に達したあとは大圏コースを等速運動する，などの理想化をしてよい．

物理量と単位の書き方

9ページ (3.3) の $a = 1.5 \times 10^8$ km という書き方に注意してほしい．

$a = 1.5 \times 10^8$ [km]　　でもないし

$a = 1.5 \times 10^8$　　　　　でもない！

a は「長さ」という物理量を表わす記号だから，1.5×10^8 という単なる数には等しくない．物理量を「数値」で表示するのはあらかじめ「単位」を選んだ上のことで，この場合には km を単位に選んだから数値が 1.5×10^8 と定まったのである．「数値」と「単位」は不可分なのだ．

だから，単位を添えもののように扱って括弧に閉じ込め 1.5×10^8 [km] などと書くのもよくない．

同一の物理量を表わすのに，単位を変えれば数値が変わるのは当然であって

$$a = 1.5 \times 10^8 \text{ km} = 1.5 \times 10^{11} \text{ m}$$
$$= 1.5 \times 10^{13} \text{ cm}$$

のようになる．数値はちがっても，どれも物理量の同一の量を表わしているのだから等号で結ばれるのである．

ついでに言えば，単位の変換には

$$\frac{1 \text{ km}}{1 \text{ m}} = 10^3$$

のような単位の比が基礎になる．上の例では

$$1.5 \times 10^8 \text{ km} = 1.5 \times 10^8 \left(\frac{\text{km}}{\text{m}} \times \text{m}\right)$$

のように「単位の計算」をして，単位の比

$$\frac{\text{km}}{\text{m}} = \frac{1 \text{ km}}{1 \text{ m}} = 10^3$$

を用い

$$1.5 \times 10^8 \text{ km} = 1.5 \times 10^8 \times 10^3 \text{ m}$$

を知るのである．

単位の計算は常に行なうべきもので，たとえば，距離 $a = 1.5 \times 10^8$ km を時間 $t = 8.0$ min で割る計算は

$$\frac{a}{t} = \frac{1.5 \times 10^8 \text{ km}}{8.0 \text{ min}} = 1.9 \times 10^7 \text{ km/min}$$

のようにする．数値も単位も計算するのだ．

a が長さのとき a (km) のように書くのも誤りである．a は，km か m かは知らず，すでに長さであるのだから (km) を添えるのは「馬から落ちて落馬して」に類する重複である．

しかし，単位を固定して，数値のみを文字で表わしたい場合のあることも確かであって，たとえば，速さ 200km/h で距離 L を走るに要する時間は

$$T = \frac{L}{200 \text{ km/h}}$$

であるが，L' で km を単位にしたときの L の数値を表わす約束にしておけば

$$T = \frac{L'}{200} \text{ h}$$

と書くことができて便利である．文字 L のままでこれをするときには，この本では

$$T = \frac{L/\text{km}}{200} \text{ h}$$

と書くことにしよう．こうしておけば，$L = 5000$ m があたえられた場合にも

$$T = \frac{5000\frac{\text{m}}{\text{km}}}{200} \text{ h} = \frac{5000 \times \frac{1}{1000}}{200} \text{ h}$$
$$= \frac{5}{200} \text{ h}$$

のように計算して自然に正しい結果を得ることができる．

第2講
速度とは何か

1つの物体の代表点 M の**運動** (motion) とは，すなわち，その点の位置を表わす位置ベクトル $\boldsymbol{r}$ を各時刻 t であたえる関数

$$\boldsymbol{r} = \boldsymbol{r}(t) \tag{0.1}$$

のことである，といってもよい．しかし，各時刻などというと飛び石のような「とびとび」の印象をあたえる．**時** (time) というのは「すーっ」と流れていくものだから，t が「すーっ」と変化してゆくにつれて $\boldsymbol{r}$ が「すーっ」と変化する，その有様をあたえる関数 $\boldsymbol{r}=\boldsymbol{r}(t)$，とでもいったほうがよさそうである．

考えてみると，時が「すーっ」と流れていくという感覚は，いろいろの物体が「すーっ」と動いていくのを見てきた経験に根差しているにちがいない（「時は矢のごとく飛ぶ」）．われわれは，無数にある物体のそれぞれが見せる無数の運動の背後に，1つの共通項として時の流れを感じるというわけだろう．物理では，それを時計で測定する．しかし，そうして数量化した時の流れは，時計によって必ずしも同一ではない．どの時計が物理の立場からみて'良い'時計なのか．それは……（25ページ参照）．

物体の運動 $\boldsymbol{r} = \boldsymbol{r}(t)$ は，物体により場合によってさまざまである．その'さまざま'のなかに何か法則性を見出したい．

それには，運動の経過を全体として眺めるのでは不十分である．石ころを投げれば「すーっ」と放物線を描いて飛んでいくと

いうのも1つの法則性にはちがいないが，その放物線は石ころの投げ方によってさまざまになる．

運動の経過を全体として眺めるのではなく，いったんそれを細かに切り刻んで，運動の時々刻々の変化を調べると，法則性が見えてくる——このことの発見によって物理学の体系がはじめて成立したのである．その事情は，しかし，さしあたりは，追い追いにわかってくるだろうとしておくほかない．

運動の時々刻々の変化を調べる第一歩は，速度というものを定義することである．

1.4 速度を定義する

速度（velocity）の定義について話すとき，ぼくは，いつも2つのことを思い出す．若いときに読んで感動したことは脳の底にしみついているらしい．

その1つは，湯川秀樹先生の『理論物理学講話』[7]の一節である．長い引用になるから，「かこみ」にすることでそれを明示しよう．

湯川秀樹（日本，1907-81）
陽子や中性子を互いに結びつけて原子核をつくらせる力は，ある粒子（後に中間子と名づけられた）が媒介するという仮説を1934年に提唱．1937年，宇宙線中にそれらしい新粒子が発見され，以後その粒子の量子論を坂田昌一ら弟子たちと協力して押し進めた．その業績に対し1949年に日本人として初のノーベル賞．自伝『旅人』（講談社），諸家の回想『湯川秀樹』（桑原武夫ほか編，日本放送出版協会）があり，『湯川秀樹著作集，全10巻』（岩波書店）がある．

> 一般に，一点が一定の速さで一直線上を動く場合には……運動の'速さ'という言葉はたいへん単純な意味をもっている．つまり，ある時間に動いた距離をその時間で割ったものである．この時間は，いくら長くても，いくら短かくてもよい．
>
> ところが，運動が少し複雑になると なかなかそうはいかないのである．
>
> [（すこし前のページにもどって引用）時計の針が t をさしているときに点 M が O 点から定直線に沿って x のところ*にあったとしよう．……t が変われば x が変わる．x は t の'関数'である．] たとえば，すこしこみいった場合として
> $$x = \frac{1}{2}at^2 + bt + c \tag{4.1}$$

---

* たとえば，下の(4.1)式に $t=1\mathrm{s}$ を代入して得る値を原著では略式に
$$x = \frac{1}{2}a + b + c$$
と書いている．ここでは，次元にこだわって次ページのように書く．

という関係で表わされるような運動を考えてみる．ここでも a, b, c はある［正の］定数を意味する．

まず $t = 0$ 秒という瞬間には $x = c$ であるから，定数 c は点 M が0秒という瞬間に占めていた位置を表わす．

その1秒後には——$t = 1$ 秒とおけば，$x = \frac{1}{2}a \cdot (1\,\mathrm{s})^2 + b \cdot (1\,\mathrm{s}) + c$ となるから*——点 M は $\frac{1}{2}a \cdot (1\,\mathrm{s})^2 + b \cdot (1\,\mathrm{s})$ という距離だけ移動している．したがって点 M は $\frac{1}{2}a \cdot (1\,\mathrm{s}) + b$ の '速さ' で動くといってもよさそうに見える．しかし，そういってはたちまち困るのである．

なぜかというと，2秒めには $x = 2a \cdot (1\,\mathrm{s})^2 + b \cdot (1\,\mathrm{s}) + c$ となっているのであるから，1秒めと2秒めの間の1秒間には $\frac{3}{2}a \cdot (1\,\mathrm{s})^2 + b \cdot (1\,\mathrm{s})$ だけ動いたことになる．その前の1秒間とは速さがちがう．さらに3秒，4秒とたつに従って，速さは段々と増してゆくのである．

そればかりではない，速さは時々刻々に変化している．たとえば，$t = \frac{1}{2}$ 秒とおけば $x = \frac{1}{8}a \cdot (1\,\mathrm{s})^2 + \frac{1}{2}b \cdot (1\,\mathrm{s}) + c$ となる．これは，最初の半秒間の '速さ' が

$$\frac{\frac{1}{8}a \cdot (1\,\mathrm{s})^2 + \frac{1}{2}b \cdot (1\,\mathrm{s})}{\frac{1}{2}\,\mathrm{s}} = \frac{1}{4}a \cdot (1\,\mathrm{s}) + b$$

であったことを意味する．これは，最初の1秒間の '速さ' $\frac{1}{2}a \cdot (1\,\mathrm{s}) + b$ より小さい．さらに最初の $\frac{1}{4}$ 秒間の速さを計算してみると $\frac{1}{8}a \cdot (1\,\mathrm{s}) + b$ になる．一般に，最初の時間 Δt の間に動く距離は

$$\Delta x = \frac{1}{2}a(\Delta t)^2 + b\Delta t \tag{4.2}$$

であるから，その間の速さは

$$\frac{\Delta x}{\Delta t} = \frac{1}{2}a\Delta t + b \tag{4.3}$$

となる．この時間の間隔 Δt を段々と短かくしてゆくと，この式の右辺は結局 b にいくらでも近づいてゆく．これを数学の言葉で表現すると '$\frac{\Delta x}{\Delta t}$ は Δt をゼロに近

---

* たとえば $a = 3\,\mathrm{m/s^2}$, $b = 7\,\mathrm{m/s}$ であって，$a \cdot (1\,\mathrm{s})^2 = 3\,\mathrm{m}$, $b \cdot (1\,\mathrm{s}) = 7\,\mathrm{m}$ となる．

> づけた極限において b となる'ということになる．これ
> を通常
> $$\frac{dx}{dt} = b \tag{4.4}$$
> と書く．左辺の dt は Δt を小さくした極限，dx はそれ
> に伴って小さくなった極限，どちらも無限に小さいので
> あるが，それらの比 $\dfrac{dx}{dt}$ は一定の有限の大きさをもって
> いる．
> 　……これを物理的に解釈すると次のようになる．最初
> の [$t=0$ 秒に始まる] 極めて短かい時間 Δt の間の速さ
> は b に非常に近い．Δt を短かくすれば速さはいくらで
> も b に近づく．であるから，われわれは '$t=0$ 秒とい
> う瞬間における速さ' が b であると考えてよい……．
> ──湯川秀樹：『理論物理学講話』[7]，pp. 23-25.

　読者は，上の説明を現今の教科書ないし解説書のテンポと比べてみてほしい．ぼく自身，この「物理は自由だ」のシリーズはゆったりと書きたいものだと思っているのだが，ついつい筆が定食コースを機械のように走りがちになる．'慣れ' はこわい．

いよいよ速度の定義
　さて，われわれは，一般に $r = r(t)$ であたえられる運動の速度を定義したいと思っていたのである．ここで思いだすことのもう1つは，また後でお話することにして，まずは定義を書こう．
　その点 M は，時刻 t には $r(t)$ の位置にあり，それから時間 Δt がたつ間に $r(t+\Delta t)$ まで動く．その間の変位を Δr と書こう．すなわち
$$\Delta r = r(t+\Delta t) - r(t) \tag{4.5}$$
右辺の2つのベクトルはともに位置ベクトルだから両方とも始点は原点 O にある．だから 1.2 節の減法の定義 3° がそのままあてはまるわけである（図 1.8）．窮屈な算法だが，この程度の役には立つ．また，念のために付け加えれば，この変位 Δr は変位に要した時間 Δt にもより，その時刻 t にもよるので，$\Delta r(t, \Delta t)$ のように書くのが本当かもしれないが──たまにはサボルのもいいだろう．

図 1.8

その変位 $\varDelta r$ を所要時間 $\varDelta t$ で割って，$\varDelta t \to 0$ とした極限

$$\lim_{\varDelta t \to 0} \frac{r(t+\varDelta t) - r(t)}{\varDelta t} \equiv v(t) \tag{4.6}$$

を，点 M の '時刻 t における**速度**（velocity）' と定義する．

極限の概念は，さきの『理論物理学講話』からの引用でほぼ説明しつくされていると思うが，その引用には少し先があるので，それを，われわれの例1によって説明することにより補いをつけておきたい．例にとるのは直線運動 (3.4) で，まずは，その $f(t)$ が (3.5) であたえられるものとするから，これは湯川先生の例と実質的に同じである．

例1　直線運動の速度

まず，(3.4) において $f(t)$ が (3.5) の2次関数であたえられる場合

$$r(t) = \left\{ \frac{1}{2}at^2 + bt + c \right\} k \tag{4.7}$$

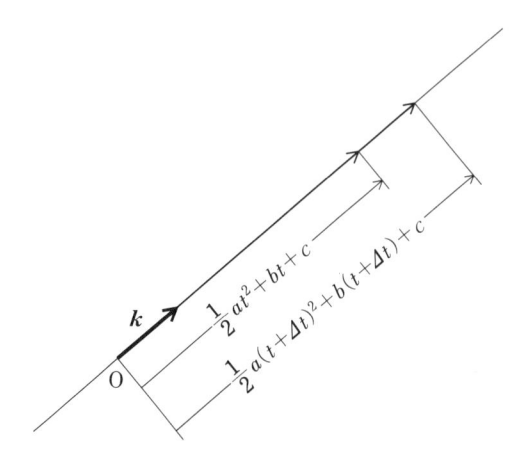

図 1.9

を考える．t を $t+\Delta t$ におきかえたものとの差 (4.5) をつくる．それは，図 1.9 を描いて，われわれのベクトル算法と照らし合わせることにより，係数関数の差

$$\left\{\frac{1}{2}a(t+\Delta t)^2+b(t+\Delta t)+c\right\}-\left\{\frac{1}{2}at^2+bt+c\right\} \quad (4.8)$$

の $\boldsymbol{k}$ 倍——おっと，いけない，数のベクトル倍は定義してない——$\boldsymbol{k}$ の (4.8) 倍になることがわかる．すなわち，$\Delta \boldsymbol{r}$ は

$$\boldsymbol{r}(t+\Delta t)-\boldsymbol{r}(t)=\left\{\frac{1}{2}a(2t\Delta t+[\Delta t]^2)+b\Delta t\right\}\boldsymbol{k}.$$

ここまでくれば，これを Δt で割るのは簡単で——といっても $\Delta t \neq 0$ としての話だが，$\Delta \boldsymbol{r}/\Delta t$ は

$$\frac{\boldsymbol{r}(t+\Delta t)-\boldsymbol{r}(t)}{\Delta t}=\left\{at+b+\frac{1}{2}a\Delta t\right\}\boldsymbol{k} \quad (4.9)$$

となる．

この式の右辺は，$|\Delta t|$ を小さくすればするほど，いくらでも $\{at+b\}\boldsymbol{k}$ に近づく．(4.9) という比のこの振舞いを，'(4.9) の $\Delta t \to 0$ の極限は $\{at+b\}\boldsymbol{k}$ である' と言い表わす．そして，この比は時刻 t の近くでとったものだから，点 m の '時刻 t における速度' と定義するのである．

速度の測定

物理では，何にせよ量を新しく定義したら，その量の測定法も同時にあたえなければならない（と考えられる）．速度を測定するには，時間 Δt をひとつ選んで時刻 t と時刻 $t+\Delta t$ での A の位置を測定し (4.1) を計算するのだが，$\Delta t \to 0$ の極限にはどのようにしてゆけばよいのか？ そもそも，物理において極限とは何だろうか？

なにかある運動をしている点 M の速度を測ろうと思えば，時刻 t から時間 Δt の間に M がどれだけの変位 $\Delta \boldsymbol{r}$ をするかを物差し（と方位磁石？）で測定し，$\Delta \boldsymbol{r}/\Delta t$ の比をつくる．同じ運動を再現し，時間間隔はより短かい $(\Delta t)'$ にして，その間の変位 $(\Delta \boldsymbol{r})'$ を測定すると，新しい比の値 $(\Delta \boldsymbol{r})'/(\Delta t)'$ は，さきの値 $\Delta \boldsymbol{r}/\Delta t$ と一般には違うだろう——物理の測定だから，この速度の **測定誤差** はたとえば $\pm\frac{1}{100}$ cm/s の程度までがまんしようときめて仕事にかかるわけだが，$(\Delta \boldsymbol{r})'/(\Delta t)'$ は $\Delta \boldsymbol{r}/\Delta t$ とこの許容誤差 (admissible error) 以上に違うかもしれない．もし違うなら，時間間隔をさらに短かくして $(\Delta \boldsymbol{r})''/(\Delta t)''$ をつくる．これとさき

の $(\varDelta r)'/(\varDelta t)'$ とのちがいが許容誤差の範囲に入っていれば，これらの値を点 M の'時刻 t における速度'の測定値として採用するのである．あるいは，慎重な実験家なら，もう一度，さらに短かい時間間隔 $(\varDelta t)'''$ をとって測定をくりかえし，比 $(\varDelta r)'''/(\varDelta t)'''$ が前の2つと許容誤差の範囲でしか違わないことを確認するだろう．時間間隔をさらにさらに短かくしながら同様のチェックを何度もくりかえす人もいるかもしれない……．

われわれが例にとった (4.7) のような運動なら，許容誤差をどんなに小さい $\varepsilon > 0$ に設定しておいても，$|\varDelta t|$ を十分に短かくとれば比 $\varDelta r/\varDelta t$ はその ε の範囲で一定とみなせる値におさまる．'一定の値におさまる'という意味は，(4.7) の運動でいえば

$$\left|\frac{\boldsymbol{r}(t+\varDelta t)-\boldsymbol{r}(t)}{\varDelta t}-\{at+b\}\boldsymbol{k}\right| < \varepsilon \tag{4.10}$$

がなりたつこと．これが '$|\varDelta t|$ を十分に小さくとれば' なりたつというのは，ある限度 δ があって——δ の値は ε のとりかたでちがうだろうから $\delta(\varepsilon)$ と書くほうがよいかもしれないが——$|\varDelta t|$ をその限度以下にとる，すなわち

$$|\varDelta t| < \delta(\varepsilon) \tag{4.11}$$

にとれば 'いつでも必ず' (4.10) が達成されるということである．実際，(4.9) からわかるように

$$\delta(\varepsilon) < \frac{2\varepsilon}{|a|}$$

なら目標が達せられる．

しかし，任意にあたえた許容誤差 ε に対して，どんな運動でも $\delta(\varepsilon)$ が定められるとは限らない．水面に漂う微粒子（さしわたしが $1\,\mu\mathrm{m}$ 以下）が見せる運動について速度を測定する試みがすべて失敗したことは，物理学の歴史の上で有名な話である．[8]

さて，速度というものが何であるか，ひとまずわかったとして，それでは例 1.3.1 の運動の速度はどうなるか？

例 1.3.1* としてあげたのは等速円運動であった．われわれは，ここで '等速' の制限を除いて考えてみたい．そこで，われわれの円運動の特徴づけを改めて書くことからはじめる．

---

* 第1章3節の例1を，他の章節では例 1.3.1 として引用する．同様に，第1章3節で (3.*) とした式を他の章では (1.3.*) として引用する．

例 2 円運動の速度

1つの定まった円の円周に沿う運動を円運動（circular motion）という．この運動 $r = r(t)$ は，位置ベクトルの原点 O を円の中心にとれば，次の2項目で特徴づけることができる（図 1.10）：

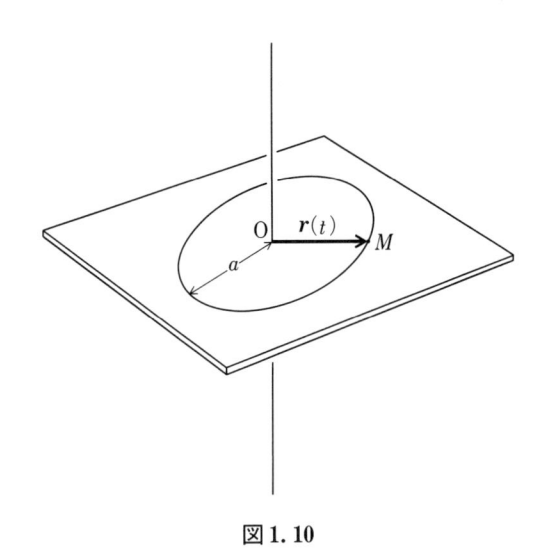

図 1.10

1°　$r(t)$ は常に同一平面上にある．
2°　$|r(t)| = $ 一定 $(\equiv a)$.

意地の悪い人は，これでは $r(t)$ が時間 t がたっても動かない（定ベクトルである）場合も円運動ということになるが，いいのかね，と言うかもしれない．結構です．それも円運動の仲間に入れておきましょう．われわれは一般に $r(t)$ は時間がたつにつれて動いてゆくものとして考えるが，動かない $r(t)$ はその特別の場合として含まれる．よろしい．

$r(t)$ が動いてゆくとしても，上の2項目だけでは $r(t)$ の先端が円周をぐるりと一周するとは限らないよ——そう言う人が出てくれば，これは思う壺である．速度なんて，もともと'局所的'なものなので，運動が円周をぐるりとまわりきるかどうかは問うところでない．このことを，この機会に強調しておく．

速度が局所的だというのは，それを定義し，あるいは測定するとき運動の時間的発展のごくごく一部しか見ないからである．

例2の円運動をする点 M について，時刻 t における速度 $v(t)$ はどうなるかと問われたら，ある短い時間間隔 Δt をとって，時刻 t から $t+\Delta t$ までに M が行なう変位

$$\varDelta \boldsymbol{r} = \boldsymbol{r}(t+\varDelta t) - \boldsymbol{r}(t)$$

をまず求める．ベクトルの減法の定義 (2.2) によれば，この $\varDelta \boldsymbol{r}$ は，M の描く円形の軌道 (orbit) の弦に矢印をつけた $\overrightarrow{AB}$ になる (図 1.11)．これを $\varDelta t$ で割って，そうして $\varDelta t \to 0$ にした極限が求める速度 $\boldsymbol{v}(t)$ というわけだ．

しかし，いまの場合，$\varDelta t$ を小さくしてゆくにつれて図 1.11 の B 点が円軌道に沿って A に近づきベクトル $\varDelta \boldsymbol{r} = \overrightarrow{AB}$ の方向が変わってしまう．この点，直線運動（例 1）の場合とちがう．厄介である．

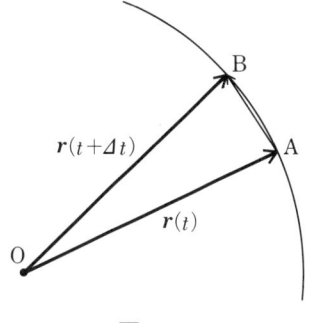

図 1.11

それでも，$\varDelta \boldsymbol{r}/\varDelta t$ は弦 AB を延長した直線の上にのったベクトルになることは間違いない．その直線は $\varDelta t$ が有限のときこそ軌道の円と 2 点 A, B で交わっているけれども，$\varDelta t \to 0$ にともない B が動いて A に行くと遂には円の**接線**となる運命にある．だから，M の時刻 t における速度ベクトル $\boldsymbol{v}(t)$ の '方向' は，その瞬間の M の位置 A で軌道に引いた接線の方向である．そして速度ベクトル $\boldsymbol{v}(t)$ の '向き' は，A から B への向き，と言わずに，やや略式に 'その時刻 t における' M の運動の向きといっても誤解はあるまい (図 1.12)．

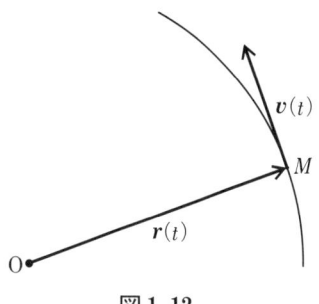

図 1.12

いや，いや，意地のわるい運動もある．$\varDelta t$ を $\to 0$ とすべく段々に短くしてゆくとき B 点が A の '前へ' '後へ' とピョン・ピョンはねまわる場合，これでは $\overrightarrow{AB}$ の $\varDelta t \to 0$ の向きはきまらない．いまは，こんなことになっていなくて A 点での M の運動の向きが定まることを仮定している——さきの円運動の特徴づけ 1°, 2° に並べて，この仮定を 3° としておこう．

こうして，速度ベクトル $\boldsymbol{v}(t)$ の**方向** (direction) と**向き** (orientation) がきまった．——方向と向きだなんて無理な言い分けをしていると思われると困るから，また辞書[6]をひいておこう．こういう用例が見える：

> These terms——north and south, east and west——indicate definite directions. (Huxley)

> The direction of a force is the line in which it acts. (1879 年)

そして，orientation は動詞 orient : to place or arrange (anything) so as to face the east からきたのである．'オリエント' が東洋ないし東方諸国を意味することは周知であろう．

さて，次には速度ベクトル $\boldsymbol{v}(t)$ の**大きさ** (magnitude) を求め

なければならない．それは，図 1.11 の弦 AB の長さを Δt で割って，そうして $\Delta t \to 0$ とした極限のことである．いかめしく書けば

$$|\boldsymbol{v}(t)| = \lim_{\Delta t \to 0} \frac{|\boldsymbol{r}(t+\Delta t) - \boldsymbol{r}(t)|}{\Delta t}. \tag{4.12}$$

おや，そうだろうか？ 速度の定義は (4.6) としたのだから

$$|\boldsymbol{v}(t)| = \left| \lim_{\Delta t \to 0} \frac{\boldsymbol{r}(t+\Delta t) - \boldsymbol{r}(t)}{\Delta t} \right| \tag{4.13}$$

となるのではないか．この右辺は上の (4.12) の右辺と等しいのだろうか？

そう，等しいのである．なぜかといえば，(4.13) の右辺は $[\boldsymbol{r}(t+\Delta t) - \boldsymbol{r}(t)]/\Delta t$ というベクトル（いま仮に $\boldsymbol{v}(t\,;\Delta t)$ と書く）が $\Delta t \to 0$ で近づくベクトル

$$\lim_{\Delta t \to 0} \boldsymbol{v}(t\,;\Delta t) = \boldsymbol{v}(t)$$

の大きさである．ところが，$\boldsymbol{v}(t\,;\Delta t)$ が $\Delta t \to 0$ できまったベクトル $\boldsymbol{v}(t)$ に近づくということは，大きさ・方向・向きがともに $\boldsymbol{v}(t)$ の大きさ・方向・向きに近づくことだから，大きさのところだけを見て $|\boldsymbol{v}(t\,;\Delta t)| \to |\boldsymbol{v}(t)|$ が知れる！

こうして，速度の大きさ $|\boldsymbol{v}(t)|$ を求めるのに (4.12) を用いてよいことがわかった．それを図 1.11 の弦ベクトル $\overrightarrow{\mathrm{AB}}$ の長さ $\overline{\mathrm{AB}}$ で書けば

$$|\boldsymbol{v}(t)| = \lim_{\Delta t \to 0} \frac{\overline{\mathrm{AB}}}{\Delta t} \tag{4.14}$$

となる．

しかし，速度の大きさ，すなわち**速さ**（speed）は

'走った距離/所要時間'

であるほうが自然であろう．いまの場合，点 M は時間 Δt の間に円弧 $\overparen{\mathrm{AB}}$ を動くのだから，(4.14) ではなく

$$|\boldsymbol{v}(t)| = \lim_{\Delta t \to 0} \frac{\overparen{\mathrm{AB}}}{\Delta t} \tag{4.15}$$

となったほうが自然だと思われるのである．

実は，円弧をとって $\overparen{\mathrm{AB}}/\Delta t$ としても，弦をとって $\overline{\mathrm{AB}}/\Delta t$ としても $\Delta t \to 0$ の極限は同じになることが容易に確かめられる．次のように推論すればよい：

図 1.13 を見よ．点 M は時間 Δt の間に半径 a の円弧に沿って A から B まで動いたのである．いま，AB に平行な円弧への接

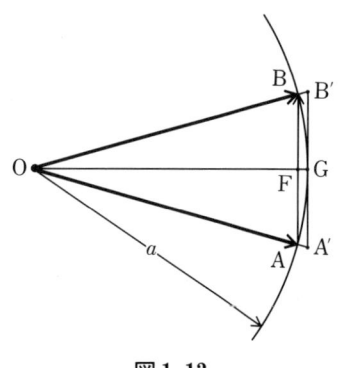

図 1.13

線と OA, OB の延長との交点を A′, B′ とする.そうすると,弧の長さを'はさみうち'する不等式

$$\overline{\mathrm{AB}} < \widehat{\mathrm{AB}} < \overline{\mathrm{A'B'}} \tag{4.16}$$

がなりたつ.なぜなら,左半分の不等式は図 1.13 からみてとれる長さの関係

$$\overline{\mathrm{FB}} < \overline{\mathrm{GB}} < \widehat{\mathrm{GB}}$$

から証明され,右半分の不等式は,これも図 1.13 から知れる面積の比較

$$\text{扇形 OGB} < \triangle \mathrm{OGB'}$$

から証明される;扇形のほうの面積は $a \cdot \widehat{\mathrm{GB}}/2$ であり,三角形のほうは $a \cdot \overline{\mathrm{GB'}}/2$ なのだから.

ついでに,もうひとつ準備として,図 1.13 の $\triangle\mathrm{OAB}$ と $\triangle\mathrm{OA'B'}$ とが相似であることから

$$\frac{\overline{\mathrm{AB}}}{\overline{\mathrm{OF}}} = \frac{\overline{\mathrm{A'B'}}}{\overline{\mathrm{OG}}}$$

の関係があり,したがって

$$\overline{\mathrm{A'B'}} - \overline{\mathrm{AB}} = \left(\frac{\overline{\mathrm{OG}}}{\overline{\mathrm{OF}}} - 1\right) \cdot \overline{\mathrm{AB}} = \frac{\overline{\mathrm{FG}}}{\overline{\mathrm{OF}}} \cdot \overline{\mathrm{AB}} \tag{4.17}$$

となることに注意しておこう.

さて,(4.16) によれば,いま問題の (4.15) と (4.14) との差を'はさみうち'にする不等式

$$0 < \frac{\widehat{\mathrm{AB}}}{\varDelta t} - \frac{\overline{\mathrm{AB}}}{\varDelta t} < \frac{\overline{\mathrm{A'B'}} - \overline{\mathrm{AB}}}{\varDelta t}$$

が得られる.この最右辺に (4.17) を用いて,これをわかりやすい形

$$0 < \frac{\widehat{\mathrm{AB}}}{\varDelta t} - \frac{\overline{\mathrm{AB}}}{\varDelta t} < \frac{\overline{\mathrm{FG}}}{\overline{\mathrm{OF}}} \cdot \frac{\overline{\mathrm{AB}}}{\varDelta t} \tag{4.18}$$

にしてから $\varDelta t \to 0$ の極限を考えよう.この不等式は,$\varDelta t \to 0$ にしてゆく過程で常になりたっているが,最右辺では $\overline{\mathrm{AB}}/\varDelta t$ が定まった極限に近づき(そういう場合を,いまは考える.さもないと速度が定義できないから),他方

$$\frac{\overline{\mathrm{FG}}}{\overline{\mathrm{OF}}} \to 0$$

となる.なぜかといえば,$\varDelta t \to 0$ につれ点 B は円弧上を滑って G に近づき,そのために分母の $\overline{\mathrm{OF}}$ は増大し分子の $\overline{\mathrm{FG}}$ は減少して 0 に近づくからである.こうして,不等式 (4.18) のはさみうち幅が $\varDelta t \to 0$ につれて挟まることがわかり,したがって

$$\frac{\widehat{\mathrm{AB}}}{\Delta t} - \frac{\overline{\mathrm{AB}}}{\Delta t} \to 0 \qquad (\Delta t \to 0)$$

がわかる*．すなわち，実際に点 M が通った道筋 $\widehat{\mathrm{AB}}$ の長さから算出する速さ (4.15) と，変位 $\overrightarrow{\mathrm{AB}}$ の大きさから算出する速さ (4.14) とは互に等しい！

考えてみると，この考えの道筋は常識の逆をいっている．常識なら，速さは'走った距離/所要時間'であって (4.15) で定義して出発する．ここでは，変位 $\overrightarrow{\mathrm{AB}}$ などという人工的な代物から出発して，それでも結局は常識にもどるのだということを証明したのである．

例3 地球は太陽を中心とする円軌道（半径 $a = 1.5 \times 10^8$ km）上を一定の速さで走って，1年 (3.2×10^7 s) で一周するものとし，その速さ $v_{公転}$ を求めよ．

解 円運動の速さは，走った距離を所要時間で割れば得られるのだから，円周の長さを1年で割って

$$v_{公転} = \frac{2\pi \times 1.5 \times 10^{11}\,\mathrm{m}}{3.2 \times 10^7\,\mathrm{s}} = 2.9 \times 10^4\,\mathrm{m/s}.$$

これは，時速

$$v_{公転} = 2.9 \times 10^4\,\frac{\mathrm{m}}{\mathrm{s}} \times 60\,\frac{\mathrm{s}}{\mathrm{min}} \times 60\,\frac{\mathrm{min}}{\mathrm{h}}$$
$$= 1.04 \times 10^8\,\mathrm{m/h},$$

あるいは

$$v_{公転} = 1.04 \times 10^5\,\mathrm{km/h}$$

としたほうが印象的であろう．新幹線（速さ～200 km/h）もジェット機（速さ～1000 km/h）も，とてもかなわない．

例4 地球が公転をしないとしても，地表の点は地球の自転の

---

* このことを $\widehat{\mathrm{AB}} - \overline{\mathrm{AB}} = o(\Delta t)$ と書いて，$\widehat{\mathrm{AB}} - \overline{\mathrm{AB}}$ は Δt より**高位** (higher order) の無限小である，という．

一般に，$x \to 0$ とともに0に近づく $f(x)$ が，x で割ってもなお 0 に近づくなら，すなわち

$$\frac{f(x)}{x} \to 0 \qquad (x \to 0)$$

となるなら，$f(x) = o(x)$ と書く．もし

$$\left|\frac{f(x)}{x}\right| < (ある有限値) \qquad (x \to 0)$$

なら $f(x) = O(x)$ と書いて，$f(x)$ は x と**同位** (same order) の無限小であるという．o と O は**ランダウ** (E. Landau) の記号とよばれる．

こう定義した以上，$f(x)$ が x と同位の無限小であるとき，同時に x より高位の無限小でもあり得ることになる．

ためにある速さをもつ．赤道上の点がもつその速さ $v_{自転}$ を求めよ．

解 赤道の長さは約 4.0 万 km で，1 日は 8.6×10^4 s であるから
$$v_{自転} = \frac{4.0 \times 10^7 \,\mathrm{m}}{8.6 \times 10^4 \,\mathrm{s}} = 4.7 \times 10^2 \,\mathrm{m/s}.$$
これが $v_{公転}$ に比べて 2 桁ちかく小さいのは印象的である．

円運動の速さが'走った距離/所要時間'であるという常識をとりもどすのに意外に手間がかかった．地球の公転軌道は本当は**楕円**（ellipse）なのだが，それでも同じことが言えるだろうか？**もっと一般の形**の軌道については……？

それを考えるために，円運動に対する (4.16) 以下の議論をふりかえってみよう．軌道の形が円であることを用いたのは不等式 (4.16) の右半分を証明したときだけである．その証明に扇形 OGB の面積をひきあいにだし，扇形の面積が $a \cdot \widehat{\mathrm{GB}}/2$ であることを用いたのだ．

一般の軌道に対して同様の不等式をたてること——すなわち $\varDelta t \to 0$ で変位 $\overrightarrow{\mathrm{AB}}$ の長さと同じになるような素性の知れた適当な長さ $\overline{\mathrm{A'B'}}$ を見出して，軌道の実際の長さ $\widetilde{\mathrm{AB}}$ を上から抑えること——は難かしいようだ（図 1.14）．でも，楕円軌道の場合なら……？

円運動の速さを'走った距離/所要時間'としてよいことの証明は，つまり**円の極く小さい一部分は直線とみなせる**ことをいっている．図 1.13 で言えば，円弧 $\widehat{\mathrm{AB}}$ が 2 本の直線 $\overline{\mathrm{AB}}, \overline{\mathrm{A'B'}}$ に'はさみうち'されて $\varDelta t \to 0$ で結局はそれらと（長さにおいて $o(\varDelta t)$ の誤差内で*）合一してしまうことである．こう言い表わせば，このことは，なにも円運動にかぎらず，'軌道が十分に滑らかな'あらゆる運動に対して正しいであろう．標語的に言うなら，（滑らかな）**曲線の**（極く小さい）**一部は直線である**——このくらいのことが成立してもよさそうではないか．そうだとすれば，速度の方向は軌道に引いた接線のそれに一致するという，円運動について前に示した事実も，滑らかな曲線を軌道にもつ運動に対して一般に言えることになる．

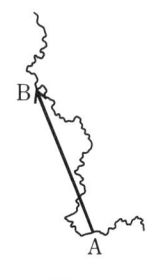

図 1.14

＊ 前ページの註を参照．

●註

7) 湯川秀樹：『理論物理学講話』（朝日新聞大阪本社，1946）．

8) 『だれが原子をみたか』（註4），pp. 242-244．

●問題

2.1 x 軸上を運動する点の時刻 t における位置が $x(t) = at^3$ で表わされるとき，この点の時刻 t における速度を求めよ．ただし，a は定数．

2.2 前問で，一般に $x(t) = bt^n$（n は正の整数または 0，b は定数）としたら，速度はどうなるか？

2.3 問題 2.1 で $x(t) = ct^{-n}$（n は正の整数または 0，c は定数）としたら，速度はどうなるか？

2.4 一平面上の直角座標系 (x, y) において
$$y = y(x) \quad \text{(関数の記号 } f \text{ の代わりに } y \text{ を流用)}$$
で表わされる曲線の $x = x_1$ における接線の方程式を求めよ．

2.5 一平面上の直角座標系 (x, y) において
$$x(t) = v_{x0}t$$
$$y(t) = -\frac{1}{2}gt^2 + v_{y0}t \qquad \begin{pmatrix} v_{x0} \neq 0, v_{y0} \\ \text{および } g \text{ は定数} \end{pmatrix}$$
で表わされる運動をする点 m について

（a）時刻 t_1 における m の速度ベクトル $\boldsymbol{v}(t_1)$ を求めよ．

（b）上の 2 式から t を消去すると m の軌道の方程式が得られる．$x = x(t_1)$ における軌道の接線の勾配を求め，接線の方向が速度 $\boldsymbol{v}(t_1)$ の方向に一致することを示せ．

2.6 直角座標系 (x, y) の原点で時刻 $t = 0$ に花火が破裂して，光る粒子が四方八方に同じ速さ v_0 で飛び散った．各粒子が前問の $(x(t), y(t))$ で表わされる運動をするものとすれば，粒子たち全体は球面をなすことを示せ．球の半径が大きくなる速さはいくらか？

よい時計をもとめて——時間とは何か

　時間というものを物理学で使うためには，それを客観的に，かつ精密に定義してかからなければならない．どう定義したらよいだろうか？時間のよい定義をもとめることは，すなわち時間とは何かを考えることであり，よい時計をもとめることである．

　自然界には，等しい時間を隔てて繰り返されるように見える現象がある．そういう現象は時計として使えるだろう．たとえば，太陽は毎朝，東の地平線から昇り，日の出から次の日の出までの時間は一定のように思われる．物理学など知らない幼児もそう思う．われわれは，時間の定義などといって身構える以前に，いわば物理学以前に，時間の共通感覚をもっているようだ．日の出を時計にすれば，1日という時間の単位がきめられる．

　長い目で見ると，しかし，日の出から次の日の出までの時間は季節によってちがっている．日の出から日の入りまでの時間とすれば，今日と明日の差はないように見えても季節によるちがいは明瞭である．夏は昼間が長くて，たっぷり仕事ができるのに，冬にはすぐ日が暮れてしまう．このことは，歴史の上でも早くから気づかれていたにちがいない．

　振子の振動が，その振幅には無関係に一定な周期をもつ繰り返しであること（等時性）をガリレオ（Galileo Galilei）が発見したのは1583年（本能寺の変の翌年）である．彼は，教会のランプがゆれるその往復の時間を彼自身の脈拍と比べて測ったというから，「脈拍の繰り返しの時間間隔を一定と仮定」していたことになる．

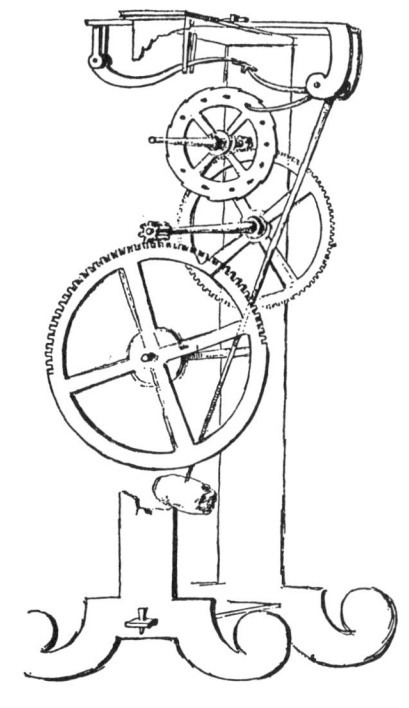

ガリレオの時計，設計図．
　彼はすでに盲目になっていたので息子に描かせた．
——L Fermi and G. Bernandini: *Galileo and the Scientific Revolution*, Basic Books (1961) より．

　彼は斜面にそう落体の実験には水時計を用いていた．振子の等時性に思いいたったとき，それを彼が水時計によって確かめることもできたはずである．それをしたら，等時性は厳密にはなりたたないという結論になったかもしれない．そうなったら，彼は水時計を捨てて振子の等時性のほうをとっただろう．水の流れ出す速さが，その時々の水の深さによることは誰でも考える．水時計の示す時間が厳密に一様とは思えないのである．

実際，ガリレオは，自身の振子の等時性の発見をもとに1641年に振子時計を設計した．等時性があるから，振子を同じ振幅で振らせなくても，この時計は同じ時を刻むだろう．吊り糸の長ささえ同じなら同じ時を刻むのだから，これで客観的な時間が得られることになる！　その時計は弟子が製作したというが，失なわれて現存しない．振子時計が広く認められたのは，ホイヘンス（Christiaan Huygens）が独立に発明した1656年からになる．

　この時計は，海上で船が星の観測によって自分の位置をきめるために用いられ，大いに改良された．もし時間の測定に1分の誤差があると，仮に赤道上としていえば位置に

$$\frac{40\,000 \text{ km}}{(24\text{ h}) \times (60\text{ min/h})} \times (1\text{ min}) = 28\text{ km}$$

もの誤差を生ずるのだ．赤道にそう地球の周は40 000 kmで，地球は24時間で1回転するからである．28 kmもの誤差があっては，着くべき港にも着けないことになるではないか！

　星の位置の観測によって時刻から船の位置をきめたのは，頭上をゆっくりとまわってゆく「星の運行を時間的に一様と仮定」していたからこそできたことである．星の運行――あるいは地球の自転――を時間的一様と考えたのも歴史上かなり早くからのことだったにちがいない．それは直観に頼った根拠のない「思いこみ」ともいえたが，いま航海術の成功によって裏付けられたことになる．やかましくいうと，振子の振動周期を一定とすれば星の運行は一様である，ということが航海術の成功によって確かになった，にすぎないが，それで十分なのであって，そのことを基礎に，われわれは振子時計によっても，また星の運行によっても「時間」を定義することができる．どちらで定義しても同じ時間になる．星の運行に結びつくことによって，時間の客観性はいっそう増したといえるだろう．

　振子と星の蜜月は，しかし長くは続かなかった．1671年のこと，パリから赤道近くのカイエンヌ（Cayenne）に天文観測にきたリシェ（Jean Richer）は，パリで正しく時を刻んでいた彼の振子時計が太陽の南中する（真南にくる）時刻に比べて毎日2分半ずつ遅れを増してゆくことに気づき，遅れを補正するために振子を短くした．その時計をパリにもって帰ると，おやおや今度は1日に2分半ずつ余計に進むのであった．

　太陽の南中から次の南中までの時間が地球上の場所によることは，ありそうにない．リシェの振子時計の狂いは，吊り糸の長さが同じ振子でも，その周期が場所によって違うことを意味する，と判断される．この違いなら力学的な説明がつくからである（後に第6講の3.1節で詳しく説明する）．ここで，判断に力学が入ったことに注意しておこう．1671年というと，まだニュートン（Isaac Newton）の『プリンキピア』こそ出版されていないが，彼が最も活発に研究をしたという1665-66年よりは後である．こうして，場所による違いがあるという意味で振子時計のきめる時間にも客観性はないことになった．

　それ以後，時間は太陽の運行に基づいてきめられることになった．しかし，時計が精密になると，太陽の運行も一様でないことがわかってくる．太陽が南中する時刻から次に南中するまでの時間は，1年のうち1月に最も長く7月に最も短い．これは地球の自転の速さが変わるこ

とを意味する，と思うと間違いで，太陽のまわりを公転する地球の軌道が円でなく楕円であり，軌道運動の速さが近日点で最大，遠日点で最小であることによる．地球がそれぞれの点を通るのが1月上旬と7月上旬なのである．ここでも軌道の形と運動の速さの変化を結びつける点で力学がものをいっている（後に第7講の4.1節および第8，10章で詳しく説明する）．

こうして地球から見た太陽の運行が一様でないことが認識されたので，1884年にアメリカのワシントンで開かれた国際会議において，時間の基本単位である秒は次のように定義することが決定された：

定義1 仮に地球が太陽のまわりを等速円運動するとして，その'平均地球'から見て太陽の南中から次の南中まで（平均太陽日）を24時間とする．したがって，

$$1秒 = \frac{(平均太陽日)}{24 \times 60 \times 60}$$

となる．

念のために言えば，このように定義した「1秒」は，どの1日をとってきめても常に等しい長さになることが，この定義には含意されている．すなわち，地球の自転は一様であることが仮定されている．この仮定は，地球が固くて完全な球体であれば正しいこと，力学の保証するところである．

余談だが，国際会議で時間を定めたのは，それまで地方ごとに異なっていた時刻が鉄道の発達により不便になったためだというから，おもしろい[1]．このとき，イギリスのグリニッジ天文台を基準として経度が15°異なるごとに1時間の差をつけた標準時の約束もできたのである．アメリカ大陸は4つの帯域に分けられ，それぞれが標準時をもつことになった．

ここまで読んだ読者は，「時間を力学に合わせている」という感じをもつのではないか．ギリシア神話のプロクルーステースが家に泊めた旅人を寝台に合わせて挽き切り，あるいは引き延ばしたように，である．確かに，どの運動を時間的に一様と見るかは力学なしにはきめられない．

しかし，地球の自転も一様ではなかった．というのは，地球の自転を一様としてきめた上の時間を用いて月や惑星の運動を研究してゆくと，ニュートン力学の法則に合わない異常のでることがわかってきたからである．月の公転速度がだんだん大きくなってゆくように見える．長い年月にわたって見渡すと，水星や金星も，地球さえも公転の角速度を増してゆくように見える．あたかも月や惑星の運動に摩擦力がはたらいてエネルギーを散逸させるために，月は地球に向かって，惑星たちは太陽に向かって落ちてゆくかのようである．本当にそうだろうか？その抵抗力の原因はなんだろうか？

見方を変えると，月や惑星の加速は，地球の自転が実はだんだんに遅くなっていて，それを一様と仮定してきめた時間では昨日の「1秒」より今日の「1秒」のほうが長くなるせいだとも考えられる．そう考えて観測データを見直したところ，仮に地球の——自転周期でなく——公転周期を一定として時間をきめれば，地球の加速が消えるのは当然だが，水星の加速も金星の加速もきれいに消失することがわかった．

---

[1] *Columbia Encyclopedia*, Columbia University Press, New York, 3rd ed. 1963.

月は別であって，新しい時間を使うと公転の角速度が今度は減ってゆくように見えることになる．

これは，力学から見れば，むしろ，そうあるべきことである．地球の自転が遅くなってゆくのは，海の水の潮汐運動による摩擦でエネルギーが失なわれるせいである．その潮汐は，月が地球の海水を引っ張るためにおこるのだから，その反作用として海水が月を引っ張る．その海水を地球が摩擦力で地球自転の向きに引っ張るので，地球は正の仕事をし，ひいては月にエネルギーを供給することになる！　月はエネルギーをもらって地球から遠ざかり，その結果として軌道運動の角速度を減らすことになる！

力学が時間をきめる．1956年の国際度量衡委員会の決定に基づき，わが国では1958年に計量法を改めて，次の定義をした：

> **定義2**　「1秒」とは，1900年1月0日正午（1899年12月31日正午のこと）における地球の公転の平均速度にもとづいて算定した1太陽年の3155万6925.9747分の1として東京天文台が現示する．

これによって10^{-8}の精度が実現されたという．それにしては3155……7の桁数は多い．きけば，10^{-8}は水晶時計の精度であった．「地球の公転を周期一定と仮定」して定めた時間は，この精度で水晶時計の時間と一致していたのである．時間を何に基づいてきめるかの問題は，何を基準にとれば，より一様な時間が得られるかの問題である．しかし，時間の一様性とはなにか？　すべての運動がニュートンの運動方程式をみたすように方程式の変数tを選び得たとき，そのtこそが一様な時間にほかならない——そう言えそうに見える[2]．

今日では，精度の向上をもとめて，時間の定義はニュートン力学を越えることになった．1977年の国際度量衡委員会は精度が10^{-14}に達する次の定義を採用した：

> **定義3**　「1秒」とは，地球のジオイド面上にある^{133}Cs原子の基底状態の2つの超微細構造間の遷移に対応する輻射が9 192 631 770回だけ振動する時間をいう．

この定義には，量子力学と一般相対性理論とが関わっている．これらを説明し始めると長くなるから，参考書[3]をあげるだけにしておこう．

---

2) 『時間——その科学と哲学と心理』，別冊数理科学，サイエンス社，1981.

・3) 江沢：原子時計，『数学セミナー』，1990年3月号，日本評論社.「時間」の特集をしている．

　　江沢：『続・物理学の視点』，培風館，1991，第6章．

第3講
速度，加速度，加加速度

1.5 速度の変化率——加速度

再び簡単な運動からはじめる．例 1.4.1 の直線運動をする点 M の速度

$$\boldsymbol{v}(t) = (at+b)\boldsymbol{k} \tag{5.1}$$

を，軌道上の場所場所に描けば，いま a は >0 として，図 1.15 のようになる．点 M が位置 A を通過する瞬間の速度と位置 B を通過するときの速度とはちがっている．一般に点 M の速度は軌道を先へ進むにつれて段々に大きくなっていく．

では，速度の時間的変化率はどれだけか？　その答として

$$\boldsymbol{\alpha}(t) = \lim_{\varDelta t \to 0} \frac{\boldsymbol{v}(t+\varDelta t) - \boldsymbol{v}(t)}{\varDelta t} \tag{5.2}$$

を定義して，M の時刻 t における**加速度**（acceleration）という——いや，そういうことにしたいのだが，図 1.15 のように刻々の M の位置にそれぞれの速度ベクトルを置くのでは，ベクトル $\boldsymbol{v}(t+\varDelta t)$ と $\boldsymbol{v}(t)$ との始点が別々の場所にくる．そのために 1.2 節で約束したベクトルの減法では差 $\boldsymbol{v}(t+\varDelta t) - \boldsymbol{v}(t)$ を定めることができない．

われわれは，速度ベクトルの減法ができるようにするために，あえて**時刻 t と $t+\varDelta t$ との速度ベクトルを平行移動して2つの速度ベクトルの始点を1点 O に集める**．これは次の第4講で説

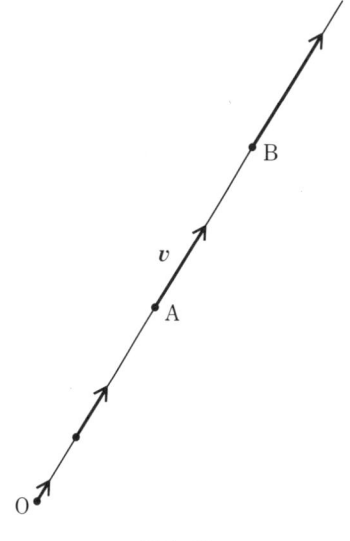

図 1.15

明するように，速度ベクトルを同値類として定義し，適当な'代表'をとることである．言いかえれば，速度ベクトルを自由ベクトルとすることだ．

言葉はともかく，ベクトルの平行移動を許した上は，減法が可能になり，(5.1) から

$$v(t+\Delta t) - v(t) = [\{a(t+\Delta t)+b\} - \{at+b\}]k$$
$$= a\Delta t \cdot k$$

のように k の係数の計算でことがすみ，(5.2) により

$$a(t) = ak$$

が得られる．例1.4.1の運動は，だから加速度が一定の運動（**等加速度運動**, motion of constant acceleration）であったわけである．

次にやや複雑な運動の加速度を考えてみる．例1.4.2の運動をとりあげるのがよかろう．

例1 円運動の加速度

半径 a の円周に沿う運動の速度が，時刻 t と $t+\Delta t$ に図1.16のようであったとする．それらの速度ベクトルを平行移動して2つの始点を一致させると図1.17のようになる．

こんどは，速度の大きさだけでなく方向も刻々に変わってゆくのだ．

そこで，速度ベクトルの差を，図1.17により

$$v(t+\Delta t) - v(t) = \Delta_\perp v + \Delta_\parallel v$$

のように右辺の2項の和からできていると見るのが便利である．$\Delta_\perp v$ は速度 v に垂直な方向への成分ベクトル（射影）を表わし，$\Delta_\parallel v$ は v に平行な方向への成分ベクトルを表わす．いや，v といっても，いま $v(t)$ と $v(t+\Delta t)$ がある．どちらに垂直とするべきか？　さしあたりは，そのどちらにも垂直にならないが，図1.17の P′ は $\overrightarrow{O_v P'} = \overrightarrow{O_v P}$ となるようにとって，$\Delta_\parallel v = \overrightarrow{P'Q}$, $\Delta_\perp v = \overrightarrow{PP'}$ としよう．これらは，$\Delta t \to 0$ の極限で，それぞれ $v(t)$ に平行，垂直となる．そして：

1° $\Delta_\parallel v = \overrightarrow{P'Q}$ はベクトル $v(t+\Delta t)$ が $v(t)$ よりどれだけ長いかを示すベクトルで，$\Delta t \to 0$ では軌道の接線方向をむく．

そこで

$$\lim_{\Delta t \to 0} \frac{\Delta_\parallel v}{\Delta t} \quad \text{を}\textbf{接線加速度}\text{とよぶ．} \tag{5.3}$$

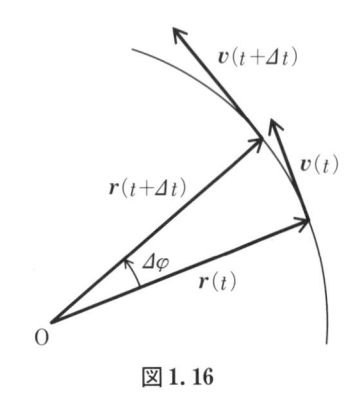

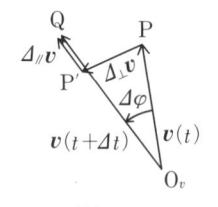

図 1.16

図 1.17

ガリレオ・ガリレイ
（イタリア，1564-1642）
地動説を唱え宗教裁判で放棄を命じられた．検閲を経て『天文対話』を1632年に出版したが異議がでてローマに幽閉される．幽閉を解かれて『新科学対話』を執筆．ローマ法王が彼を赦し名誉回復したのは1989年9月末である！（朝日新聞のこの月24日の朝刊，26日の天声人語を見よ）．

その**大きさ**は M の '速さの時間的変化率' を示す．その**方向**は時刻 t における M の位置で軌道に引いた接線の方向（速度の方向と同じ！），そして**向き**は速さが増加なら速度の向き，減少なら逆向きである．

2° $\varDelta_\perp \boldsymbol{v} = \overrightarrow{PP'}$ は速度ベクトル $\boldsymbol{v}(t+\varDelta t)$ が $\boldsymbol{v}(t)$ の方向からどれだけ回転しているかを示し，$\varDelta t \to 0$ で軌道の内向き法線の方向をむく．

そこで

$$\lim_{\varDelta t \to 0} \frac{\varDelta_\perp \boldsymbol{v}}{\varDelta t} \text{ を}\textbf{法線加速度}\text{とよぶ．} \tag{5.4}$$

その大きさに関する重要な公式がある．いま

$$\frac{|\varDelta_\perp \boldsymbol{v}|}{\varDelta t} = a \frac{|\varDelta_\perp \boldsymbol{v}|}{|\boldsymbol{v}(t)|} \frac{1}{\varDelta t} \cdot \frac{|\boldsymbol{v}(t)|}{a} \tag{5.5}$$

と書いてみると，$|\varDelta_\perp \boldsymbol{v}|/|\boldsymbol{v}(t)|$ は図1.17から速度ベクトルの回転角 $\varDelta\varphi^*$ をあたえる．それは図1.16にもどれば位置ベクトルの回転角でもあるので，これに a をかけると M が $\varDelta t$ の間に走った円弧の長さになるから，それを $\varDelta t$ で割って $\varDelta t \to 0$ にすれば速さ $|\boldsymbol{v}(t)|$ になる．(5.5) の右辺で・の左にある因子がこうなるのだから，・の右にある因子も合わせて，法線加速度の大きさが

$$\lim_{\varDelta t \to 0} \left| \frac{\varDelta_\perp \boldsymbol{v}}{\varDelta t} \right| = \frac{\boldsymbol{v}(t)^2}{a} \tag{5.6}$$

と得られる．重要な公式といったのは，これのことだ．

法線加速度の**方向**は，時刻 t における M の位置で軌道に引いた法線の方向，その**向き**は M の位置で軌道に接する円の中心にむかう．法線加速度を**向心加速度**（centripetal acceleration）ともよぶのは，このためである．

例2 仮に地球の公転はないとして，地球の自転のために赤道上の点がもつ加速度を求めよ．

解 赤道の長さは約 4.0×10^4 km だから，これを 2π で割れば赤道半径 a になる．地球の自転のために赤道上の点 M がもつ速さ $v_\text{自転}$ は例1.4.4で計算した．それを用いて，M に対し

$$\binom{\text{向心加速度}}{\text{の大きさ}} = \frac{(4.7 \times 10^2 \text{ m/s})^2}{\left(\dfrac{4.0 \times 10^7 \text{ m}}{2\pi}\right)} = 3.5 \times 10^{-2} \text{ m/s}^2.$$

この向心加速度は，方向と向きをこめて地球の中心に向かう．

いま M の速度の大きさ $v_\text{自転}$ は一定なので接線加速度はない．

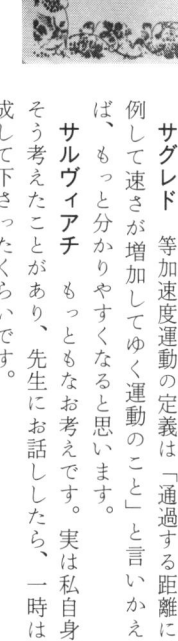

---

* 角の単位「ラジアン」について p.33 を参照．

『機械学と地上の運動学に関する二つの新しい科学に関する対話と数学的証明』，ガリレオ（一六三八年）

サグレド 等加速度運動の定義は「通過する距離に比例して速さが増加してゆく運動のこと」と言いかえれば，もっと分かりやすくなると思います．

サルヴィアチ もっともなお考えです．実は私自身，そう考えたことがあり，先生にお話ししたら，一時は賛成して下さったくらいです．

でも，もし，物体が距離4キュービットを通過するときの速さが，前半の2キュービットを行くときの速さの2倍だとしたら，どちらの距離も等しい時間で通過されることになり，後半の2キュービットを行く時間がゼロになってしまいますよ．（1キュービット＝肘から中指の先までの長さ）

『新科学対話』，今野武雄，日田節次郎訳，岩波文庫（一九四八年）下，十六〜二十七頁参照．

したがって，M の加速度は向心加速度に等しく，大きさが 3.5 cm/s^2 で，常に地球の中心に向う．

位置ベクトルの時間的変化率として速度を定義し，その速度の時間的変化率として加速度を定義した．次には，その加速度の時間的変化率として加加速度を定義する番だろうか．

いや，運動の法則はなぜか加速度までで述べつくされる．加加速度は，さしあたり出番がない．

●問題

3.1 x 軸に沿って運動する点 M の時刻 t の速度が
$$v(t) = \frac{1}{at+b}$$
であたえられる．M の加速度は速度の 2 乗に比例すること，正確には
$$\frac{dv(t)}{dt} = -av(t)^2$$
となることを示せ．

3.2 時刻 t と $\tau = \tau(t)$ の関係にあるパラメタ τ により $x = x(\tau)$ と表わされる運動の速度は
$$\frac{dx}{dt} = \frac{dx}{d\tau}\frac{d\tau}{dt} \tag{1}$$
によって計算できることを示せ．この式は，あたかも右辺で $d\tau$ が約分できるかのような形をしている．$x = x(\tau)$ と $\tau = \tau(t)$ からつくった $x = x(\tau(t))$ を **合成関数**（composite function）とよび，その微分の公式(1)を **連鎖律**（chain rule）とよぶ．

3.3 あたえられた関数 f, g により $x(t) = f(t) + g(t)$ と表わされる運動の速度は
$$\frac{d}{dt}[f(t)+g(t)] = \frac{df}{dt}+\frac{dg}{dt}.$$
$x(t) = f(t)g(t)$ なら速度は
$$\frac{d}{dt}[f(t)g(t)] = \frac{df}{dt}g+f\frac{dg}{dt} \qquad \text{（積の微分の公式）}$$
であり，$x(t) = f(t)/h(t)$ の場合には
$$\frac{d}{dt}\frac{f(t)}{h(t)} = \frac{\frac{df}{dt}h-f\frac{dh}{dt}}{h^2} \qquad \text{（商の微分の公式）}$$
であることを示せ．

3.4 $x = at^{n+m}$ を at^n と t^m の積とみて積の微分の公式によって微分してみよ．ただし，n と m は整数．

3.5 $t = t_0 > 0$ から始まる運動

$$x(t) = \frac{c}{\sqrt{t}} \qquad (c > 0 \text{ は定数})$$

の速度および加速度を求めよ．

3.6 半径 a の円周上を速さ $a\omega$ で反時計まわりにまわる点 M の速度を，円の中心に原点のある直角座標系 (x, y) で計算し

$$\frac{dx}{dt} = -\omega y$$

$$\frac{dy}{dt} = \omega x$$

を示せ．この結果は，例 1.4.2 の計算結果にあっているか？ M の加速度についても考えよ．

3.7 前問の M の運動は

$$x(t) = a \cos \omega t$$
$$y(t) = a \sin \omega t$$

と書くこともできる．前問の結果から

$$\frac{d}{d\theta} \cos \theta = -\sin \theta \tag{1}$$

$$\frac{d}{d\theta} \sin \theta = \cos \theta \tag{2}$$

を導け．

補足　角の単位「ラジアン」について

角の単位として「度」が広く用いられているが，物理や数学では「ラジアン」という単位が便利である．この本でも，もっぱら「ラジアン」を用いるので，ここで説明しておこう．

1 点 O から発する 2 本の直線 OA, OB のなす角 $\angle$AOB を測るのに，次のようにする：

O を中心とする半径 r の円を描き，OA, OB との交点をそれぞれ P, Q とする．そして，円弧 $\overarc{PQ}$ の長さを s とする．このとき

$$\angle\text{AOB の大きさは } \frac{s}{r} \text{ radian である}$$

というのである．radian を rad と略記する．

O を中心とする半径 1 m の円から $\angle$AOB がきりとる円弧の長さが s' m なら，

$$\angle\text{AOB の大きさは } \frac{s' \text{ m}}{1 \text{ m}} \text{ rad} = s' \text{ rad}$$

である．単位 rad は無次元だ．

$\Theta°$ の角度が半径 r の円から切り取る円弧の長さは $\pi r \cdot \frac{\Theta°}{180°}$ で

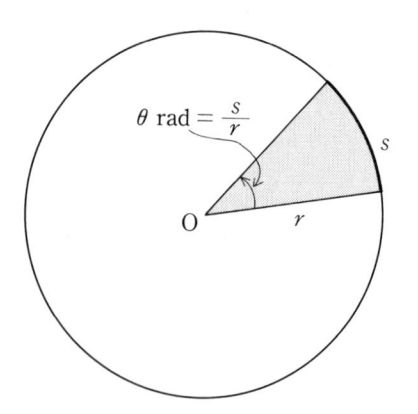

図 1.18 ラジアン

あるから，同じ角度が θ rad であるとすれば

$$\theta \text{ rad} = \pi \cdot \frac{\Theta°}{180°}$$

である．これから，次の表が得られる．

度	30	45	60	90	180	360
rad	$\pi/6$	$\pi/4$	$\pi/3$	$\pi/2$	π	2π

この本では，角度は rad 単位で測る．しかも，しばしば rad を省略する．p. 31 の (5.5) の下で「角度 $\varDelta\varphi$ に a をかけると円弧の長さになる」といっているのも，角度 $\varDelta\varphi$ を rad 単位で測っているからである．

第2章　ベクトル算

第4講
ベクトル談義

第2章——ベクトル算

　われわれは，'ベクトル（vector）は旅人だ'といって話をはじめたのだった．すなわち，旅人がA地点からB地点まで移動したことをベクトル$\overrightarrow{AB}$で表現したのである（**変位**ベクトル，§1.2）．

　その旅人が，さらにB地点からC地点に移動したなら，その変位はベクトル$\overrightarrow{BC}$で表現される．

　彼は，こうして変位$\overrightarrow{AB}$に続けて変位$\overrightarrow{BC}$を行ない，つまりはA地点からC地点まできたのだから，これは変位$\overrightarrow{AC}$にほかならない．われわれは，はじめ，これをベクトルの加法

$$\overrightarrow{AB}+\overrightarrow{BC}=\overrightarrow{AC} \tag{0.1}$$

として把えることにしたのだった．

　しかし，これはなんとも窮屈な算法であって，加える順序を変えることすらできない．$\overrightarrow{BC}+\overrightarrow{AB}$はどんなベクトルになるかと問われても，旅人は困惑するほかないのである．たとえ逆立ちしても，B地点から'C地点'に来て，引き続いて'A地点から'次の変位をはじめるということはできないのだから——．

　窮屈な算法ではあったが，それを用いて位置の時間的変化率と

して速度を定義するくらいのことはできた（§1.4）．それは，位置ベクトルの始点を定点 O ときめておいたので，時刻 t の位置 $\boldsymbol{r}(t) = \overrightarrow{\mathrm{OA}}$ から時刻 $t+\mathit{\Delta}t$ の位置 $\boldsymbol{r}(t+\mathit{\Delta}t) = \overrightarrow{\mathrm{OB}}$ にいたる位置の変化が求められたからである：

$$\boldsymbol{r}(t+\mathit{\Delta}t) - \boldsymbol{r}(t) = \overrightarrow{\mathrm{OB}} - \overrightarrow{\mathrm{OA}}$$
$$\underset{\text{(定義)}}{=} \overrightarrow{\mathrm{AO}} + \overrightarrow{\mathrm{OB}} = \overrightarrow{\mathrm{AB}}. \quad (0.2)$$

これを位置変化の所要時間 $\mathit{\Delta}t$ で割って $\mathit{\Delta}t \to 0$ の極限にいった結果を**時刻 t における速度 $\boldsymbol{v}(t)$** と定義したのだ．くりかえすが，上の計算ではベクトル $\overrightarrow{\mathrm{OB}}$ と $\overrightarrow{\mathrm{OA}}$ の始点が同一の O であることが鍵になっている．

ここまではよかった．しかし，次に速度ベクトルの時間的変化率として加速度を定義しようとしたとき壁にぶつかった．速度ベクトルの始点が――位置ベクトルの始点が定点 O であったのとちがって――物体 M の位置が動くにつれて動いてしまうためである．これでは，速度ベクトル $\boldsymbol{v}(t+\mathit{\Delta}t)$ と $\boldsymbol{v}(t)$ の差を求めることができない．

念のために言えば，(0.2) 式から求めた速度ベクトル $\boldsymbol{v}(t)$ の始点は，いまの '窮屈な算法' では，A になる――すなわち，その時刻に M の代表点がいた位置ということだ．なぜかといえば：(0.2) の $\overrightarrow{\mathrm{AB}}$ の $1/\mathit{\Delta}t$ 倍とは（スカラー倍ということだから）§1.2 の定義 1° により 'A を始点として，そこから B への向きにむかい，大きさが $\overrightarrow{\mathrm{AB}}/\mathit{\Delta}t$ である' ベクトルのことだ．速度にするには $\mathit{\Delta}t \to 0$ とするのだが，$\mathit{\Delta}t$ をどんどん 0 に近づけてゆくその過程で点 A は常に $\overrightarrow{\mathrm{AB}}/\mathit{\Delta}t$ の始点であり続けるので，極限である $\boldsymbol{v}(t)$ の始点にもなるわけである．

速度ベクトル $\boldsymbol{v}(t)$ の始点が，その時刻 t に M の代表点のいた位置 A であるのならば，速度ベクトル $\boldsymbol{v}(t+\mathit{\Delta}t)$ の始点は M の代表点が時刻 $t+\mathit{\Delta}t$ にいた位置となり，つまり M が動くにつれて速度ベクトルの始点は動く．これでは $\boldsymbol{v}(t+\mathit{\Delta}t) - \boldsymbol{v}(t)$ は計算できない――これが窮屈な算法のつきあたった壁であった．

われわれは，仕方なく，算法を拡大して急場をしのいだのだが（§1.5），反省してみると，そのとき大きな決断をしていたことになる．すなわち，

　　2 本のベクトルが互いに（向きも含めて）平行*で，かつ長さも等しいなら，始点の位置がたとえちがっていても，それら

は**同じベクトルとみなそう**

ときめたことになる．

この決定は，しかし，そんなに大変なことではないともいえる．たとえば初等幾何学で三角形の合同をいうときにも三角形の位置までは問題にしなかった．対応する辺が互いに平行であるかどうかさえ問題にしなかったではないか——．

それはともかく，上の決定はベクトル算法に影響するところが大きいにちがいない．われわれの興味は，なによりも，窮屈だったベクトル算法がどこまで楽になるかの1点にむかう．それを，これから調べよう．

2.1 自由ベクトルの算法

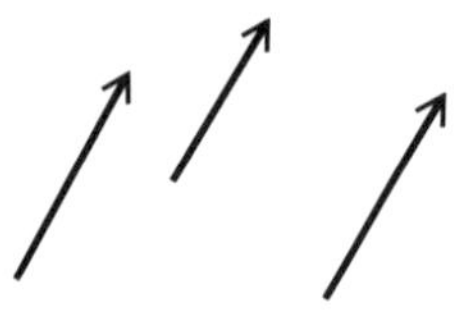

今後，ベクトルというのは，その始点の位置に関わりなく，互いに（向きも含めて）平行で大きさが等しくさえあれば——（方向，向き，大きさ）が互いに等しければ——同じとみなすことにする．このことを特に強調したい場面では**自由ベクトル**（free vector）の呼名を用いる（図2.1）．

そうは言っても，どうしても始点の位置にこだわらなければならない場面もでてくるので，そういうときにはベクトルの始点の指定を加え（自由ベクトル，始点の位置）という組を考えて**束縛ベクトル**（fixed vector）とよぶ建前になっている．英語の呼名どおりに固着ベクトルとでもしたほうが感じがでるようにも思われる．

たとえば位置ベクトルは，始点の位置をきめておかなければ用をなさないから生まれつきの束縛ベクトルである．しかし，速度ベクトルなどは，これまでの経緯から自由ベクトルだと思うだろうが，後に角運動量を考える場面では束縛ベクトルとして扱われねばならなくなる．一般には，自由と束縛は，速度ベクトル，変位ベクトル，……のそれぞれに固有の区別ではなくて，場面に応じ物理に従って取りかえるべき衣裳のようである．むしろ，始点の位置をあわせ考えるというのは，本来は自由なベクトルがネクタイをつけるようなものと言えばよいか．物理に現われるどのベクトルが，どんなときにネクタイを好み，どのベクトルは気にしないか——それは追い追いわかってくるだろう．

図2.1 自由ベクトル
平行で同じ向き，同じ大きさのはどれも互いに等しい．

＊ 方向と向きが同じとき '(向きも含めて) 平行' または単に '平行 (parallel)' という．方向は同じだが向きが反対のとき '反平行 (antiparallel)' という．

ここでは，ベクトルの自由性に合わせて，以前§1.2に述べた算法を改訂しよう．以下，ベクトルというのは自由ベクトルのこと：――

1° スカラー倍 α が正の実数のとき．ベクトル $\boldsymbol{A}$ の α 倍――$\alpha\boldsymbol{A}$――とは，$\boldsymbol{A}$ と（向きも含めて）平行で大きさが α 倍のベクトルをいう．

$\alpha=-1$ のとき．$(-1)\cdot\boldsymbol{A}$ とは，$\boldsymbol{A}$ と反平行で大きさは等しいベクトルをいう．これを $-\boldsymbol{A}$ とも書く．

$\alpha=0$ のとき．$0\cdot\boldsymbol{A}$ は大きさ 0 のベクトル．これには方向も向きもないがベクトルの仲間に入れて，**ゼロ・ベクトル**（null vector）とよぶ．$\boldsymbol{0}$ と書く．

2° 加法 2つのベクトル $\boldsymbol{A},\boldsymbol{B}$ の和――$\boldsymbol{A}+\boldsymbol{B}$――とは，'平行移動により' $\boldsymbol{A}$ の終点と $\boldsymbol{B}$ の始点を一致させたとき $\boldsymbol{A}$ の始点から $\boldsymbol{B}$ の終点にいたるベクトルのことをいう（図2.2）．この定義によれば

$$\boldsymbol{A}+\boldsymbol{B}=\boldsymbol{B}+\boldsymbol{A} \tag{1.1}$$

となる．$\boldsymbol{B}$ の終点と $\boldsymbol{A}$ の始点を一致させ……，としても同じ結果になるのである（平行四辺形の定理，図2.2）．いっそ，$\boldsymbol{A}$ と $\boldsymbol{B}$ の始点を一致させ，それらを2辺とする平行四辺形の対角線（図2.3）が $\boldsymbol{A}+\boldsymbol{B}$ だといえば，和の $\boldsymbol{A},\boldsymbol{B}$ に関する対称性が一目瞭然になる．

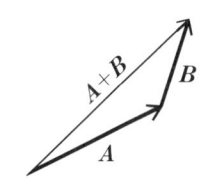

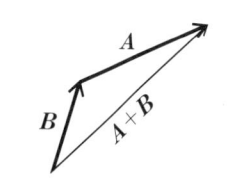

図2.2 ベクトルの加法

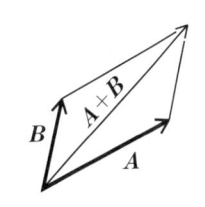

図2.3 平行四辺形の法則

――以前の§1.2の算法では交換法則 (1.1) はなりたち得なかった．特別の位置関係にある2つのベクトルを特別の順序に加えることができるだけだったのだ．その窮屈さが，いま消えた．

3° 減法 上の 1° と 2° とを利用して，$\boldsymbol{A}-\boldsymbol{B}$ を

$$\boldsymbol{A}+(-\boldsymbol{B}) \quad \text{または} \quad (-\boldsymbol{B})+\boldsymbol{A}$$

と定義する．和の交換法則 (1.1) があるので，どちらを定義としても結果は同じである（図2.4）．

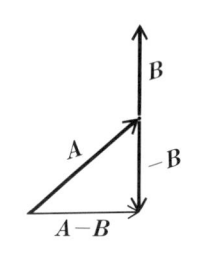

図2.4 ベクトルの減法

――以前の§1.2の算法では減法も特別の位置関係にある2つのベクトルの間だけに可能で，それも図1.3に示したとおり

$$\overrightarrow{OB}-\overrightarrow{OA}=\overrightarrow{AO}+\overrightarrow{OB}=\overrightarrow{AB}$$

とするのだったから

$$(\overrightarrow{OB}-\overrightarrow{OA})+\overrightarrow{OA}=\overrightarrow{AB}+\overrightarrow{OA}$$

の右辺の加法では立往生．これが $\overrightarrow{OB}$ になるということはできなかったのだ．この窮屈さも，いま消えた．

2.2 自由ベクトルは同値類

上の2°にベクトルの加法を述べたとき'平行移動により'A の終点と B の始点を一致させ……と書いた．これを読んで，A も B も自由ベクトルで始点の位置は関知しない約束だったから'移動'は考えられないはずだと反撥された人もあろう．また，そうして A の終点と B の始点を一致させたとき'A の始点から B の終点にいたる'ベクトルが $A+B$ なのだとしたのを読んで，これでは $A+B$ の始点が指定されているかのようで，自由ベクトルに相応しからぬ書き方だと反撥された向きもあろうかと思う．いずれも，もっともなことである．

2°で言おうとしたことを明晰に言い表わすには'同値類'の言葉を使うとよい．

まずは，(方向，向き，大きさ，始点) できまる束縛ベクトルの全体を考え，それらを，始点の位置にはかまわずに，(方向，向き，大きさ) の等しいものは同類とみなして——数学風にいえば，**同値** (equivalent) とみなして——分類する．こうしてできた類の1つ1つが数学でいう**同値類** (equivalence class) にほかならない．それぞれの同値類は，それに含まれるどの1つのベクトルによっても代表させることができる．というのは，**代表** (representative) に選んだ束縛ベクトルの (方向，向き，大きさ) を見れば，同じ同値類に含まれる他の束縛ベクトルの (方向，向き，大きさ) もまったく同じだからである．

このようにして束縛ベクトル全体の集合を分類してつくった同値類の1つ1つが自由ベクトルに当たる (図2.5)．

この言葉を用いて自由ベクトル A, B の和を定義すると次のようになる．:

A に当たる同値類と B に当たる同値類からそれぞれ $\overrightarrow{OA}$, $\overrightarrow{AB}$ の形の代表を選び出して ($\overrightarrow{OA}$ の終点と $\overrightarrow{AB}$ の始点が一致するように代表を選んであることに注意！)，この2つから定まる $\overrightarrow{OB}$ で代表される同値類を $A+B$ と定義する——．

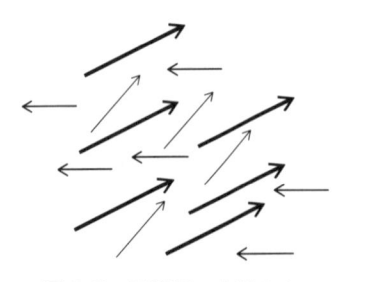

図2.5 同値類の仲間たち

2.3 自由ベクトルを成分で表現する

(自由) ベクトルとは，もともと'1つの矢印，ただし始点の位置だけ異にするものは同じとみなす'というものであった．この定義によれば，任意に直交座標軸 O-xyz を定めて，それに関する成分でベクトルを表現することができる．

成分とは何か？　それを説明するためには，まず，ベクトル $\boldsymbol{A}$ の 'x 軸への正射影' というものを定義しなければならない．

ベクトル $\boldsymbol{A}$ の始点と終点をそれぞれ通って x 軸に垂直な2枚の平面をつくると，これらにより $\boldsymbol{A}$ から x 軸上のベクトル $\boldsymbol{A}_x$ への自然な対応が生ずる（図 2.6）．すなわち，$\boldsymbol{A}$ の始点の側の平面が x 軸を切る点から終点の側の平面が x 軸を切る点までの矢印が $\boldsymbol{A}_x$ である．こういうと，自由ベクトルなら問題にしないはずの始点，終点の位置に正射影の定義は依存しているかに見えるが，途中はともかく，結果である $\boldsymbol{A}_x$ を自由ベクトルと見直せば，その依存性は消え去ってしまう．

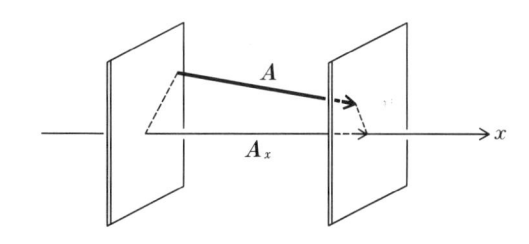

図 2.6　ベクトル $\boldsymbol{A}$ の定直線への正射影

いや，同値類としての自由ベクトルに慣れた方には，まず $\boldsymbol{A}$ に当たる同値類から代表元を1つとり，それを上記の仕方で x 軸に射影し，そうしてできた x 軸上のベクトルを含む同値類を $\boldsymbol{A}_x$ とするのだ，といおう．

同様にして y 軸への射影 $\boldsymbol{A}_y$ をつくり，z 軸への射影 $\boldsymbol{A}_z$ をつ

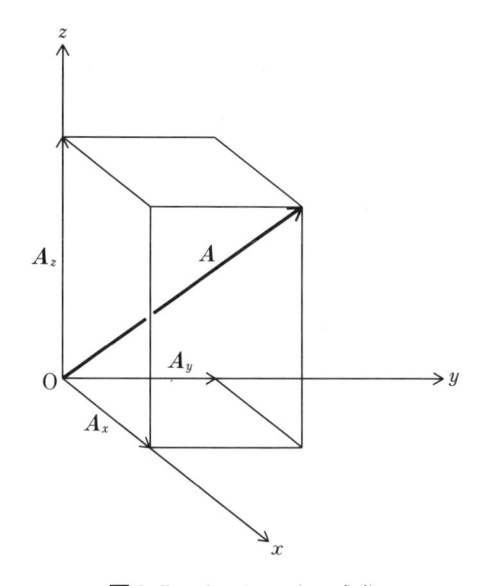

図 2.7　ベクトル $\boldsymbol{A}$ の成分

くろう．そうすれば，かならず
$$\boldsymbol{A} = \boldsymbol{A}_x + \boldsymbol{A}_y + \boldsymbol{A}_z \tag{3.1}$$
がなりたつ（図 2.7．この図では $\boldsymbol{A}$ の始点が座標原点にあるように描いてある．そうでなくても (3.1) はなりたつ——このことを示す図を描いてみよ！）．

(3.1) はベクトル $\boldsymbol{A}$ が $\boldsymbol{A}_x$ と $\boldsymbol{A}_y$ と $\boldsymbol{A}_z$ の和からできていると見られることを言っている．いかにも，$\boldsymbol{A}_x$ などを $\boldsymbol{A}$ の'成分'とよびたくなるような関係であるが，$\boldsymbol{A}_x$ なら（始点の位置は問題にしないので）

$$A_x \equiv \begin{pmatrix} \boldsymbol{A}_x \text{の大きさ} |\boldsymbol{A}_x| \text{に} \\ \boldsymbol{A}_x \text{が} x \text{軸の} \begin{Bmatrix} 正 \\ 負 \end{Bmatrix} \text{の向きなら} \begin{Bmatrix} + \\ - \end{Bmatrix} \text{の符} \\ \text{号をつける} \end{pmatrix}$$

とした実数と1対1に対応するから，これを $\boldsymbol{A}$ の $\boldsymbol{x}$ 成分 (x-component) という．$\boldsymbol{y}$ 成分，$\boldsymbol{z}$ 成分についても同様にする．そして，この3成分で $\boldsymbol{A}$ が完全に表現されているということを

$$\boldsymbol{A} = \begin{pmatrix} A_x \\ A_y \\ A_z \end{pmatrix} \tag{3.2}$$

と書く．ときには
$$\boldsymbol{A}^{\mathrm{T}} = (A_x, A_y, A_z) \tag{3.3}$$
と書く*．肩の ^{T} は transposition（転置——タテのものをヨコにしたこと）を表わしている．これらがベクトル $\boldsymbol{A}$ の'成分表現'にほかならない．

言いわけ： (3.2) をヨコにしたのなら (3.3) は
$$(A_x \ A_y \ A_z)$$
のようにコンマなしになる．実際，行列なら

$$\begin{pmatrix} a & b \\ c & d \end{pmatrix} \text{と書き} \begin{pmatrix} a, b \\ c, d \end{pmatrix} \text{とは書かない．}$$

(3.3) も1行3列の行列という出自からいえばコンマなしが本当であるが，ベクトルの成分をヨコに並べて書くときにはコンマを入れるという習慣もある．この方が見やすいから，ここではコンマを入れた．

さて，成分表現には §2.1 のベクトル算法が忠実に反映される．すなわち，(3.2) のように成分表現した $\boldsymbol{A}, \boldsymbol{B}$ に対して：

---

* (3.3) を $^{\mathrm{T}}\boldsymbol{A}$ と書く本もある．

1° スカラー倍 α を実数とすれば

$$\alpha \boldsymbol{A} = \begin{pmatrix} \alpha A_x \\ \alpha A_y \\ \alpha A_z \end{pmatrix} \tag{3.4}$$

ここでは，§2.1とちがって α の正・負・ゼロを区別して述べる必要がない．

2° 加法

$$\boldsymbol{A}+\boldsymbol{B} = \begin{pmatrix} A_x+B_x \\ A_y+B_y \\ A_z+B_z \end{pmatrix} \tag{3.5}$$

加法に対する交換の法則（1.1）が，ここでは一目瞭然である．

なお，ここで，ベクトル $\boldsymbol{A}$ の大きさが，$\boldsymbol{A}$ の成分によって

$$|\boldsymbol{A}| = \sqrt{A_x{}^2+A_y{}^2+A_z{}^2} \tag{3.6}$$

と表わされることを注意しておこう（ピタゴラスの定理による）．

2.4 座標系を変える

ベクトルを成分で表現すると，前節で見たように算術が簡明になる．その反面，成分表現には好ましくないところもあって，それは同一のベクトルの成分が座標軸のとりかたにより'いろいろに変わってしまう'こと——いわば，ちがった顔に見えてしまうことである．

同じものが異った顔に見えるのは好ましくないことだが，このことを逆手にとって幾何学ないし物理学の研究に役立てることができる．それを以下に説明しよう．

話をわかりやすくするために，ベクトル $\boldsymbol{A}$ が座標系 O-xyz では xy 平面上にあるとしよう．いま，z 軸のまわりに座標軸を回転して O-$x'y'z$ にしても，$\boldsymbol{A}$ が z 成分をもたないことに変わりはない．しかし，x 成分，y 成分は変わる（図2.8）．実際，ベクトル $\boldsymbol{A}$ の

座標系 O-xyz に関する成分を $\begin{pmatrix} A_x \\ A_y \end{pmatrix}$

座標系 O-$x'y'z$ に関する成分を $\begin{pmatrix} A_{x'} \\ A_{y'} \end{pmatrix}$

とすれば（z 成分は 0 なので省略），図2.9からみて

$$\begin{pmatrix} A_{x'} \\ A_{y'} \end{pmatrix} = \begin{pmatrix} \cos\phi & \sin\phi \\ -\sin\phi & \cos\phi \end{pmatrix} \begin{pmatrix} A_x \\ A_y \end{pmatrix} \tag{4.1}$$

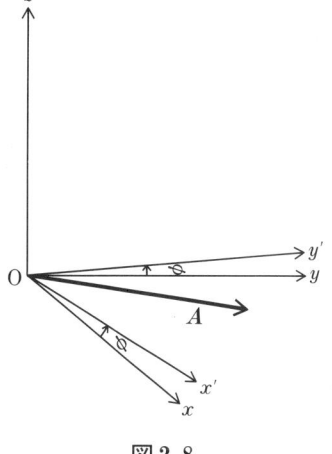

図 2.8

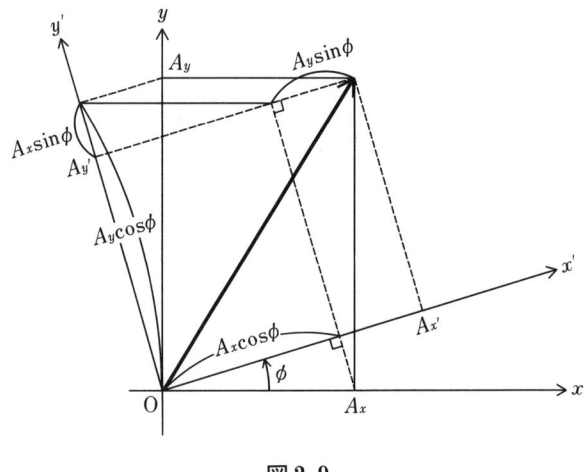

図 2.9

の関係がある．いや，いや，図 2.9 は $\boldsymbol{A}$ がどちらの座標系でも '第 I 象限' にある場合を示しているにすぎないではないか——そう言われたら何と答えようか？

2.4.1 共変量の発見

ベクトルの成分は人がどの方向に座標軸をとるかによって変わってしまうが，成分は変わってもベクトルの長さ (3.6) は変わらないはずである．事実，$A_z = 0$ のとき座標系 O-$x'y'z$ において (3.6) が

$$|\boldsymbol{A}|^2 = (A_{x'}\ A_{y'})\begin{pmatrix}A_{x'}\\A_{y'}\end{pmatrix} \tag{4.2}$$

と書けることに注意すれば，(4.1) を用いて（問題 4.5 を参照）

$$(A_{x'}\ A_{y'})\begin{pmatrix}A_{x'}\\A_{y'}\end{pmatrix}$$
$$= (A_x\ A_y)\begin{pmatrix}\cos\phi & -\sin\phi\\ \sin\phi & \cos\phi\end{pmatrix}\begin{pmatrix}\cos\phi & \sin\phi\\ -\sin\phi & \cos\phi\end{pmatrix}\begin{pmatrix}A_x\\A_y\end{pmatrix} \tag{4.3}$$

という計算ができる．右辺の中央の 2 つの行列を先に掛算してみると，ちょうど単位行列になるので，(4.3) は

$$(A_{x'}\ A_{y'})\begin{pmatrix}A_{x'}\\A_{y'}\end{pmatrix} = (A_x\ A_y)\begin{pmatrix}A_x\\A_y\end{pmatrix} \tag{4.4}$$

をあたえる．すなわち

$$A_{x'}^2 + A_{y'}^2 = A_x^2 + A_y^2.$$

これは，予想どおり，ベクトルの**長さ**はどの座標系でみても同じ

値となることを示している．

それでは，(4.4) を拡張した式 (2 次形式) であって，(4.4) の拡張である

$$(A_{x'}\ A_{y'})\begin{pmatrix} a & b \\ c & d \end{pmatrix}\begin{pmatrix} B_{x'} \\ B_{y'} \end{pmatrix} = (A_x\ A_y)\begin{pmatrix} a & b \\ c & d \end{pmatrix}\begin{pmatrix} B_x \\ B_y \end{pmatrix} \quad (4.5)$$

のように座標系をどれだけ回転しても形の変わらない（**共変的**な）ものはないだろうか？

(4.1) を用いて書けば，その要求は任意の ϕ に対して

$$\begin{pmatrix} \cos\phi & -\sin\phi \\ \sin\phi & \cos\phi \end{pmatrix}\begin{pmatrix} a & b \\ c & d \end{pmatrix}\begin{pmatrix} \cos\phi & \sin\phi \\ -\sin\phi & \cos\phi \end{pmatrix} = \begin{pmatrix} a & b \\ c & d \end{pmatrix} \quad (4.6)$$

となること．すなわち

$$\begin{pmatrix} a\cos^2\phi - (b+c)\cos\phi\sin\phi + d\sin^2\phi & b\cos^2\phi + (a-d)\cos\phi\sin\phi - c\sin^2\phi \\ -b\sin^2\phi + (a-d)\cos\phi\sin\phi + c\cos^2\phi & a\sin^2\phi + (b+c)\cos\phi\sin\phi + d\cos^2\phi \end{pmatrix}$$

$$= \begin{pmatrix} a & b \\ c & d \end{pmatrix}$$

があらゆる $0 \leqq \phi \leqq 2\pi$ に対してなりたつように a, b, c, d をきめることである．さて，できるか？ 右辺を移項すれば

$$\begin{pmatrix} (d-a)\sin^2\phi - (b+c)\cos\phi\sin\phi & -(b+c)\sin^2\phi + (a-d)\cos\phi\sin\phi \\ -(b+c)\sin^2\phi + (a-d)\cos\phi\sin\phi & (a-d)\sin^2\phi + (b+c)\cos\phi\sin\phi \end{pmatrix} = 0.$$

これが，あらゆる ϕ でなりたつように，というのだから，特に $\phi = \dfrac{\pi}{2}$ とすれば

$$\begin{pmatrix} d-a & -(b+c) \\ -(b+c) & a-d \end{pmatrix} = 0$$

が必要である．すなわち

$$d = a, \quad c = -b$$

でなければならない．逆に，この条件がなりたっていれば，(4.6) はすべての $0 \leqq \phi \leqq 2\pi$ で正しくなりたつことが直ちにわかる．

こうして

$$(A_x\ A_y)\begin{pmatrix} a & b \\ -b & a \end{pmatrix}\begin{pmatrix} B_x \\ B_y \end{pmatrix}$$

$$= a(A_x B_x + A_y B_y) + b(A_x B_y - A_y B_x) \quad (4.7)$$

が座標系を z 軸のまわりに回転させるときに共変的なこと——(4.5) がなりたつこと——が発見された．特に $b = 0$ とおけば

$$A_x B_x + A_y B_y \quad (4.8)$$

が，これ自身で共変量であることがわかり，$a = 0$ とおけば

$$A_x B_y - A_y B_x \tag{4.9}$$

が共変量であることがわかる．

2.4.2 共変量の幾何学的意味

 幾何学とは，座標系を変換しても不変に残る性質を研究する学問である，と喝破したのはクライン（F. Klein）である——エルランゲン・プログラム（1872）．上に見出した (4.8), (4.9) という量は座標系を変えても同じ形に表わされるので，何らかの幾何学的意味をもつと考えられる．

 スカラー積　ベクトル* $\boldsymbol{A} = (A_x, A_y), \boldsymbol{B} = (B_x, B_y)$ から定まる共変量 (4.8) を $\boldsymbol{A}$ と $\boldsymbol{B}$ の**スカラー積**（scalar product）とよび，$\boldsymbol{A} \cdot \boldsymbol{B}$ と書く．積を・で表わすので dot product ともいう．これは対応する成分同士の積の和である：

$$\boldsymbol{A} \cdot \boldsymbol{B} = A_x B_x + A_y B_y. \tag{4.10}$$

 スカラー積の幾何学的意味は，$\boldsymbol{B} = \boldsymbol{A}$ の場合には明瞭である．すなわち

$$\boldsymbol{A} \cdot \boldsymbol{A} = A_x^2 + A_y^2 \tag{4.11}$$

は，$\boldsymbol{A}^2$ とも書くが，ベクトル $\boldsymbol{A}$ の**長さ**の2乗を表わす．長さなら座標系のとりかたによらないのは当然である！　これは歴とした幾何学的量なのだ．

 一般の場合にスカラー積が何を意味するかは $(\boldsymbol{A}-\boldsymbol{B})^2$ を書いてみると明らかになる．スカラー積は成分同士の積の和だから

$$(\boldsymbol{A}-\boldsymbol{B})^2 = (A_x - B_x)^2 + (A_y - B_y)^2$$
$$= (A_x^2 + A_y^2) + (B_x^2 + B_y^2) - 2(A_x B_x + A_y B_y)$$

となる．右辺を見ると

$$(\boldsymbol{A}-\boldsymbol{B}) \cdot (\boldsymbol{A}-\boldsymbol{B}) = \boldsymbol{A}^2 + \boldsymbol{B}^2 - 2\boldsymbol{A} \cdot \boldsymbol{B} \tag{4.12}$$

のなりたつことがわかる．ベクトルのスカラー積に対して交換の法則と分配の法則がなりたつのである．

 さて，(4.12) の左辺はベクトル $\boldsymbol{A}-\boldsymbol{B}$ の長さの2乗であるが，このベクトル $\boldsymbol{A}-\boldsymbol{B}$ は $\boldsymbol{A}$ と $\boldsymbol{B}$ が張る三角形の対辺 $\boldsymbol{C}$ である（図 2.10）．よって，余弦定理により——$\boldsymbol{A}$ と $\boldsymbol{B}$ のなす角を θ として

$$(\boldsymbol{A}-\boldsymbol{B})^2 = A^2 + B^2 - 2AB\cos\theta.$$

これを (4.12) と比べれば，$\boldsymbol{A}^2 = A^2, \boldsymbol{B}^2 = B^2$ なので

---

 * z 成分は0とするので，書くのを省略する．

クライン（ドイツ，1849-1925）数学者．著書『最近のいろいろな幾何学の比較考察』(1872) により知られる．当時，ユークリッド幾何でない幾何学のありうることは一部の人々にしか認められていなかったが，彼はそのモデルをつくり，それによって幾何学の諸公理の独立性を示すことを始めた．「エルランゲン・プログラム」は，この本の通称．彼の論法の継承ともいえるヒルベルトの『幾何学の基礎』とともに『現代数学の系譜7』(寺阪英孝，大西正男訳・解説，共立出版) に収められている．

第 4 講 ベクトル談義　47

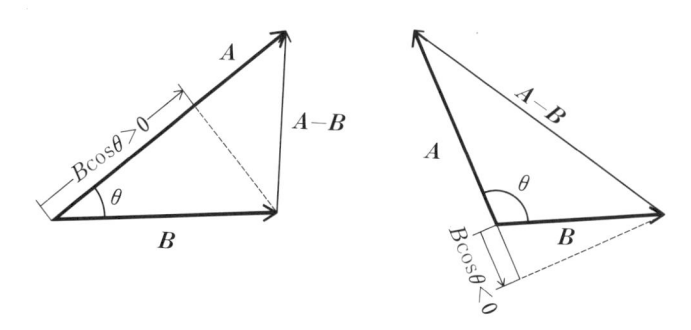

図 2.10 スカラー積と余弦定理

$$A \cdot B = AB \cos \theta \tag{4.13}$$

が知れる．A^2, B^2 がそれぞれのベクトルの長さをあたえるのに対して，$A \cdot B$ は両者のなす**角** θ をあたえる．

特に，A と B のどちらも 0 ベクトルでないとき，両者のスカラー積が 0 であることは両者が互いに他に垂直であるための必要・十分条件である：

$$A \cdot B = 0 \iff A \perp B. \tag{4.14}$$

スカラー積 (4.13) は，さらに'ベクトル B の A 方向への**射影**' $B \cos \theta$ とベクトル A の長さ A の積であるともいえる．B

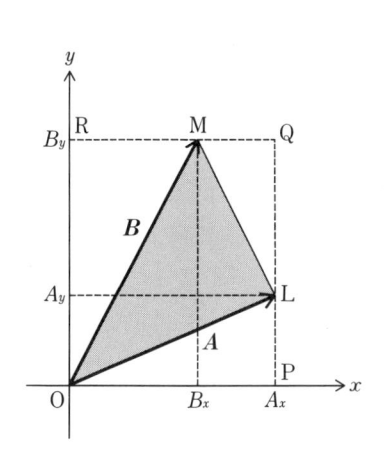

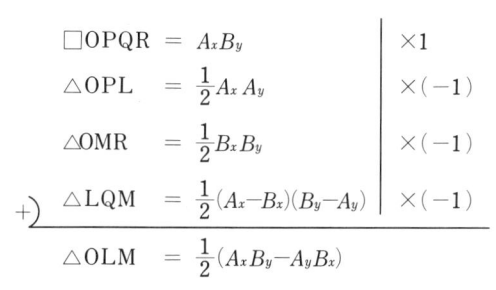

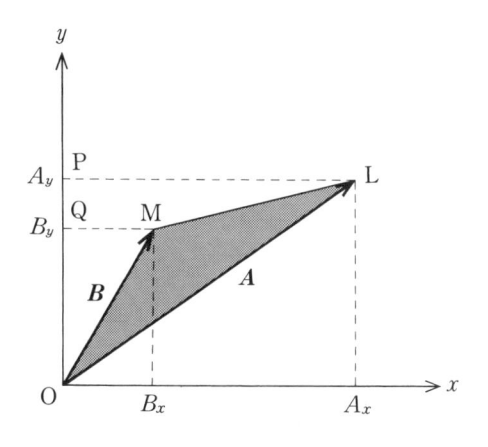

$$
\begin{aligned}
\square \text{OPQR} &= A_x B_y & \times 1 \\
\triangle \text{OPL} &= \tfrac{1}{2} A_x A_y & \times (-1) \\
\triangle \text{OMR} &= \tfrac{1}{2} B_x B_y & \times (-1) \\
+)\ \triangle \text{LQM} &= \tfrac{1}{2}(A_x - B_x)(B_y - A_y) & \times (-1) \\ \hline
\triangle \text{OLM} &= \tfrac{1}{2}(A_x B_y - A_y B_x)
\end{aligned}
$$

$$
\begin{aligned}
\triangle \text{OLP} &= \tfrac{1}{2} A_x A_y & \times 1 \\
\triangle \text{OMQ} &= \tfrac{1}{2} B_x B_y & \times (-1) \\
+)\ \square \text{QMLP} &= \tfrac{1}{2}(A_x + B_x)(A_y - B_y) & \times (-1) \\ \hline
\triangle \text{OLM} &= \tfrac{1}{2}(A_x B_y - A_y B_x)
\end{aligned}
$$

図 2.11 ベクトル積と面積

と A の役割をとりかえてもよい．射影（projection）も，作図できることからもわかるとおり，やはり幾何学的な概念である．

ベクトル積 共変量 (4.9) は後に§2.8 でベクトル積 $A \times B$ と名づけるベクトルの z 成分である．

$$(A \times B)_z = A_x B_y - A_y B_x. \tag{4.15}$$

これは，図 2.11 に見るとおり'ベクトル A, B を隣りあう 2 辺とする平行四辺形の**面積**'になっている．面積も座標系によらず，幾何学的な量のひとつである．

ベクトルのスカラー積もベクトル積も，やがて，われわれの物理の道具として活躍することになるであろう．物理法則がベクトルで表わされるものなら，それは，法則らしく，どのように座標軸をとっても同じ顔をして立ち現われるはずだから！

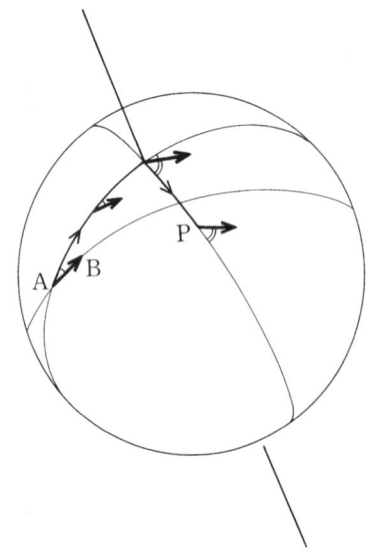

図 2.12 $\overrightarrow{AB}$ を位置 A から P に平行移動する．図の場合，$\overrightarrow{AB}$ をまず北極まで平行移動し，次に P を含む経線に沿って P まで平行移動している．

●問題

4.1 南北の両極をもつ球面があたえられたとし，その上の 2 点 A, B を大円の弧で結んで向きをつけた $\overrightarrow{AB}$ を球面上のベクトルと定義する．

ベクトルは，その根もとを大円に沿って移動させる場合，その大円とベクトルのなす角を一定に保つとき平行移動ということにする．

2 つのベクトルは，平行移動によって一方が他方を含むように重ね合わせることができ，両者の向きが同じなら平行であるという．

互いに平行な 2 本のベクトルは，長さが等しいとき互いに等しいということにする（本文に述べた自由ベクトルに当たる定義）．

このように約束してみたら，どうだろう？ 球面上のベクトルの同値類に加法，減法が定義できるだろうか？

4.2 直径の上に立つ円周角は直角である．このことを (4.14) を用いて証明せよ．

4.3 未知数 x, y に対する連立 1 次方程式

$$\left.\begin{array}{l} a_1 x + b_1 y = p_1 \\ a_2 x + b_2 y = p_2 \end{array}\right\} \tag{1}$$

は，ベクトル

$$\boldsymbol{a} = (a_1, a_2), \quad \boldsymbol{b} = (b_1, b_2), \quad \boldsymbol{p} = (p_1, p_2)$$

を定義すれば

$$x\boldsymbol{a} + y\boldsymbol{b} = \boldsymbol{p} \tag{2}$$

と書ける．

いま，$\boldsymbol{a}, \boldsymbol{b} \neq 0$ とする．

$$\boldsymbol{a}^{\perp} = (-a_2, a_1), \quad \boldsymbol{b}^{\perp} = (b_2, -b_1)$$

を定義すれば，$\boldsymbol{a}$ と $\boldsymbol{b}$ が平行でないとき

$$x = \frac{\boldsymbol{b}^\perp \cdot \boldsymbol{p}}{\boldsymbol{b}^\perp \cdot \boldsymbol{a}}, \quad y = \frac{\boldsymbol{a}^\perp \cdot \boldsymbol{p}}{\boldsymbol{a}^\perp \cdot \boldsymbol{b}} \quad (\boldsymbol{b}^\perp \cdot \boldsymbol{a} = \boldsymbol{a}^\perp \cdot \boldsymbol{b})$$

が (1) の解となることを確かめよ．

$\boldsymbol{a}$ と $\boldsymbol{b}$ が平行なとき (1) が解をもつのは $\boldsymbol{p}$ がどんな条件をみたすときか？　そのとき解はいくつあるか？

4.4 2つの整数の順序づけられた組 (a, b) $(b \neq 0)$ を次の同値関係で類別した同値類の全体を考える．

$$(a, b) \sim (a', b') \iff ab' = ba'$$

[この意味：(a, b) と (a', b') は，$ab' = ba'$ のとき，そしてそのときに限って同値である]

（a）次のことを確かめよ：

(a, b) は自分自身に同値である．

$(a, b) \sim (c, d)$ なら $(c, d) \sim (a, b)$,

$\left.\begin{array}{l}(a, b) \sim (c, d) \\ (c, d) \sim (e, f)\end{array}\right\}$ なら $(a, b) \sim (e, f)$

これらは同値関係の要件である．

（b）上の同値類のあいだに加法を，代表元により

$$(a, b) + (c, d) = (ad + bc, bd)$$

として定義するとき，和が左辺の代表元の選び方によらないことを示せ．

（c）この同値類は分数を表わすことを説明せよ．(a, b) の表わす分数は？

4.5 (4.3) の計算では，

$$\begin{pmatrix} \cos\phi & \sin\phi \\ -\sin\phi & \cos\phi \end{pmatrix} \begin{pmatrix} A_x \\ A_y \end{pmatrix} = \begin{pmatrix} A_x\cos\phi + A_y\sin\phi \\ -A_x\sin\phi + A_y\cos\phi \end{pmatrix}$$

という積の転置行列が

$$(A_x \ A_y) \begin{pmatrix} \cos\phi & -\sin\phi \\ \sin\phi & \cos\phi \end{pmatrix}$$

と書けることを用いている．このことを確かめよ．

一般に，2つの行列 P, Q の積 $P \cdot Q$ の転置行列 $(P \cdot Q)^\mathrm{T}$ は $Q^\mathrm{T} \cdot P^\mathrm{T}$ に等しいこと，すなわち

$$(P \cdot Q)^\mathrm{T} = Q^\mathrm{T} \cdot P^\mathrm{T}$$

となることを示せ．

4.6 (4.3) を計算するとき，行列 P, Q, R の積に対して結合則

$$P(QR) = (PQ)R$$

がなりたつことを用いた．実際に結合則がなりたつことを確かめよ．

第5講
ベクトルの積

　前回，ベクトルを成分で表現する話をしたが，そうすると算術が簡明に表現される反面，同一のベクトルの表現が座標軸のとりかたにより'いろいろに変わってしまう'という好ましくない事態を招くのだった．

　その禍を福に転じることができる！　成分の変わり方を手掛りにベクトルの積を腑分けするのだ．

2.5　座標系を変える——もっと大胆に

　座標系 O-xyz を原点を中心にいくらか回転したものを O-$x'y'z'$ としよう（図2.12）．

　どんなふうに・どれだけ回転したのかと問われたら，x 軸と x' 軸がなす角 $\Theta_{x'x}$, x 軸と y' 軸がなす角 $\Theta_{y'x}$, ……, z 軸と z' 軸がなす角 $\Theta_{z'z}$ という総計9個の角度

$$0 \leq \Theta_{ij} < \pi, \quad (i = x', y', z',\ j = x, y, z) \quad (5.1)$$

を答えるのが1つの方法である．角度の代りにそのコサインの値

$$\gamma_{ij} = \cos \Theta_{ij}$$

をいうことにしてもよい．角度の変域が (5.1) なので γ_{ij} から Θ_{ij} は一意に定まるからである．

　次のように言えば，もっとはっきりするだろう．すなわち，

図 2.12

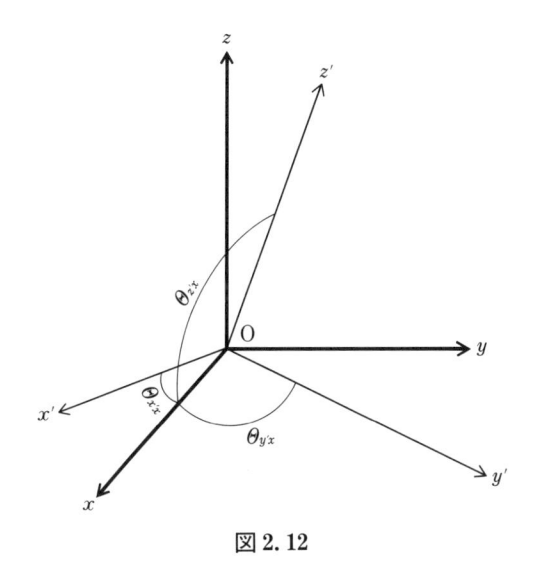

$$\begin{pmatrix} \cos \Theta_{x'x} \\ \cos \Theta_{y'x} \\ \cos \Theta_{z'x} \end{pmatrix}_{K'} = \begin{pmatrix} \gamma_{x'x} \\ \gamma_{y'x} \\ \gamma_{z'x} \end{pmatrix}_{K'} \tag{5.2}$$

と並べてみると，これは x 軸方向の正の向き（簡略に，x 方向）にある長さ 1 のベクトル（単位ベクトル）を座標系 O-$x'y'z'$ で成分表示したものになっている．$\cos \Theta_{x'x}$, ……を座標系 O-$x'y'z'$ に関する x 軸の**方向余弦**（direction cosine）とよぶ．これで座標系 O-$x'y'z'$ において x 軸が定まる．同様にして y 軸も z 軸も定まるから，つまり座標系 O-$x'y'z'$ に対して座標系 O-xyz の軸の向きが定まることになる．

いや，座標系 O-xyz はあたえられていて，それに対して座標系 O-$x'y'z'$ の向きを定めることが問題だった，という人がいれば，その通りである．その人は，上の説明を $xyz \leftrightarrow x'y'z'$ の入れかえをして読んでください．

急いで付け加えるが，(5.2) の（・）に K′ と添え書きしたのは，これが座標系 O-$x'y'z'$ における成分であることを明示するためである．座標系 O-xyz における成分には K を添えよう．ベクトルの成分は座標系によって異ってしまうので，この注意が必要なのである．

では，座標系 O-xyz において

$$\boldsymbol{A} = \begin{pmatrix} A_x \\ A_y \\ A_z \end{pmatrix}_{K} \tag{5.3}$$

という成分をもつベクトルは，O-$x'y'z'$で見たらどんな成分をもつことになるか？　これは前回（4.1）で考えた問題の拡張である．

これを解く手始めに，問題を簡単にして，O-xyzにおける成分が

$$\boldsymbol{A}_x = \begin{pmatrix} A_x \\ 0 \\ 0 \end{pmatrix}_{\text{K}} \tag{5.4}$$

であるベクトルについて考えてみよう．いうまでもなくベクトル$\boldsymbol{A}$を（3.1）のように分解して，$\boldsymbol{A}_x, \boldsymbol{A}_y, \boldsymbol{A}_z$それぞれのO-$x'y'z'$における成分をまず求め，その上で成分ごとの足し算をして$\boldsymbol{A}$の成分を求めようという魂胆である．

さて，（5.4）の$\boldsymbol{A}_x$はx軸の方向にある．x軸の正の向きをむいた単位ベクトル

$$\begin{pmatrix} 1 \\ 0 \\ 0 \end{pmatrix}_{\text{K}} \tag{5.5}$$

なら，O-$x'y'z'$において成分

$$\begin{pmatrix} \cos \Theta_{x'x} \\ \cos \Theta_{y'x} \\ \cos \Theta_{z'x} \end{pmatrix}_{\text{K}'} = \begin{pmatrix} \gamma_{x'x} \\ \gamma_{y'x} \\ \gamma_{z'x} \end{pmatrix}_{\text{K}'}$$

をもつので，$\boldsymbol{A}_x$の成分は——（5.4）が（5.5）のA_x倍であることから

$$\boldsymbol{A}_x = \begin{pmatrix} \gamma_{x'x} A_x \\ \gamma_{y'x} A_x \\ \gamma_{z'x} A_x \end{pmatrix}_{\text{K}'}$$

と知れる．$\gamma_{x'x}, \cdots\cdots$は，さきに座標系O-$x'y'z'$に関する$x$軸の**方向余弦**と名づけた量である．

同様にして$\boldsymbol{A}_y$と$\boldsymbol{A}_z$の成分も計算して，（3.1）に応ずる和をつくれば

$$\boldsymbol{A} = \begin{pmatrix} \gamma_{x'x} A_x + \gamma_{x'y} A_y + \gamma_{x'z} A_z \\ ** \\ *** \end{pmatrix}_{\text{K}'} \tag{5.6}$$

が得られる．星印のところは読者が自ら埋めてください．

行列の記法で（5.6）を書けば

$$\begin{pmatrix} A_{x'} \\ A_{y'} \\ A_{z'} \end{pmatrix}_{\text{K}'} = \begin{pmatrix} \gamma_{x'x} & \gamma_{x'y} & \gamma_{x'z} \\ \cdot & \cdot & \cdot \\ \cdot & \cdot & \cdot \end{pmatrix} \begin{pmatrix} A_x \\ A_y \\ A_z \end{pmatrix}_{\text{K}} \tag{5.7}$$

ということになる．

行列というものは，よく知らないという人がいれば，(5.6) を (5.7) のように書くのが"行列の乗法"の定義だと了解していただく．私事になるが，ぼくは行列の積を計算するとき，(5.7) なら γ（の行）を左から右に指でなぞり，次いで A（の列）を上から下になぞるクセがある．そうすると，自転車のチェーンが歯車にかみ合っていくような感覚で計算ができる．ぼくの友人には，左手の指で γ を左から右になぞり，それに調子を合わせて右手の指で A を上から下になぞる人もいる．その人が黒板で計算するときの身振りはダイナミックである！

この流儀で，(5.7) の・・のところにスポットライトを当てれば次のようになる：

$$\begin{pmatrix} A_{x'} \\ A_{y'} \\ A_{z'} \end{pmatrix}_{K'} = \begin{pmatrix} \cdot \\ \gamma_{y'x}\ \gamma_{y'y}\ \gamma_{y'z} \\ \cdots \end{pmatrix} \begin{pmatrix} A_x \\ A_y \\ A_z \end{pmatrix}_K \tag{5.8}$$

読者は・・・のところも埋めて，この式を完成してください．

こうして，座標系を回転したときベクトルの成分がどう変わるかがわかった．(5.7) の γ の行列を '**座標系の回転**に応ずる' ベクトル成分の**変換行列**（transformation matrix）とよぶ．

2.6 ベクトルのスカラー積

前回に 2.4 節で考えた "ベクトルの双 1 次共変形式" を，今回の一般的枠組のなかで考え直してみよう．

ベクトルの**双 1 次共変形式**（covariant bilinear form）というのは，3 次元ベクトル $\boldsymbol{A}, \boldsymbol{B}$ の関数で[*]，

$$\begin{aligned} (A_{x'}\ A_{y'}\ A_{z'}) &\begin{pmatrix} a & b & e \\ c & d & f \\ g & h & k \end{pmatrix} \begin{pmatrix} B_{x'} \\ B_{y'} \\ B_{z'} \end{pmatrix} \\ &= (A_x\ A_y\ A_z) \begin{pmatrix} a & b & e \\ c & d & f \\ g & h & k \end{pmatrix} \begin{pmatrix} B_x \\ B_y \\ B_z \end{pmatrix} \end{aligned} \tag{6.1}$$

のように，'ベクトル成分の双 1 次形式であって**座標系を任意に回転しても形の変わらないもの**' をいうのである．もうすこし一般的な定義を次節であたえる．

座標系を任意に回転しても双 1 次形式の形が変わらないために

---

[*] 以下，ベクトル成分につける座標系の添字は省く．

は，(6.1) でベクトル $\boldsymbol{A}, \boldsymbol{B}$ がはさんでいる行列——Q と書く——は勝手なものではあり得ない．

早い話，前回に考えた図 2.8 の変換は (5.7) にあわせて書けば，明らかに

$$\begin{pmatrix} A_{x'} \\ A_{y'} \\ A_{z'} \end{pmatrix} = \begin{pmatrix} \cos\phi & \sin\phi & 0 \\ -\sin\phi & \cos\phi & 0 \\ 0 & 0 & 1 \end{pmatrix} \begin{pmatrix} A_x \\ A_y \\ A_z \end{pmatrix} \tag{6.2}$$

となるが，この形の——任意の ϕ の——変換に対して (6.1) がなりたつためには，Q は

$$Q = \begin{pmatrix} a & b & e \\ -b & a & f \\ \hdashline g & h & k \end{pmatrix}$$

の形でなければならない．なぜなら，(6.1) は $A_z = 0$ の場合にも形を変えてはならないので前回の結果が通用することになるからである．

この Q に対して，前回の (4.6) に当たる条件を書き下せば

$$\begin{pmatrix} \cos\phi & -\sin\phi & 0 \\ \sin\phi & \cos\phi & 0 \\ 0 & 0 & 1 \end{pmatrix} \begin{pmatrix} a & b & e \\ -b & a & f \\ g & h & k \end{pmatrix} \begin{pmatrix} \cos\phi & \sin\phi & 0 \\ -\sin\phi & \cos\phi & 0 \\ 0 & 0 & 1 \end{pmatrix}$$
$$= \begin{pmatrix} a & b & e \\ -b & a & f \\ g & h & k \end{pmatrix} \tag{6.3}$$

となる．

そこで，左辺を計算してみると

$$\begin{pmatrix} (6.3) \\ \text{の左辺} \end{pmatrix}$$
$$= \begin{pmatrix} & & e\cos\phi - f\sin\phi \\ & * & e\sin\phi + f\cos\phi \\ \hdashline g\cos\phi - h\sin\phi & g\sin\phi + h\cos\phi & k \end{pmatrix}$$

となるから，これが任意の ϕ に対して (6.3) の右辺と等しいためには——特に $\phi = \pi/2$ にとればわかるとおり

$$e = -f, \quad f = e, \quad g = -h, \quad h = g$$

でなければならない．したがって，これらはすべて 0 で，Q は

$$Q = \begin{pmatrix} a & b & 0 \\ -b & a & 0 \\ 0 & 0 & k \end{pmatrix} \tag{6.4}$$

の形でなければならない．

これは，座標系の回転として特に z 軸まわりのもの（図 2.8, 図 2.9）を考えた結果である．

その代りに x 軸まわりの回転を考えたら，Q に対してどんな条件がでてくるだろうか？ きっと，読者は

$$Q = \begin{pmatrix} k' & 0 & 0 \\ 0 & a' & b' \\ 0 & -b' & a' \end{pmatrix}$$

の形でなければならないという答を見通すことができるだろう．

Q が上の 2 つの条件をみたすためには

$$Q = \begin{pmatrix} a & 0 & 0 \\ 0 & a & 0 \\ 0 & 0 & a \end{pmatrix} \tag{6.5}$$

の形でなければならない！

では，逆に，この形なら座標系の任意の回転に対して (6.1) がなりたつか？ $a = 0$ の場合はトリヴィアルだ．$a \neq 0$ として (6.1) をあからさまに書けば

$$A_{x'}B_{x'} + A_{y'}B_{y'} + A_{z'}B_{z'} = A_x B_x + A_y B_y + A_z B_z \tag{6.6}$$

となる．ただし，両辺を a で約した．この等式は，座標系の任意の回転に対して常に正しいか？

正しい！ それを確かめるには，ベクトルの長さが成分により (3.6) で表わされ，このことは座標系の回転で変わらないことに注意する．これをベクトル $\boldsymbol{A} + \boldsymbol{B}$ に適用するのだ．座標系 O-xyz では

$$|\boldsymbol{A} + \boldsymbol{B}|^2 = (A_x + B_x)^2 + (A_y + B_y)^2 + (A_z + B_z)^2$$
$$= (A_x^2 + A_y^2 + A_z^2) + (B_x^2 + B_y^2 + B_z^2)$$
$$+ 2(A_x B_x + A_y B_y + A_z B_z).$$

他方，同じ大きさが，座標系 O-$x'y'z'$ では

$$|\boldsymbol{A} + \boldsymbol{B}|^2 = (A_{x'}^2 + A_{y'}^2 + A_{z'}^2) + (B_{x'}^2 + B_{y'}^2 + B_{z'}^2)$$
$$+ 2(A_{x'}B_{x'} + A_{y'}B_{y'} + A_{z'}B_{z'})$$

と表わされるのである．ベクトルの長さが座標系によらず成分の 2 乗の和で表わされることに重ねて注意すれば

$$|\boldsymbol{A}|^2 = A_x^2 + A_y^2 + A_z^2 = A_{x'}^2 + A_{y'}^2 + A_{z'}^2$$

もわかり，$\boldsymbol{B}$ に対しても同様であるから，結局 (6.6) の正しいことがわかる．

(6.6) をベクトル $\boldsymbol{A}$ と $\boldsymbol{B}$ の**スカラー積** (scalar product)，あるいは，**内積** (inner product) とよび $\boldsymbol{A} \cdot \boldsymbol{B}$ と記す*．座標系

O-xyz で書けば
$$\boldsymbol{A}\cdot\boldsymbol{B} \equiv A_xB_x + A_yB_y + A_zB_z. \tag{6.7}$$
座標系を回転すればベクトルの成分は一般に変化するがスカラー積の値は変わらない．座標系を回転したとき値が変わらない量を一般に**スカラー**（scalar）とよぶのである．

例によって辞書[1])を引いておこう．scalar は階段を意味するラテン語 *scala* からきた言葉で，scale（モノサシ，天秤）と同根である．力学における典型的スカラーが長さであり質量であるのも，むべなるかな．

上に行なった長々しい議論は，ベクトルの双1次形式であるスカラーはスカラー積（6.7）に限ることを示したことになる．

スカラー積の幾何学的意味

ベクトルの自身とのスカラー積は，そのベクトルの長さの2乗に等しい：
$$\boldsymbol{A}\cdot\boldsymbol{A} = |\boldsymbol{A}|^2. \tag{6.8}$$

それでは，2つのベクトルのスカラー積（6.7）の幾何学的意味は何か？ それを見るために，スカラー積が座標系の回転で変らないこと——すなわち（6.6）——を利用しよう．ベクトル $\boldsymbol{A}$ と $\boldsymbol{B}$ とがあたえられたとき，座標系 O-$x'y'z'$ を次のようにとることができる（図2.13）：

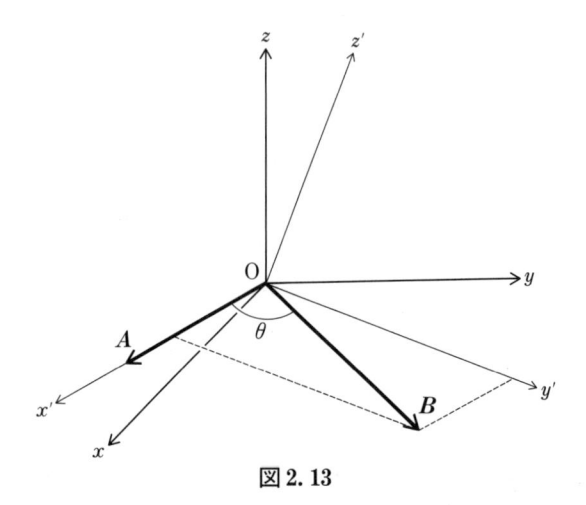

図2.13

（i） $\boldsymbol{A}$ と（同じ向きに）平行に x' 軸をとる．

＊ A ドット B と読む．それで dot product とよぶこともあると前にいった．

（ⅱ）$\boldsymbol{B}$ が $x'y'$ 平面上で第Ⅰまたは第Ⅱ象限にくるように y' 軸をとる．

そうすると，いま $\boldsymbol{A}$ と $\boldsymbol{B}$ のはさむ角を θ と書くことにすれば ($0 \leqq \theta \leqq \pi$)

$$\boldsymbol{A} = \begin{pmatrix} |\boldsymbol{A}| \\ 0 \\ 0 \end{pmatrix}_{K'}, \quad \boldsymbol{B} = \begin{pmatrix} |\boldsymbol{B}|\cos\theta \\ |\boldsymbol{B}|\sin\theta \\ 0 \end{pmatrix}_{K'} \tag{6.9}$$

となるから，(6.6) により

$$\boldsymbol{A} \cdot \boldsymbol{B} = |\boldsymbol{A}| \cdot |\boldsymbol{B}| \cos\theta. \tag{6.10}$$

この結果から，ゼロでない2本のベクトルのスカラー積が0となるのは，それらが互いに**直交している**（orthogonal）ときであり，そのときに限ることもわかる．また(6.10)から

$$|\boldsymbol{A} \cdot \boldsymbol{B}| \leqq |\boldsymbol{A}| \cdot |\boldsymbol{B}| \tag{6.11}$$

が知れ，等号がなりたつのは $\boldsymbol{A}$ と $\boldsymbol{B}$ が平行なときで，そのときに限ることもわかる．(6.11) を**シュヴァルツの不等式**とよぶ (H. A. Schwarz, 1843-1921)．

勝手な座標系をとればスカラー積は(6.7)のようになるのだから，(6.10) は

$$A_xB_x + A_yB_y + A_zB_z = |\boldsymbol{A}| \cdot |\boldsymbol{B}| \cos\theta \tag{6.12}$$

とも書ける．これは，いわゆる余弦定理を証明したことになっている（図2.14）．

(6.12) は，2本の0でないベクトル $\boldsymbol{A}, \boldsymbol{B}$ が成分であたえられたとき，それらのなす角 θ を求める手だてをあたえている．すなわち，

$$\cos\theta = \frac{A_xB_x + A_yB_y + A_zB_z}{\sqrt{A_x^2+A_y^2+A_z^2}\sqrt{B_x^2+B_y^2+B_z^2}} \tag{6.13}$$

から θ が求められるのである．

特に，

$$A_xB_x + A_yB_y + A_zB_z = 0 \tag{6.14}$$

は，2本の0でないベクトルが互いに直交する必要十分条件である．このことは，(6.10) の下ですでに述べた．

図2.14
$(\boldsymbol{A}-\boldsymbol{B})^2 = \boldsymbol{A}^2 + \boldsymbol{B}^2 - 2\boldsymbol{A}\cdot\boldsymbol{B}$.
(6.12) によって $\boldsymbol{A}\cdot\boldsymbol{B}$ を書き直せば
$|\boldsymbol{A}-\boldsymbol{B}|^2 = |\boldsymbol{A}|^2 + |\boldsymbol{B}|^2 - 2|\boldsymbol{A}|\cdot|\boldsymbol{B}|\cos\theta$.
これは余弦定理にほかならない．

2.7 回転の変換行列の性質

座標系の回転がひきおこすベクトル成分の変換は，方向余弦を用いて (5.7) の形に書けるのだった．すなわち

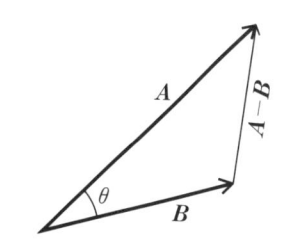

$$\begin{pmatrix} A_{x'} \\ A_{y'} \\ A_{z'} \end{pmatrix} = \begin{pmatrix} \gamma_{x'x} & \gamma_{x'y} & \gamma_{x'z} \\ \gamma_{y'x} & \gamma_{y'y} & \gamma_{y'z} \\ \gamma_{z'x} & \gamma_{z'y} & \gamma_{z'z} \end{pmatrix} \begin{pmatrix} A_x \\ A_y \\ A_z \end{pmatrix} \tag{7.1}$$

ここで

$$\boldsymbol{\gamma}_x \equiv \begin{pmatrix} \gamma_{x'x} \\ \gamma_{y'x} \\ \gamma_{z'x} \end{pmatrix}, \quad \boldsymbol{\gamma}_y \equiv \begin{pmatrix} \gamma_{x'y} \\ \gamma_{y'y} \\ \gamma_{z'y} \end{pmatrix}, \quad \boldsymbol{\gamma}_z \equiv \begin{pmatrix} \gamma_{x'z} \\ \gamma_{y'z} \\ \gamma_{z'z} \end{pmatrix} \tag{7.2}$$

とおいて3本のベクトルを定義しよう*．たとえば

$$\boldsymbol{\gamma}_x = \begin{pmatrix} \cos \Theta_{x'x} \\ \cos \Theta_{y'x} \\ \cos \Theta_{z'x} \end{pmatrix} \tag{7.3}$$

で，これは x 軸方向の単位ベクトルを座標系 O-$x'y'z'$ において成分表示する式である．$\boldsymbol{\gamma}_y, \boldsymbol{\gamma}_z$ についても同様——．

そこで，(6.8) を用いて $\boldsymbol{\gamma}_x$ の長さが1であることを書けば

$$\gamma_{x'x}^2 + \gamma_{y'x}^2 + \gamma_{z'x}^2 = 1 \tag{7.4}$$

が知れる．$\boldsymbol{\gamma}_y, \boldsymbol{\gamma}_z$ を考えれば，この式の x を y, z に変えた式がなりたつこともわかる．

次に，$\boldsymbol{\gamma}_x$ は x 軸方向，$\boldsymbol{\gamma}_y$ は y 軸方向をむいているので互いに直交しており，(6.10) により

$$\gamma_{x'x}\gamma_{x'y} + \gamma_{y'x}\gamma_{y'y} + \gamma_{z'x}\gamma_{z'y} = 0 \tag{7.5}$$

もなりたつ．この式の (x, y) を (y, z) や (z, x) に変えた式も同様になりたつことは，もはや言うまでもあるまい．

これらすべての式は，(7.1) の γ の行列を R と書けば，R と R の転置行列 R^{T} の積に関する簡明な式

$$R^{\mathrm{T}} R = I \tag{7.6}$$

にまとまってしまう．ただし，I は対角線上に1が並び他の場所はすべて0が並ぶいわゆる単位行列であって，(7.6) を具体的に書き下せば

$$\begin{pmatrix} \gamma_{x'x} & \gamma_{y'x} & \gamma_{z'x} \\ \gamma_{x'y} & \gamma_{y'y} & \gamma_{z'y} \\ \gamma_{x'z} & \gamma_{y'z} & \gamma_{z'z} \end{pmatrix} \begin{pmatrix} \gamma_{x'x} & \gamma_{x'y} & \gamma_{x'z} \\ \gamma_{y'x} & \gamma_{y'y} & \gamma_{y'z} \\ \gamma_{z'x} & \gamma_{z'y} & \gamma_{z'z} \end{pmatrix} = \begin{pmatrix} 1 & 0 & 0 \\ 0 & 1 & 0 \\ 0 & 0 & 1 \end{pmatrix} \tag{7.7}$$

となるのである．実際，この式に

---

* これらを**列ベクトル**とよぶ．

$$\begin{pmatrix} \gamma_{x'x} & \gamma_{y'x} & \gamma_{z'x} \\ * & * & \\ * & * & * \end{pmatrix} \begin{pmatrix} \gamma_{x'x} & * & * \\ \gamma_{y'x} & * & * \\ \gamma_{z'x} & & * \end{pmatrix} = \begin{pmatrix} 1 & & \\ & \cdot & \\ & & \cdot \end{pmatrix}$$

のようにスポット・ライトを当ててみれば，(7.4) が確かに再現される．また

$$\begin{pmatrix} \gamma_{x'x} & \gamma_{y'x} & \gamma_{z'x} \\ * & * & \\ * & * & * \end{pmatrix} \begin{pmatrix} & \gamma_{x'y} & * \\ * & \gamma_{y'y} & * \\ & \gamma_{z'y} & * \end{pmatrix} = \begin{pmatrix} \cdot & 0 & \\ & \cdot & \\ & & \cdot \end{pmatrix}$$

とすれば (7.5) が再現される．他は読者が自らチェックせよ．(7.6) の性質をもつ行列を**直交行列** (orthogonal matrix) とよぶ．

(7.1) の回転の変換行列がもつ 9 個の γ に対して直交行列の条件 (7.6) は 6 個の条件式——(7.4) の形の 3 個と (7.5) の形の 3 個——を課すことになるので，自由に選べる γ は $9-6=3$ 個だけになる．これは，図 2.15 に示すとおり，座標系の回転のため回転軸を指定するのに θ と φ，回転角を指定するのに χ，つまり合計 3 個の角度が必要なことにちょうど対応している．

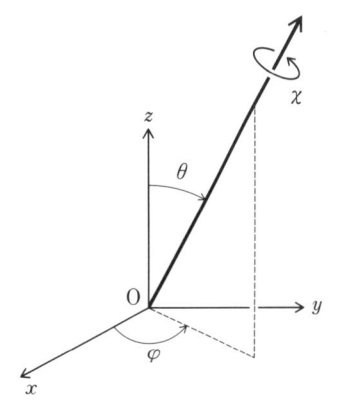

図 2.15 座標系を回転するための回転軸と回転角．

(7.7) を知った上は，(6.5) の 2 次形式が座標系の任意の回転に関して共変なこと——(6.1) をみたすこと——を直接の計算で確かめることができる．

実際，(7.1) をベクトル $\boldsymbol{B}$ に適用して

$$\begin{pmatrix} B_{x'} \\ B_{y'} \\ B_{z'} \end{pmatrix} = \begin{pmatrix} \gamma_{x'x} & \gamma_{x'y} & \gamma_{x'z} \\ \gamma_{y'x} & \gamma_{y'y} & \gamma_{y'z} \\ \gamma_{z'x} & \gamma_{z'y} & \gamma_{z'z} \end{pmatrix} \begin{pmatrix} B_x \\ B_y \\ B_z \end{pmatrix}. \tag{7.8}$$

他方，(7.1) を転置すれば

$$(A_{x'}\ A_{y'}\ A_{z'}) = (A_x\ A_y\ A_z) \begin{pmatrix} \gamma_{x'x} & \gamma_{y'x} & \gamma_{z'x} \\ \gamma_{x'y} & \gamma_{y'y} & \gamma_{z'y} \\ \gamma_{x'z} & \gamma_{y'z} & \gamma_{z'z} \end{pmatrix}$$

となるから，(6.5) に対して (6.1) の左辺は

$$\begin{pmatrix} \gamma_{x'x} & \gamma_{y'x} & \gamma_{z'x} \\ \gamma_{x'y} & \gamma_{y'y} & \gamma_{z'y} \\ \gamma_{x'z} & \gamma_{y'z} & \gamma_{z'z} \end{pmatrix} \begin{pmatrix} a & 0 & 0 \\ 0 & a & 0 \\ 0 & 0 & a \end{pmatrix} \begin{pmatrix} \gamma_{x'x} & \gamma_{x'y} & \gamma_{x'z} \\ \gamma_{y'x} & \gamma_{y'y} & \gamma_{y'z} \\ \gamma_{z'x} & \gamma_{z'y} & \gamma_{z'z} \end{pmatrix} \tag{7.9}$$

を左右から $(A_x\ A_y\ A_z)$ と $\begin{pmatrix} B_x \\ B_y \\ B_z \end{pmatrix}$ とではさんだものになる．ところが，(7.9) において

$$\begin{pmatrix} a & 0 & 0 \\ 0 & a & 0 \\ 0 & 0 & a \end{pmatrix} \begin{pmatrix} \gamma_{x'x} & \gamma_{x'y} & \gamma_{x'z} \\ \gamma_{y'x} & \gamma_{y'y} & \gamma_{y'z} \\ \gamma_{z'x} & \gamma_{z'y} & \gamma_{z'z} \end{pmatrix} = \begin{pmatrix} a\gamma_{x'x} & \cdot & a\gamma_{x'z} \\ \cdot & \cdot & \cdot \\ a\gamma_{z'x} & \cdot & a\gamma_{z'z} \end{pmatrix}$$

となり，この行列の表わす 3 本のベクトル (7.2) がともに a 倍されるにすぎない．したがって，(7.7) から

$$(7.9) = \begin{pmatrix} a & 0 & 0 \\ 0 & a & 0 \\ 0 & 0 & a \end{pmatrix} \tag{7.10}$$

が知れ，(6.5) で定まる 2 次形式の共変性 (6.6) が結論される．

無限小回転の行列

これは，座標系 O-xyz を任意の軸のまわりに無限小の角だけ回転する場合の変換行列のことで，次の節で必要になる．

回転角を無限小の ε のオーダーとしよう．このとき，(7.2) でいうと $\Theta_{x'x}$ は ε のオーダーであり，$\Theta_{y'x}$ と $\Theta_{z'x}$ は $\pi/2$ と ε のオーダーの差をもつ．よって ε の 1 次まで書けば，ϕ_i を ε のオーダーの任意のパラメタとして

$$\boldsymbol{\gamma}_x = \begin{pmatrix} 1 \\ -\phi_3 \\ \phi_2 \end{pmatrix}$$

の形になる．ϕ_i は正・負どちらにもなり得るので $-\phi_3$ のマイナスに特別の意味はない．$\boldsymbol{\gamma}_y, \boldsymbol{\gamma}_z$ も同様に考え，ただし，これらが $\boldsymbol{\gamma}_x$ と直交すべきことに注意すれば

$$\boldsymbol{\gamma}_y = \begin{pmatrix} \phi_3 \\ 1 \\ -\phi_1 \end{pmatrix}, \qquad \boldsymbol{\gamma}_z = \begin{pmatrix} -\phi_2 \\ \phi_1 \\ 1 \end{pmatrix}$$

こうして無限小回転は再び "3 個" の無限小パラメタ ϕ_1, ϕ_2, ϕ_3 できまる．(7.1) は

$$\begin{pmatrix} A_{x'} \\ A_{y'} \\ A_{z'} \end{pmatrix} = \begin{pmatrix} 1 & \phi_3 & -\phi_2 \\ -\phi_3 & 1 & \phi_1 \\ \phi_2 & -\phi_1 & 1 \end{pmatrix} \begin{pmatrix} A_x \\ A_y \\ A_z \end{pmatrix} \tag{7.11}$$

となる（後の問題 10.11 を参照）．

2.8 ベクトルのベクトル積

ここで (6.4) に帰ってみよう．その Q に対して双 1 次形式を書き下せば

$$b(A_xB_y - A_yB_x) + a(A_xB_x + A_yB_y) + kA_zB_z \tag{8.1}$$

となる．これは座標系の"z 軸まわりの"回転に対して双 1 次形式が共変なことを要求して得たものだ．せっかくおもしろい形ができたのに，さらに"x 軸まわりの"回転に対して共変なことを要求したら $b=0$, $k=a$ とするほかなくなった（§2.6）．

消え去った項を救うために，ここでは"共変"の意味を拡大することを考えよう．(8.1) は z 軸まわりの回転に対して形を変えないのである．ところが，"z 軸まわりの回転"ではスカラーも変わらないが，ベクトルの z 成分も変化しない．では，(8.1) を何らかのベクトルの z 成分とみなすことはできないだろうか？すなわち，(7.1) と同じく

$$\begin{pmatrix} *' \\ **' \\ b(A_{x'}B_{y'} - A_{y'}B_{x'}) + a(A_{x'}B_{x'} + A_{y'}B_{y'}) + kA_{z'}B_{z'} \end{pmatrix}$$
$$= \begin{pmatrix} \gamma_{x'x} & \gamma_{x'y} & \gamma_{x'z} \\ \gamma_{y'x} & \gamma_{y'y} & \gamma_{y'z} \\ \gamma_{z'x} & \gamma_{z'y} & \gamma_{z'z} \end{pmatrix} \begin{pmatrix} * \\ ** \\ b(A_xB_y - A_yB_x) + a(A_xB_x + A_yB_y) + kA_zB_z \end{pmatrix} \tag{8.2}$$

が座標系の任意の回転に対してなりたつように定数 b, a, k を選び，かつ * と ** で示した x 成分，y 成分をうまく定めることはできないものか？ もちろん，$\boldsymbol{A}, \boldsymbol{B}$ の成分は (7.1) の変換をうけるとしての話である．

いま，特に座標系 O-xyz を x 軸のまわりに π だけ回転すると

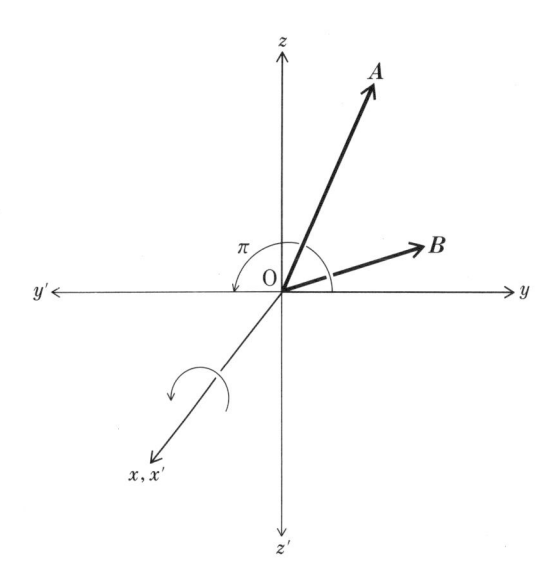

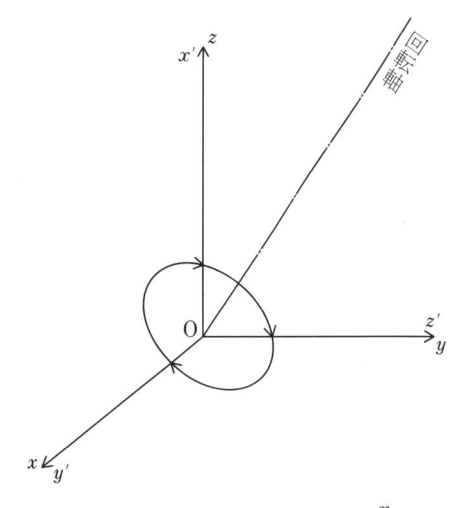

図 2.16 x 軸まわりの回転

図 2.17 x 軸を z 軸に重ね，……とする回転．

(図 2.16),y, z 軸の向きが反転し,またベクトル $\boldsymbol{A}$ の成分は
$$A_{x'} = A_x, \quad A_{y'} = -A_y, \quad A_{z'} = -A_z$$
に変わり,$\boldsymbol{B}$ の成分も同様であって,(8.2) の右辺は
$$\begin{pmatrix} 1 & 0 & 0 \\ 0 & -1 & 0 \\ 0 & 0 & -1 \end{pmatrix} \begin{pmatrix} * \\ ** \\ -b(A_{x'}B_{y'}-A_{y'}B_{x'})+a(A_{x'}B_{x'}+A_{y'}B_{y'})+kA_{z'}B_{z'} \end{pmatrix}$$
となる.これが左辺に等しいためには $a = k = 0$ でなければならない.その上 $b=0$ ではトリヴィアルになるから $b=1$ にとろう.すなわち
$$a = k = 0, \quad b = 1.$$

次に,図 2.17 に示す回転で x 軸を z 軸に重ねて x' 軸とし,y 軸を x 軸に重ねて y' 軸とし,z 軸を y 軸に重ねて z' 軸とする変換を考える.そうすると,それまでの z 成分は x' 成分となり,x 成分は y' 成分となり……,したがって
$$A_{x'} = A_z, \quad A_{y'} = A_x, \quad A_{z'} = A_y$$
のような変換がおこる.そして,(8.2) の右辺は
$$\begin{pmatrix} 0 & 0 & 1 \\ 1 & 0 & 0 \\ 0 & 1 & 0 \end{pmatrix} \begin{pmatrix} * \\ ** \\ A_{y'}B_{z'}-A_{z'}B_{y'} \end{pmatrix} = \begin{pmatrix} A_{y'}B_{z'}-A_{z'}B_{y'} \\ **' \\ ***' \end{pmatrix}$$
となる.これで (8.2) の左辺の $*'$ がきまった.同様にして $**'$ もきまる.このベクトルを $\boldsymbol{C}$ と書けば,それは
$$\boldsymbol{C} = \begin{pmatrix} A_y B_z - A_z B_y \\ A_z B_x - A_x B_z \\ A_x B_y - A_y B_x \end{pmatrix} \tag{8.3}$$
の形であることになる.

そこで,座標系の一般の回転に対して,(8.3) が正しくベクトルの変換 (8.2) に従うことを確かめよう.まず,無限小回転の変換 (7.11) について考える.こんどは (8.2) の右辺をそのまま計算するほうが便利なようで,それは
$$\begin{pmatrix} 1 & \phi_3 & -\phi_2 \\ -\phi_3 & 1 & \phi_1 \\ \phi_2 & -\phi_1 & 1 \end{pmatrix} \begin{pmatrix} A_y B_z - A_z B_y \\ A_z B_x - A_x B_z \\ A_x B_y - A_y B_x \end{pmatrix}$$
であるから,$C_{x'}$ に相当するところは
$$C_{x'} = (A_y B_z - A_z B_y) + \phi_3 (A_z B_x - A_x B_z) \\ - \phi_2 (A_x B_y - A_y B_x). \tag{8.4}$$
他方,(8.2) の左辺では

$$C_{x'} = (A_{x'}\ A_{y'}\ A_{z'}) \begin{pmatrix} 0 & 0 & 0 \\ 0 & 0 & 1 \\ 0 & -1 & 0 \end{pmatrix} \begin{pmatrix} B_{x'} \\ B_{y'} \\ B_{z'} \end{pmatrix} \tag{8.5}$$

と書けるので，これに（7.11）を代入して

$$C_{x'} = (A_x\ A_y\ A_z) V_{x'} \begin{pmatrix} B_x \\ B_y \\ B_z \end{pmatrix}. \tag{8.6}$$

ただし

$$V_{x'} = \begin{pmatrix} 1 & -\phi_3 & \phi_2 \\ \phi_3 & 1 & -\phi_1 \\ -\phi_2 & \phi_1 & 1 \end{pmatrix} \begin{pmatrix} 0 & 0 & 0 \\ 0 & 0 & 1 \\ 0 & -1 & 0 \end{pmatrix} \begin{pmatrix} 1 & \phi_3 & -\phi_2 \\ -\phi_3 & 1 & \phi_1 \\ \phi_2 & -\phi_1 & 1 \end{pmatrix}.$$

これを ϕ_i の1次まで計算するのは簡単であって

$$V_{x'} = \begin{pmatrix} 0 & -\phi_2 & -\phi_3 \\ \phi_2 & 0 & 1 \\ \phi_3 & -1 & 0 \end{pmatrix}$$

を得るから，(8.6) に代入すれば確かに (8.4) に一致する結果が得られる．いまは C の x' 成分を計算してみたのだが，他の成分についても同様である．こうして，座標系の無限小回転に対しては (8.3) が正しくベクトルの変換をすることが確かめられた．

無限小回転を重ねて有限回転をつくれば，その各ステップで (8.3) はベクトルの変換をするので，全体としてもベクトルの変換になる．だから，(8.3) は1つの矢印で表わすことができる．つまり，ベクトルなのである．有限回転に対する直接的な証明は，問題5.2としておく．

2つのベクトル A, B からつくったベクトル (8.3) を A と B の**ベクトル積**（vector product），または**外積**（outer product）とよび，$A \times B$ と記す*.

念のためにくりかえせば，ベクトル $A = (A_x, A_y, A_z)$ と $B = (B_x, B_y, B_z)$ のベクトル積 $A \times B$ とは，x 成分が

$$(A \times B)_x = A_y B_z - A_z B_y,$$

y 成分が

$$(A \times B)_y = A_z B_x - A_x B_z,$$

z 成分が

$$(A \times B)_z = A_x B_y - A_y B_x$$

であたえられるもので，これ自身ベクトルである．x 成分が $A_y B_z - \cdots\cdots$ というように添字が

---

* A クロス B と読む．cross product ともいう．

$$\begin{matrix} & x & \\ \nearrow & & \searrow \\ z & \longleftarrow & y \end{matrix}$$

と循環的に変わっていることに注意しよう．

ベクトル積の幾何学的意味

あたえられたベクトル $\boldsymbol{A}, \boldsymbol{B}$ に対して図 2.13 と同様に座標系 O-$x'y'z'$ をとると，$\boldsymbol{A}, \boldsymbol{B}$ の成分は (6.9) となるので，ベクトル積 (8.3) は

$$\boldsymbol{C} = \begin{pmatrix} 0 \\ 0 \\ |\boldsymbol{A}| \cdot |\boldsymbol{B}| \sin\theta \end{pmatrix}_{K'} \tag{8.7}$$

となる．この座標系では，ベクトル積 $\boldsymbol{A} \times \boldsymbol{B} = \boldsymbol{C}$ がよく見える．つまり：

z' 方向をむいた大きさ $|\boldsymbol{A}| \cdot |\boldsymbol{B}| \sin\theta$ のベクトル——いや，これは $0 < \theta < \pi$ なら z' 軸の正の向きをむいているが，$\pi < \theta < 2\pi$ なら負の向きをむく． (8.8)

このベクトルを図 2.18 に書きこもう．

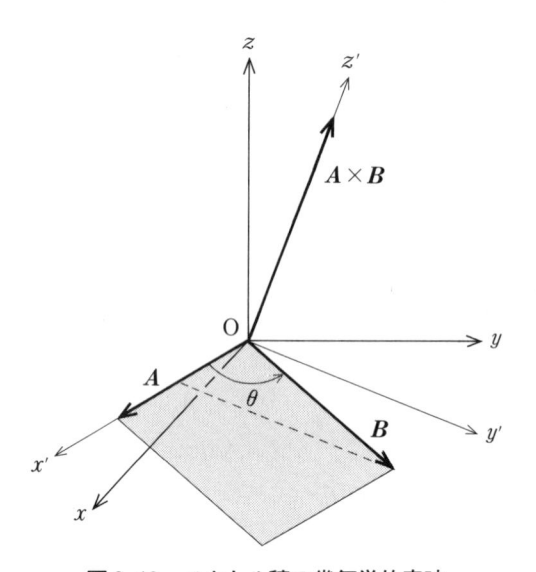

図 2.18 ベクトル積の幾何学的意味

さて，この図に示された $\boldsymbol{A}, \boldsymbol{B}, \boldsymbol{C} = \boldsymbol{A} \times \boldsymbol{B}$ の 3 本のベクトルの（方向，向き，大きさ）の相互関係は，座標系に無関係になりたつものである．それが，$\boldsymbol{A}, \boldsymbol{B}, \boldsymbol{C}$ の関係が座標系の回転に関して共変ということの内容であった．

座標系に無関係なら，いっそ座標系など取りはらってしまえ！

上の (8.8) も座標系なしで言い表わせるはずである．こうなるのだ：

$\boldsymbol{A}$ と $\boldsymbol{B}$ のベクトル積とは，次のようなベクトルである（図 2.18）：

（ⅰ）大きさ： $\boldsymbol{A}$ と $\boldsymbol{B}$ を相隣る 2 辺にもつ平行四辺形の面積，

（ⅱ）方　向： $\boldsymbol{A}$ と $\boldsymbol{B}$ の張る平面に垂直，
　　　向　き： $\boldsymbol{A}$ から $\boldsymbol{B}$ まで π より小さいほうの角でまわした右ネジの進む向き．

この向きのきまり方から

$$\boldsymbol{B}\times\boldsymbol{A} = -\boldsymbol{A}\times\boldsymbol{B} \tag{8.8}$$

となる．ベクトル積に対しては交換の法則がなりたたないのである．では，分配の法則はどうか？　結合の法則はどうか？

いや，それをいうまえに，面積を表わすベクトル $\boldsymbol{A}\times\boldsymbol{B}$ の和や差は，また面積の言葉でいいあらわせるものだろうか．

● 註

1) *The Shorter Oxford English Dictionary,* Clarendon Press, 1973.

● 問題

5.1 ベクトル $\boldsymbol{A}, \boldsymbol{B}$ のベクトル積の各成分は

$$(\boldsymbol{A}\times\boldsymbol{B})_k = (A_x\ A_y\ A_z) P_k \begin{pmatrix} B_x \\ B_y \\ B_z \end{pmatrix} \tag{1}$$

の形に書ける ($k = x, y, z$)．ここに

$$P_x = \begin{pmatrix} 0 & 0 & 0 \\ 0 & 0 & 1 \\ 0 & -1 & 0 \end{pmatrix}, \quad P_y = \begin{pmatrix} 0 & 0 & -1 \\ 0 & 0 & 0 \\ 1 & 0 & 0 \end{pmatrix}, \quad P_z = \begin{pmatrix} 0 & 1 & 0 \\ -1 & 0 & 0 \\ 0 & 0 & 0 \end{pmatrix} \tag{2}$$

5.2 問題 5.1 における (1) のベクトルの成分に変換 (7.1) をほどこすと，$(\boldsymbol{A}\times\boldsymbol{B})_{k'}$ は

$$\begin{pmatrix} \gamma_{x'x} & \gamma_{y'x} & \gamma_{z'x} \\ \gamma_{x'y} & \gamma_{y'y} & \gamma_{z'y} \\ \gamma_{x'z} & \gamma_{y'z} & \gamma_{z'z} \end{pmatrix} P_k \begin{pmatrix} \gamma_{x'x} & \gamma_{x'y} & \gamma_{x'z} \\ \gamma_{y'x} & \gamma_{y'y} & \gamma_{y'z} \\ \gamma_{z'x} & \gamma_{z'y} & \gamma_{z'z} \end{pmatrix} \tag{1}_{k'}$$

を $(A_x\ A_y\ A_z)$ と $(B_x\ B_y\ B_z)^{\mathrm{T}}$ とではさんだものになる ($k' = x', y', z'$)．

(7.2) で定義した 3 本の列ベクトルを用いると，たとえば $k = x$ に対して

$$(1)_{x'} = \begin{pmatrix} 0 & (\gamma_x \times \gamma_y)_{x'} & (\gamma_x \times \gamma_z)_{x'} \\ (\gamma_y \times \gamma_x)_{x'} & 0 & (\gamma_y \times \gamma_z)_{x'} \\ (\gamma_z \times \gamma_x)_{x'} & (\gamma_z \times \gamma_y)_{x'} & 0 \end{pmatrix} \qquad (2)$$

となることを示せ．

他の k に対しても同様の計算をして，一般に

$$(1)_{k'} = (\gamma_x)_{k'} P_x + (\gamma_y)_{k'} P_y + (\gamma_z)_{k'} P_z \qquad (3)$$

となることを示せ．これは，(8.3) が有限回転に対してベクトルとして変換することを示している．このことを説明せよ．

5.3 剛体が固定軸のまわりに角速度 ω で回転している．その軸に沿い，回転の向きにまわした右ネジが進む向きをもち，大きさが ω に等しいベクトルを $\boldsymbol{\omega}$ としよう．軸上の点 O を原点にとれば，剛体の点 P の速度は

$$\frac{d}{dt}\overrightarrow{\mathrm{OP}} = \boldsymbol{\omega} \times \overrightarrow{\mathrm{OP}}$$

であたえられることを示せ．

5.4 ベクトル積に対して分配則

$$(\boldsymbol{A}+\boldsymbol{B})\times\boldsymbol{C} = [\boldsymbol{A}\times\boldsymbol{B}] + [\boldsymbol{B}\times\boldsymbol{C}]$$

がなりたつことを確かめよ．

まず $\boldsymbol{C}$ が $\boldsymbol{A}, \boldsymbol{B}$ に垂直な場合をとり，この分配則を幾何学的に解釈せよ．この解釈は一般化できるか？

5.5 位置ベクトルの成分は，x, y, z 軸の向きをすべて逆にすると（座標反転すると）符号が変わる．一般に，成分が座標反転で

$$(A_x, A_y, A_z) \longrightarrow (-A_x, -A_y, -A_z)$$

のように符号を変えるベクトルを**極性ベクトル**（polar vector）とよぶ．

$\boldsymbol{A}, \boldsymbol{B}$ を極性ベクトルとするとき，ベクトル積 $\boldsymbol{A}\times\boldsymbol{B}$ の成分は座標反転で不変である．一般に，座標反転で成分が

$$(A_x, A_y, A_z) \longrightarrow (A_x, A_y, A_z)$$

のように不変であるものを**軸性ベクトル**（axial vector）とよぶ．

いま x 軸だけ向きを変えるものとすれば，軸性ベクトルの成分はどう変わると定めるのがよいか？　極性ベクトルの成分は？

5.6 問題 5.3 で導入した角速度ベクトルは軸性であることを確かめよ．その問題で得た「回転する剛体の点 P の速度」の式の両辺は座標反転で同じ変換を受けることを示せ．

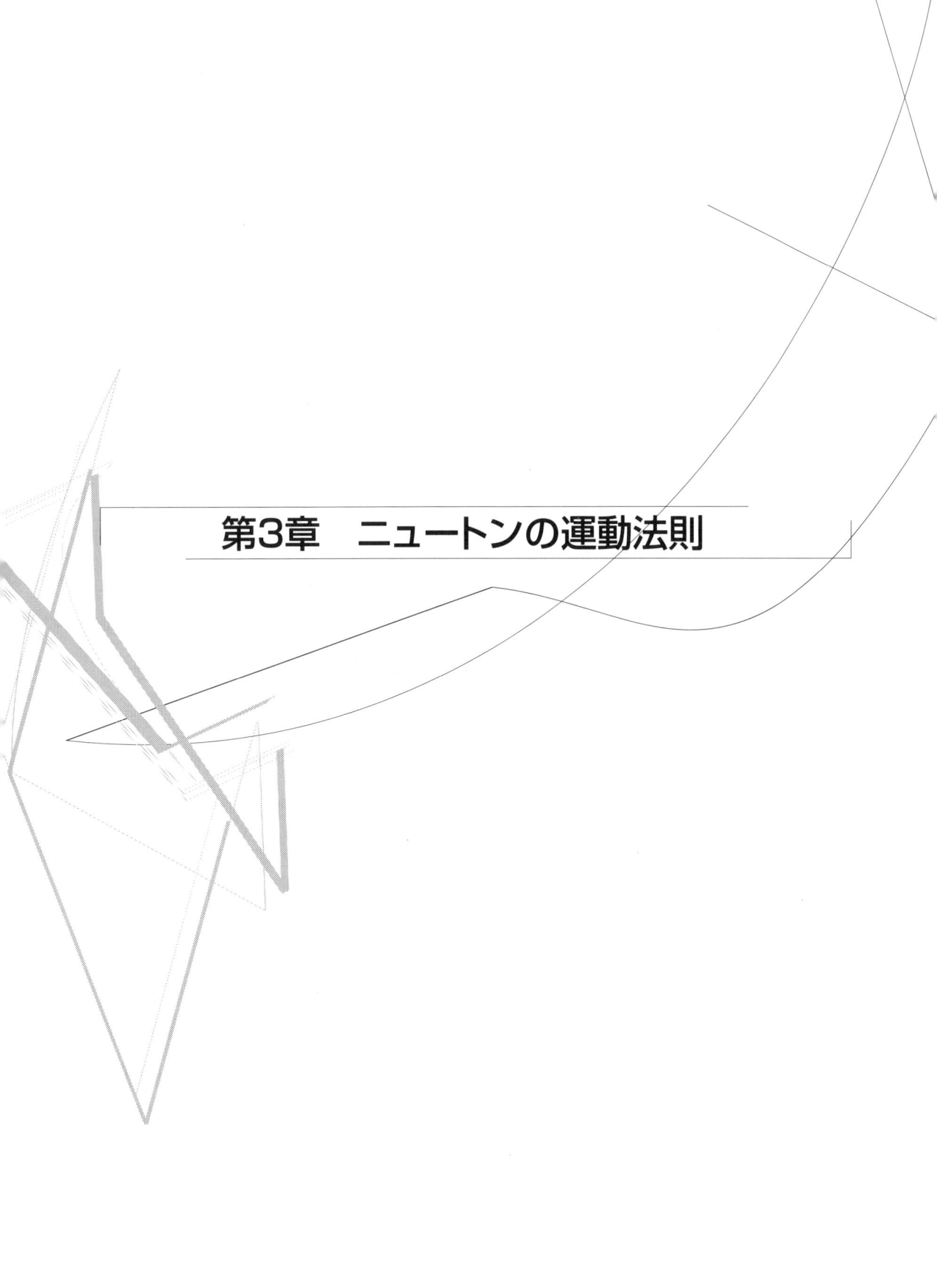

第3章　ニュートンの運動法則

第6講
運動と力の法則

ニュートン（イギリス，1643-1727）微分積分法にあたる「流率法」を発明し，力学をつくりあげ，天体の運動を論じた．光学の実験研究も手がけ『光学』（島尾永康訳，岩波文庫）にまとめた．その末尾には31の「疑問」が記され，興味深い．伝記『ニュートン』（島尾永康，岩波新書）ほか『ニュートン力学の誕生』（吉仲正和，サイエンス社）をすすめる．

第3章──ニュートンの運動法則

『プリンキピア』，原著の表紙．
河辺六男訳（中央公論社，世界の名著26）と中野猿人訳（講談社）があり，それぞれ注と解説に特徴がある．

もうだいぶ昔のことになるが，こんな3行に出会った．それをいまでも折にふれて思いだす：

「……が，たった2, 3行で書けるニュートンの法則におさまってしまうのは理論の勝利だ．1つの驚異といえよう．」

記憶のなかでは，……の部分は「宇宙」とか「森羅万象」とかにつながる夢の大きい言葉のはずだったが，いま当の書物[1]をとりだしてみると，そこには「目に見える雑多な事象の大半」とある．「雑多」か．それが2, 3行におさまるのは確かに驚異にちがいないけれども，やはり「豊富」とでも書いてほしかった．さらに言えば，われわれが驚異と感じるのは，「理論の勝利」よりまえに，自然がそのように整合的にできていることに対してであるような気もする．

ニュートンは『自然哲学の数学的諸原理』(1687)*，いわゆる『プリンキピア』に3つの法則を書いた[2]：

第I法則　どんな物体も，その静止の状態を，あるいはま

---

* 将軍綱吉が生類憐の令を出した年．

た直線に沿う一様な運動の状態を，外力によってその状態を変えられないかぎり，そのまま続ける．

第Ⅱ法則 運動の変化は，およぼされる力に比例し，その力の方向におこる．

第Ⅲ法則 力は2つの物体が相互におよぼしあうものである．AがBにおよぼす作用の力に対してBがAにおよぼす反作用の力があって，それらは常に逆向きで大きさが等しい．

もちろん，こうした法則だけ書き出してみても，たいして意味はない．ニュートンも，その前にいくつもの定義をあたえているのだ．いわく，物質の量とは，運動の量とは，外力とは，……．いや，これでは，とても2, 3行におさまっているとはいえないではないか．

3.1 運動の第Ⅱ法則

運動の法則は第Ⅱ法則につきる．それを一気に今様に書けば

$$\boldsymbol{f} = m\frac{d\boldsymbol{v}(t)}{dt}. \tag{1.1}$$

しかし，これだって何の定義もなしにすむことではない．

質点

力学のたいていの教科書には，力学の基本法則 (1.1) は'質点'に対するものだと書いてある．質点とは，大きさのない点であって質量をもつものだという．順序としては，最初に大きさのある普通の物体にたいして質量を定義しておき，それから大きさだけ→0にする極限を考えるもののようにも聞こえる．また，極限といっても，球の半径を小さくしてゆくのか，直方体を厚さだけ小さくしてゆくのか，イガのついたクリみたいな形を小さくしてゆくのか（それも相似形のまま小さくするのか，そうでないのか），それこそ多様な極限が考えられるが（図3.1），そのどれに対しても共通に (1.1) でよいのだろうか？

力学が対象とするのは，もちろん大きさのある物体だ．それを考えの上でいったん細分して（図3.2），微小部分の各々にたいして方程式 (1.1) を書き，それらの方程式を連立させて解く．そしてその結果として得られた各微小部分の運動から物体の運動を構成する，という手順をとろうとするのである．それなら，問題は，

図3.1 質点の形？

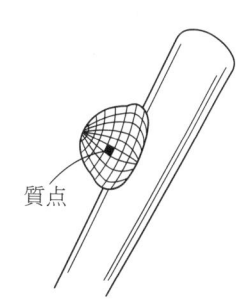

図3.2 バットに打たれたボール．これも，質点の集まりとみる．

こう言いかえてもよい：微小部分の形がどうなるように物体を細分しても，その手続きによって (1.1) からきまる物体の運動は同一になるだろうか？

その際，こんなことも気になる．微小部分といっても回転をしているかもしれない．質点というと幾何学的な点みたいで回転など考えられないように思われもしようが，それが直方体が小さくなった極限だったら，どうか？ イガのついたクリからの極限だったら？ そもそも，質点が物体の細分によって得られるものならば，それは一般には回転もしているはずではないか．

点ならば加速度 $d\bm{v}(t)/dt$ が疑義なくきまるというのが (1.1) を基本方程式の地位におくときの論点である．それは，そのとおりだ．座標原点を固定しておけば，その点の各時刻 t における位置ベクトル $\bm{r}(t)$ は明確にきまるだろう[3]．それを微分して刻々の速度

$$\bm{v}(t) = \frac{d\bm{r}(t)}{dt} \tag{1.2}$$

がきまる．それを，また t で微分してやれば加速度 $\bm{a}(t) = d\bm{v}(t)/dt$ がきまる．ここまでは幾何学であるとさえいえそうである．ふつうは**運動学**（kinematics）という．

質量

では，(1.1) の右辺にある m とは何か．点がもつ質量だという．質量とは何だろうか？

高校の教科書を開いてみよう．手近にある「物理」の教科書2冊には索引に '質量' がない．本文をさがすと唐突に「物体の質量を m とすると」とある——これが部厚いほうの教科書．もうひとつの薄手のほうも，やはり唐突で「質量 m [kg] の物体に……」とくる．

そうか．いま（1990年）の高等学校では「物理」のまえに「理科 I」を習う．質量の定義は，そちらに移っているにちがいない．

これも手近にある「理科 I」の教科書を開いてみる．質量が最初に出てくるのは化学の部分だ．原子量の説明のところだが，質量はすでにわかりきった概念として提出されている．図解から推察するに，天秤で大小を比較するものとされているらしい．

しかたがない．中学校までもどろう．さがしもとめた定義は，

中学校の教科書「理科 1 分野 上」にあった．「ばねはかりではかった物質の分量のことを質量という」趣旨である．それに続けて「てんびんを用いると，あるもの[4]の質量と分銅の質量とを比べることができる」という意味の注意がある（図 3.3）．

日本の教育は，質量に関するかぎり見事な体系をなしていた．読者は，上の記述を逆の順に中学校の「理科 1 分野 上」から高等学校「理科 I」へ，そして「物理」へとたどってみてください．

こうして，学校での'質量'は物体にはたらく地球の引力を測るもの (measure) である[5]．物体の質量が m' kg であるというのは*，その物体にはたらく地球の引力が——同じ場所，……で比べて——1 kg と称する分銅 m' 個にはたらく引力と同じであることを意味している．

しかし，この簡明と見える定義の裏に地球の引力に関するどれだけの法則がかくされていることか？　たとえば，分銅を 2 つに割っても，また 1 つに合わせれば全体にはたらく引力は部分にはたらく引力の和に等しい（引力の加法性）としていないか，……？　さらに言えば，高校の物理で'万有引力の法則'を述べて，それが「引力をおよぼす物体の質量 m_1 に比例する」という部分を話すとき，いっそ「いや，このことは中学校でした質量の定義に含まれていることです」と注意してもよいことになりはしないか？

運動の法則にあらわれる質量を地球の引力をかりて測る——あるいは定義する——ことは，運動の法則の記述に，もうひとつ別の自然法則である力の法則の力をかりているということだ．この場合，'ばねはかり'とか'てんびん'とかで力の測り方，あるいは比べ方を特定しているので循環論法は避けられているのかもしれないが，それでも，自然の豊富な諸現象を 2, 3 行におさめてしまおうというときに別の法則を一部分なり援用するのは，ちょっと気の進まないことではある．

ニュートンが『プリンキピア』の冒頭にあたえた質量の定義は悪名が高いから，ここには引用しない．しかし彼も，その定義に続く説明[7]のなかで，質量を重さに結びつけている：

図 3.3

---

*　高橋利衛先生たち[6]に叱られないように，アルファベット文字で次元のある量の単位の倍数を表わすときはプライム ′ をつけてみようかと思う．m' kg の m' は，だから数であって（数字というほうが，わかりやすい？）2 とか 5.38 とかを代表するのである．ただし，つい忘れそうだから，混乱のおそれがないときは，このかぎりにあらず，としておく．p. 10 のコラムを参照．

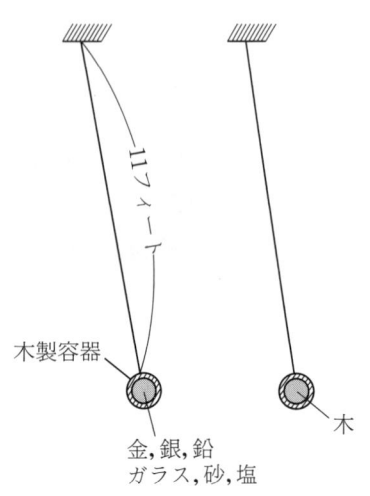

「また（質量は）物体の重量であるといってもよい．というのは，後で述べるように，わたくしはきわめて精密にしつらえられた振子の実験によって（質量）が重量に比例することを見出したからである．」

この振子の実験[8]で，彼は，いろいろの物質でつくった振子（図 3.4）の振動周期が等しいことを確かめて，'運動の法則 (1.1) の右辺にある m（いわゆる**慣性質量**（inertial mass））'と'地球の引力がそれに比例すべき重量'（いわゆる**重力質量**（gravitational mass））との比が物質の種類（金，銀，鉛，ガラス，砂，通常の塩，木材，水，小麦）によらず一定である，ということを証明したのである．

それは，こういうことだ．今日のわれわれは振子の振動周期が $T = 2\pi\sqrt{\dfrac{l}{g}}$ であたえられることを知っている（本書では，すこし後になるが第 10 講の問題で証明する）．ここに l は振子の長さである．g は重力の加速度だ．この式は，本来なら振子のオモリの重さ（すなわち，オモリにはたらく地球の引力の大きさ）w を用いて

$$T = 2\pi\sqrt{\frac{m}{w}l} \tag{1.3}$$

と書くべきものであった．ここにオモリの質量 m と重さ w の比が現われる．ニュートンの実験で，いろいろの物質でつくったオモリをもつ長さ l の等しい振子の振動周期がどれも等しかったということは，比 w/m が物質によらないことを示すものである．それがわかった上で，この比を g と書き，重力の加速度とよぶ．

天秤による質量測定

ここでは腕の長さの等しい天秤によって地球の引力を比較することで**質量を定義する**ものとしよう．

天秤の左の皿に物体 A，右の皿に物体 B をのせたときつりあうなら，それぞれの質量 m_A, m_B は

$$m_A \sim m_B$$

の関係にあるという．次に，左の皿に B，右の皿に A をのせて，つりあうなら

$$m_B \sim m_A.$$

これら 2 つの関係がともになりたつとき，そのときにかぎって 2 つの質量は等しい，という：

$$m_A = m_B \tag{1.4}$$

次に，第3の物体Cをもってきて天秤にかけ

$$m_A = m_B, \ m_A = m_C \quad \text{なら} \quad m_B = m_C \tag{1.5}$$

となることを確かめる．こうして互いに質量の等しい物体をたくさん用意することができる．それぞれの質量をmとしよう．それらを十分な注意をもって保管すれば，それぞれの質量mは変化しないものと仮定する．

次に，質量mの物体N個とつりあう物体の質量をNmと定義する．その根拠は，質量N_1mとN_2mの物体を天秤の一方の皿にのせ，他方の皿に質量N_3m, N_4mの物体をのせると，

$$N_1 + N_2 = N_3 + N_4 \tag{1.6}$$

のときに，そしてそのときにかぎって，つりあう，という実験事実にある．これが質量の加法性である．これによってmの整数倍の質量が定義される．

mの分数倍の質量は，mを互いに質量の等しい部分に分けることによって定義される．

mの任意の実数倍の質量は，その実数を分数で近似することにより，いくらでも精度よく定義される．

こうした質量の定義が，用いる天秤によらないことも，また確かめなければなるまい．

ここまでくれば，天秤に関して，いわゆるテコの理が検証できる．すなわち，支点から距離$l_\text{左}$の点に左の皿を，距離$l_\text{右}$の点に右の皿をつった天秤において，それぞれの皿に質量$m_\text{左}$, $m_\text{右}$をのせたとき天秤がつりあうのは

$$m_\text{左} l_\text{左} = m_\text{右} l_\text{右} \tag{1.7}$$

がなりたつときであって，そのときに限る，という法則である．

この法則が検証された上は，質量を分割したり合併したりしなくても，天秤の腕の長さを変えて質量の比較をすることができる．

力

ひとまず上の質量の定義を採用すると，運動の第II法則 (1.1) の右辺の2つの量，mと$d\boldsymbol{v}(t)/dt$とがきまったことになる．

ここで，力について2つの態度が可能になる．

その第1は，(1.1)の右辺で力$\boldsymbol{f}$を定義すること．そうすると (1.1) は'法則'ではなくなってしまうではないか——いや，そう

E. P. ウィグナー
ハンガリー生まれ，アメリカに帰化した。量子力学における対称性の役割を明らかにした．

引用は，第1章，対称性と物理学の諸問題の第1節，物理法則における不変性から．

ではない．(1.1) によって力を定義すると次の意味の '法則' がなりたつことが見出される：

（a）自然界の力が一定の法則にしたがっていることが見出される．

（b）(1.1) は質点の加速度 $d^2\boldsymbol{r}(t)/dt^2$ をきめる式なので，これからその点の運動 $\boldsymbol{r} = \boldsymbol{r}(t)$ をきめるには初期条件として1つの時刻 t_0 をとり $\boldsymbol{r}(t_0)$ と $d\boldsymbol{r}(t_0)/dt$ を*あたえる必要があるが，この2つは人間が自由に選べることが（経験法則として）知られている．

これら (a), (b) の2点の内容は，これから追い追いに説明してゆくが，いま，てっとりばやく内容を察するには力を $\boldsymbol{f} = m\boldsymbol{v}(t)$, あるいは $\boldsymbol{f} = md^2\boldsymbol{v}(t)/dt^2$ で定義していたらどうなったか想像してみるのがよかろう．前者なら，われわれが投げた石にはたらく力 $\boldsymbol{f}$ は，投げ方によって一々ちがうことになる．後者では方程式を解くのに初期条件 $d\boldsymbol{v}(t_0)/dt$ の指定が必要となり，これが地上では常に一定の鉛直下向きのベクトル $\boldsymbol{g}$ になること，つまり初期条件が完全には人の自由にならないということが見出されるであろう．「ニュートンの時代の驚くべき発見は，自然法則と初期条件を明快に分離したことです」と喝破したのはウィグナー（E. P. Wigner.[9] 1902-）であった．

このように，物体の運動には（人が）自由に変えることのできる部分があるにもかかわらず，(1.1) によって定義した力は一定の法則にしたがう．たとえば，バネの力は伸びに比例し，比例定数はバネごとに定まっている．太陽のまわりをまわる惑星の運動は，人が自由に変えるわけにはいかないが，さいわい多数の惑星やそれらの衛星，あるいは小惑星などがあって，それらの運動から (1.1) によって力を計算すると，どの力も共通に万有引力の法則にしたがっていることが見出される……．これが上の (a) の内容であって，とりもなおさず力の定義とした (1.1) が自然に適合したよい定義であることを示している．(1.1) は，だから，定義であると同時に法則でもある，といわなければならない．

力についての第2の態度というのは，一方の腕にオモリをつった天秤などをもちいて力を重力と比べることで定義する．そうすると (1.1) の右辺と左辺が別々に定義されるから，それらを比較

---

* $d\boldsymbol{r}(t_0)/dt$ は $[d\boldsymbol{r}(t)/dt]_{t=t_0}$ の意味．

したら互いに等しかったという経験法則が第II法則だと見るわけである．これに対しては重力を力の定義に使うのは問題だという批判がおこるだろう．地上の重力は，地球の引力に加えて地球の自転の遠心力やら地球の公転運動からくる力やら複雑な内容をもっていて，正直にこれを基準にしたのでは第II法則は近似的にしかなりたたないことになるだろう．重力の代りに，きまったバネ秤をきまった長さに引き延ばしたときの力を基準にとることも考えられるかもしれない．

　実際に**力の精密測定**が必要なときにもちいる定義は，（質量）×（加速度）であるらしい．その質量にはキログラム原器と（天秤で）比較してきめる重力質量をもちいる．そして，**力の単位**を「1 kg の物体*にはたらいて加速度 $1\,\mathrm{m/s^2}$ を生じさせる力の大きさ」と定め，これを 1 N という．N はニュートンと読む．すなわち，

$$(1\,\mathrm{kg}) \times (1\,\mathrm{m/s^2}) = 1\,\mathrm{N}. \tag{1.8}$$

単位の計算としていえば

$$\mathrm{kg \cdot m/s^2 = N}.$$

たとえば地球の引力は，地表の近くでどんな物体にも約 $9.8\,\mathrm{m/s^2}$ の加速度を生じさせる．すると，体重 50 kg の人には

$$50\,\mathrm{kg} \times 9.8\,\mathrm{m/s^2} = 490\,\mathrm{N}$$

の重力がはたらいているわけだ．ニュートンを実感するために，ちょっと友だちを持ち上げてみよ．490 N が大きすぎれば，コップ 1 杯の水——コップの大小にもよるだろうが，およそ 0.4 kg——にはたらく重力は約 4 N である．

　ところで，どんな目的に力の精密な定義が必要になるかというと，もちろん力学の構成がその 1 つだが，また '電流' の単位の定義もあげられる．電流 1 A とは**，「無視しうる面積の円形断面をもつ 2 本の無限に長い直線状導体を真空中に 1 m の間隔で平行において，各導体に等しい強さの電流を流したとき，導体の長さ 1 m ごとに $2 \times 10^{-7}\,\mathrm{N}$ の力がはたらく場合の電流[10]」をいう．電気量 1 C は*** 1 A の電流を 1 s 間つづけて流し込むとき溜まる量と定義されるのだから，電子の電荷が $1.602\,189\,2 \times 10^{-19}\,\mathrm{C}$ ということは，元へたどってゆくとパリにあるというキログラム

---

　　* いまの段階では，物体とはいえない．質点といっておかねばならない．だから，この定義で実際に力の大きさが測れるのは，もっと理論を進めてから，ということになる．
　　** A はアンペアと読む．
　　*** C はクーロン．

原器までつながっているわけか？

3.2 運動の第Ⅲ法則

これまでの流れの延長上におくならば，ニュートンのいう運動の第Ⅲ法則は，'力の法則'になる．これが'作用-反作用の法則'とよばれるのもむべなるかな．

それは2つの要素に分解できる：

（ⅰ）力というものは常に2つの質点が及ぼしあうものと見ることができる．

（ⅱ）どんな質点たちA,Bでも，そして，それらがどんな状況にあっても，AがBに及ぼす力$f_{A\to B}$とBがAに及ぼす力$f_{B\to A}$とは，かならず

$$f_{A\to B} = -f_{B\to A} \tag{2.1}$$

の関係にあり，これらのベクトルは質点A,Bを結ぶ直線上にある．

この（ⅰ）があるので，力については「**何が**」「**何に**」及ぼすものか常に言うことができる．そして，それを言うことは力の記述に不可欠である．なぜならば，「何が」と「何を」を入れかえると(2.1)が示すとおり力ベクトルの向きがひっくりかえるからである．

AがBに及ぼす力を**作用**（action）とよべば反対にBがAに及ぼす力を**反作用**（reaction）とよぶ．というわけで，作用といい反作用といっても相互的なものであることを注意しておこう．もしBがAに及ぼす力のほうを作用とよぶなら，こんどはAがBに及ぼす力が反作用になる．

かつて，ある女子短大で力学の話をしたとき，「作用とか反作用とかいわれると力じゃないみたいで……」と抗議された．ごもっとも．そこで，板倉聖宣さんのまねをして作用力・反作用力といってみたりもしたが，なんとなく落ち着かない．

もうひとつ，あえて蛇足を加えるなら，作用の力と反作用の力が(2.1)のように'大きさ等しく向きは反対'の間柄にあっても'打ち消しあわない'のは，これらの力のはたらく相手がちがうからである．はたらく相手が同一の場合にかぎって力のベクトル和は意味をもつ（図3.5）．

『力学の批判的発展史』(1883)の著者マッハ（Ernst Mach, 1838-1916）は，そのなかで運動の第Ⅲ法則にもとづく**質量の定義**

原題：『歴史的発展から批判的にみた力学』．伏見 譲訳，講談社．寺田寅彦は『物理学序説』（岩波書店）に「ふつう物理学書にある質量の定義は無意味に近いものが多いから誰でも腑におちかねる．ぜひ一度はマッハの力学を読まれんことを望む」と書いた．

マッハは，実証主義的な経験批判論をたて，物質も精神も感覚の複合であるとし，科学は，それらを思惟経済のため整理するのだとした．物質は原子からなるとする当時の仮説に晩年まで反対した．

をあたえている[11]．すなわち，まず，ひとつの基準の質点 A_0 を
きめ，その質量を 1 mac ときめておく（mac は筆者の捏造．
Mach は速さを表わすのにつかう）．そして，その質量 A_0 と別の
質量 A_1 とが互いの反作用でそれぞれ大きさ a_0, a_1 の加速度を得
るなら，質点 A_1 の質量は $m_1' = a_0/a_1$ mac と定義する（図 3.6,
マッハの図ではない）．さらに他の質点 $A_2, A_3, \cdots\cdots$ の質量も，
それぞれを A_0 と相互作用させて同様にきめてゆくことができる[12]．

いや，「ここには，ひとつ難点がある」とマッハはいう．上の定
義では A_0 を質量の比較の基準に選んだが，代りに A_1 を基準に
選び，その質量を m_1' mac として出発しても $A_0, A_2, \cdots\cdots$ の質量
の値は上と等しくなるだろうか？　マッハは，エネルギーの保存
という自然の事実を利用してひとつの解決をあたえているが[5]，
ここでは立ち入らない．

3.3　運動の第I法則

静止している質点は力がはたらくまでは静止したままでいる，
と運動の第I法則はいう．速度をもっている質点は，力がはたら
かないかぎり，その同じ速度を保つ，ともいう．つまり，作用す
る力がないなら質点の加速度は 0 だ，と第I法則はいっている．

そのことなら，第II法則に特別の場合として含まれているでは
ないか．

第II法則があれば第I法則はいらないではないか！

この考えに対して，ニュートンの第I法則は力学の法則がなり
たつような座標系を定義しているのだ，という意見がある．

座標系とは何か？　質点の位置を位置ベクトルで表わすには，
まず原点をきめねばならない．そこから質点の位置までのベクト
ル $\boldsymbol{r}$ が位置ベクトルである．では，質点が静止しているとは，ど
ういうことか？　それは，$\boldsymbol{r}$ の方向も向きも長さも時間がたって
も変わらないことである．$\boldsymbol{r}$ の方向や向きが変わらないというの
は，東西，南北，上下のように空間にあらかじめ定めた方角があ
って，それらを参照して $\boldsymbol{r}$ の向きを見ていうことである．最後に
$\boldsymbol{r}$ の長さとは，ある長さの単位をきめておき，それを参照して何
倍かをいうわけだ．こうして，**座標系** (system of reference) と
は（原点，3 つの方向と向き，長さの単位）という 1 組のことであ
る（図 3.7）．ずいぶん気どった言い方をしたが，空間にきめた

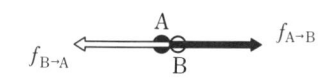

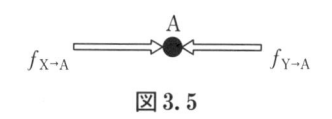

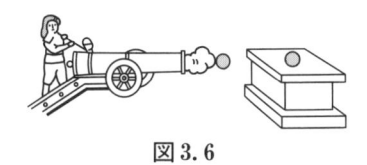

図 3.5

図 3.6

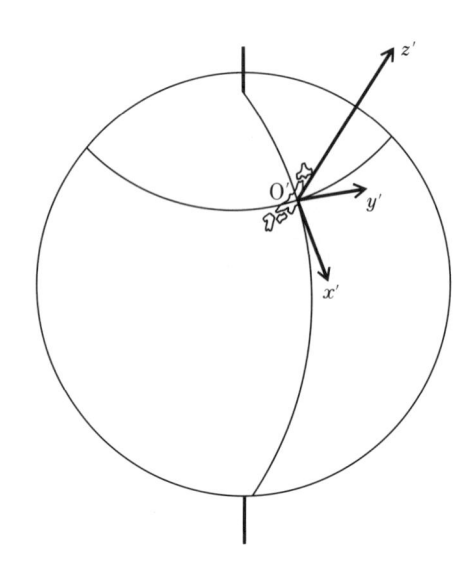

図 3.7 地球に固定した座標系は動く．

（目盛つきの）x, y, z 軸のことだと言っても，まあよかったのだ．

さて，運動の第II法則だが，それのなりたつような座標系が1つあったとして（原点，……）を（O,……）としておく．その座標系によってきめた質点 m の位置ベクトル $\boldsymbol{r}$ に対しては，運動の第II法則がなりたつというのだから

$$m\frac{d^2\boldsymbol{r}(t)}{dt^2} = \boldsymbol{f}. \tag{3.1}$$

$\boldsymbol{f}$ が質点 m にはたらいている力である——ということは，あたりを見まわすと，確かに力をおよぼしている犯人が見える，としておいていいだろう．

そこで座標系を変えてみるのだが，話を簡単にするために，さきの（O,……）の原点だけを O からあたえられたベクトル $\boldsymbol{a}(t)$ だけ離れた点 O′ に移し，他の……は変えないものとしよう．新しい座標系（O′,……）で m の位置ベクトルが $\boldsymbol{r}'(t)$ になるものとすれば（図 3.8）

$$\boldsymbol{r}(t) = \boldsymbol{r}'(t) + \boldsymbol{a}(t). \tag{3.2}$$

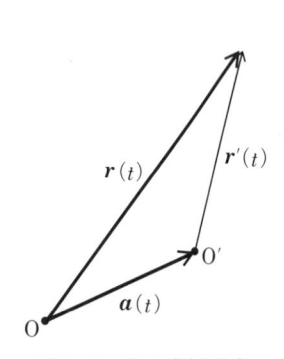

図 3.8 動く座標原点．

'関数の和の導関数は，導関数の和'の定理（問題 3.3）はベクトル値関数に対しても容易に確かめられるので

$$\frac{d^2\boldsymbol{r}(t)}{dt^2} = \frac{d^2\boldsymbol{r}'(t)}{dt^2} + \frac{d^2\boldsymbol{a}(t)}{dt^2}$$

となる．これを (3.1) に代入すれば，$md^2\boldsymbol{a}(t)/dt^2$ の項を右辺に

移項して

$$m\frac{d^2 \boldsymbol{r}'(t)}{dt^2} = \boldsymbol{f} - m\frac{d^2 \boldsymbol{a}(t)}{dt^2}. \tag{3.3}$$

これが O′ を原点として質点の位置を測ったときになりたつ式である．(3.1) とは形がちがう．運動の第 II 法則とよぶにしては，右辺に力 $\boldsymbol{f}$ のほかに変な余分な項がつけ加わっている．これがあると，いくら注意して見まわしても力を m に及ぼすような犯人は見えず $\boldsymbol{f} = 0$ と考えるほかない場合にも m は加速度をもつ，という第 I 法則から見れば大変へんなことになる．

もっとも，$\boldsymbol{a}(t)$ が特に $d^2\boldsymbol{a}(t)/dt^2 = 0$ をみたす場合——原点 O′ が O に対して等速直線運動をしている場合——だけは '余分な項' は消えて，O′ を原点とする (3.3) は O を原点とした (3.1) と同じ形になる．

(3.3) の右辺に '余分な項' が有るか無いかは $\boldsymbol{f} = 0$ の場合を見ればわかる．$\boldsymbol{f} = 0$ の場合に $d^2\boldsymbol{r}'(t)/dt^2 = 0$ となれば，その原点 O′ をもちいても '余分な項' はなしで，運動の第 II 法則はなりたつ．$d^2\boldsymbol{r}'(t)/dt^2 = 0$ とならなければ，第 II 法則はなりたたない．

これは，第 II 法則のなりたつ座標系 (原点，3 つの方向と向き，長さの単位) が 1 つあったとして，それと原点だけちがう座標系に移ってみた場合の話である．このとき，新しい座標系では**運動の第 I 法則がなりたつか否か**で第 II 法則がなりたつか否かを判定することができる．

では，座標系 (原点，3 つの方向と向き，長さの単位) の他の 2 つの要素を変えても同じことがいえるだろうか？

●註
 1) 坂井卓三：『一般力学』(東西出版社，1948)，はしがき．
 2) ニュートン：『自然哲学の数学的諸原理』(河辺六男訳，世界の名著 26，中央公論社，1971)，pp. 72-73. ただし，法則の述べ方は多少かえてある．
 3) ここで座標系の設定をすべきところだ．3.3 節を参照．
 4) この 'ある' は，'昔々あるところに……' の 'ある' とはちがうように思われる．英語の a の多義性の影響か，日本語の「ある」の使い方が変わってきた．理科の教科書で著しい．困ったことだ！
 5) 『マッハ力学——力学の批判的発展史』(伏見 譲訳，講談社，1969)，p. 181.

6) 齋藤正彦・廣瀨 健・森 毅編:『数学と教育』(シンポジウム数学1, 日本評論社, 1980), pp. 178-180.

7) 註2の本の p. 60.

8) 『プリンキピア』の第3篇・命題6の説明のところ. 註2の本の p. 428. この命題は:「物体はすべて各惑星に重力で引かれること. また, 諸物体の任意の1惑星に対する重量は, その惑星から等しい距離にあっては, 各物体における物質量に比例すること.」

9) E. P. ウィグナー:『自然法則と不変性』(岩崎洋一ほか訳, ダイヤモンド社, 1974), p. 58.

同じ論説が次の本にも収録されている.

中村誠太郎・小沼通二編:『ノーベル賞講演 物理学9』(講談社, 1979), p. 149.

10) 久保亮五ほか編:『理化学辞典』, 第4版 (岩波書店, 1988), p. 59.

11) 註5の本, pp. 201-202.

●問題

6.1 志筑忠雄の『暦象新書』(1798から2年ごとに上, 中, 下巻を刊行) に次の記述がある. その内容を批判的に吟味せよ.

大地能く万物を引くのみならず, 万物亦能く大地を引く. その実は, 万物の実気と地の実気と相引くなり. ただ小なるものは引力微にして, 其の動は著なり. 大なるものは引力盛にして, 其の動は微なり. 是を以て大地, 金木に落ちずして, 金木, 大地に落つ. その実は, 大地と金木と相落つれども, 大地至微の動は覚知すること能わざるなり.

6.2 本文の p. 82 に述べたホイヘンスの計算をチェックせよ (図 3.9). ただし, 地球の半径を $R = 6370$ km とし, 極での重力加速度には, いわゆる測地基準系1967による正規重力式*

$$g_{1967} = 9.780\,318\,5 \times (1 + 0.005\,278\,895\,\sin^2\varphi + 0.000\,023\,462\,\sin^4\varphi) \text{ m/s}^2$$

からの値を用いるものとする (φ は緯度).

6.3 地球を仮に球形として, 前問の正規重力式の補正因子 $1 + 0.005\,278\,895\,\sin^2\varphi + \cdots\cdots$ に当たるものを求めてみよ.

6.4 R. P. ファインマンは『物理法則はいかにして発見されたか』(江沢訳, ダイヤモンド社, 1989年) の p. 99 で次のような話をしている:

導線でコイルをつくって磁石をそれにつっ込みますと, コイル

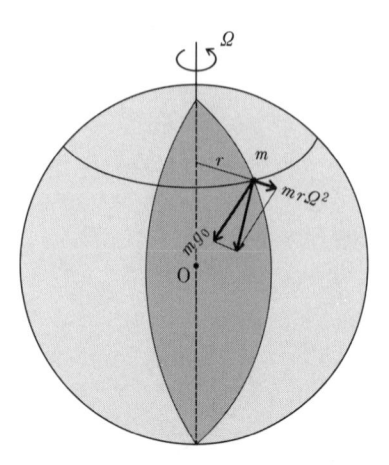

図 3.9 重力と地球の引力

---

* 国立天文台編『理科年表』(丸善, 1990), p. 799.

を貫く磁力線の数が増しますから，コイルには電流が生じます．導線の代わりに円盤を考えて，導線の中に電子があるように，円盤の縁にも電荷が並んでいるものとします．円盤は中心軸のまわりに自由に回転できるものとして，その軸に沿って遠方から磁石をすばやく円盤に近づけますと，円盤は回りだすでしょう．

磁石は円盤にこれを回転させる向きの力をおよぼす．回転によって生ずる電流が磁石におよぼす力は円盤の軸に沿う向きにある．

この場合，作用反作用の法則はなりたっているのだろうか？

原題は『物理法則とはどんなものか』．それを動いて発展する姿で語る．「とどのつまり，新法則を1つ発見してみせる，というぐあいにお話が進められるといいんですが……．」

ちがいに気づいたとき

　質量と重さのちがいは，偶然の機会に気づかれた*。

　1671 年のこと（『プリンキピア』刊行の 17 年前），パリ（北緯 49°）から属領ギアナのカイエンヌ（北緯～5°）に天文観測に行ったリシェ（Jean Richer）は，パリで正しく時を刻んでいた彼の振子時計が平均太陽時に比べて毎日 2.5 分ずつ遅れてゆくことに気づいた．そこで，彼は振子を短くしたのだが，パリに持ち帰ってみると今度は毎日すすむのであった．ここまでは，以前に p. 26 で話した．

　振子時計が遅れたりすすんだりするのは，同じ振子でも，オモリがカイエンヌではパリより軽くなるためである．ホイヘンス（C. Huygens）は，この差を地球自転による遠心力に帰した．自転角速度を Ω とすれば，自転軸から距離 r の地点で質量 m の物体にはたらく遠心力は

$$mr\Omega^2$$

である．パリより緯度の低いカイエンヌでは r が大きいので遠心力が大きく，そのために重力が小さくなるのである．

　ホイヘンスは，物体は赤道上では極におけるより $\frac{1}{289}$ だけ軽くなることを示した．

＊ F. Cajori: *A History of physics* (McMillan, 1922), p. 53.

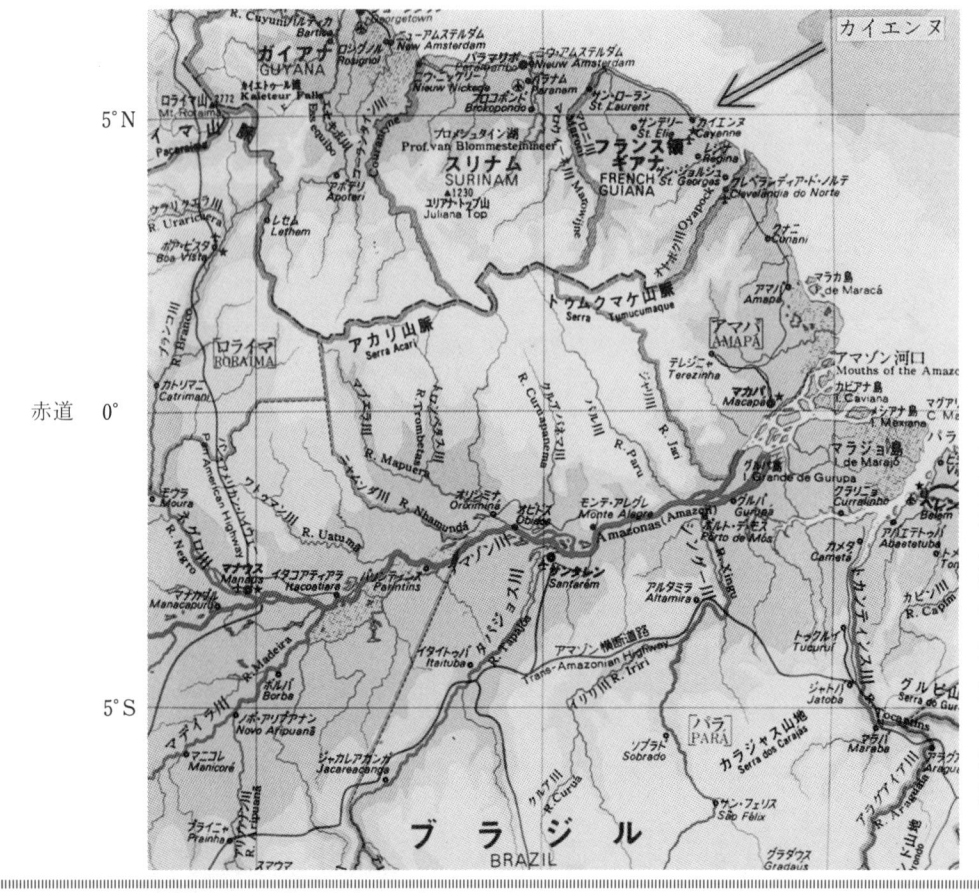

『世界大地図帳』平凡社（一九八六年）より

第4章　惑星の運動をきめている力

第7講
運動を知って力を求める

ニュートンの運動の第II法則

$$\bm{f} = m\frac{d\bm{v}(t)}{dt} \tag{0.1}$$

は力というものを定義しているのだ，という立場を前回に説明した．今回は，その立場に忠実に，定義 (0.1) からどんな力がでてくるかを見よう．もちろん，でてくる力は役者たちと舞台によってちがうだろう．そこで，たとえばという話になるのだが，その例としては惑星の運動をとりあげる．惑星たちの運動は，御存知のケプラーの3法則によって——いまの目的には十分なだけ——詳しく記述されているからである．

第4章——惑星の運動をきめている力

太陽系 (solar system) の惑星 (planet) たちが運動するありさまは，ケプラー (Johannes Kepler, 1571-1630) の発見した3法則に要約される．それを手がかりに，われわれは惑星たちにはたらく力の法則をさぐってみたい．

しかし，そのまえに注意しておかなければならないのは，ケプラー自身は運動の規則性だけをひたすら捜して観測データをめくらめっぽうにいろんな図式にあてはめてみたわけではない，とい

うことだ．時代の制約はもちろん厳しいが，彼は仮説をたて推論をしてからデータに向かったのである．

4.1 ケプラーの法則

まず，彼の『宇宙の神秘』(1596)[1]をみよう．

「全惑星軌道の中心である太陽にただ1つの主動霊（motrix anima）が宿り，それは天体がその近くにあればあるほど一層つよく作用し，より遠くにある天体に対しては，遠さとその力の衰弱のために，それはいわば疲弊する……[2]」

いまから見ればおかしな話だが，こういう考えをケプラーは推論の足場にもちいている．すなわち

「まったく真実らしいこととして，太陽が，光の場合と同じ原理にしたがって運動を各惑星に配分する，という説をたててみよう．中心点から発散する光がどういう比率で弱まっていくかは光学者が教えてくれる．……

そして，このことは主動霊の効力についても言えることである．したがって，金星軌道のほうが水星軌道よりも大きいから，その分だけ金星より水星の運動のほうが'より強い'だろう．もしくは'より速い'，'より激しい'，'より活発である'．いや，このようなことを表わすどんな言葉で表現してもよい．[3]」

ここではケプラーの関心は惑星たちの軌道半径と公転周期の関係にあった．だから，すぐ次の考察がつづく：

「ところがいま，ある[惑星の]軌道がほかの軌道より大きい場合は，たとえ両者にはたらく運動力（vis motus）が等しくても，軌道が大きい分だけ1周には多くの時間が必要である．[3]」

つづけて，ケプラーはいう：

「だから，その結論として，太陽からの惑星の距離の1の増加は，公転周期には2の増加となって現われる．」

すなわち，惑星の軌道が大きくなることによる増加と，太陽からの力が弱まる[4]ための増加とを合わせて「2の増加」になる，といっている．「2の増加」とは，太陽から距離 a だけ離れた惑星の公転周期を T と書けば

$$T = \kappa a^2 \quad (\kappa は定数) \tag{1.1}$$

を意味している．実際

副題：『天体軌道の称賛すべき見事な比と，天体の数，大きさ，および周期運動の真正にして適切な根拠について』．大槻真一郎・岸本良彦訳（工作社）．牧師を志して神学を学んでいたケプラーは，偶然のことにグラーツの州立学校の数学教師となり，天文歴をつくる義務も負った．ある日の授業中，突然に1つの着想を得た：「宇宙は正多面体のような規則的な図形を見えない骨格として組み上げられている！」これが『宇宙の神秘』を生み，彼の天体の規則性研究の発端となった．

参照：アーサー・ケストラー『ヨハネス・ケプラー』（小尾信彌・木村博訳，河出書房）．

$$dT = \frac{dT}{da}da$$

だから $dT = 2\kappa a da$ となり，(1.1) で辺々割ると

$$\frac{dT}{T} = 2\times\frac{da}{a}. \tag{1.2}$$

これがケプラーの言っていることの内容である．(1.1) は彼が後に到達する第3法則とはちがっている．事実ケプラーも (1.2) をコペルニクス (Nicolaus Copernicus, 1473-1543) のデータにつきあわせ，完全には合わないといっている．それでも，それ以前の $T \propto a$ という考え[5]よりは良く合う．「一見してわかるように，われわれは一層，真実に近づいた．[6]」彼は凱歌をあげている．ケプラーは探究の途上にある．前進している．

13年後に発表する『新天文学』[7](1609) では，主動霊 (Anima) は力 (Vis) におきかえられる．その力が太陽から (species とよばれる非物質的な能力として) 放出され'平面的に拡がる'点は主動霊と同じだが，その結果として'力が距離に反比例する'ことが今度は同一の惑星に適用され，彼に'面積速度の一定'を確信させる．この'第2法則'は，すでに観測データからも示唆されていたようだが（図4.1）．

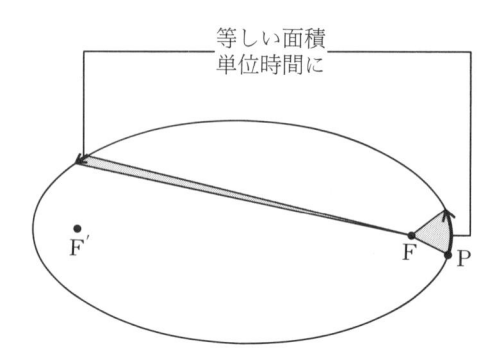

図4.1 面積速度：単位時間に動径 $\overline{FP}$ が掃く面積．

面積速度一定の法則にもとづく火星の運動の検討から，ケプラーは，その軌道が円であるという古来からのドグマを棄てざるを得なくなり，卵形を考えてみたあと，'楕円軌道'に到達する．これが彼の'第1法則'であって，さきの第2法則とあわせて『新天文学』に発表された．'第3法則'は，それより10年あとに著書『世界の調和』[7](1619) のなかで発表される．

ケプラーの主動霊は，彼自身が棄てた．ケプラーの力は，今日

矢島祐利訳，岩波文庫．
原書の売行きは良くなかった．初版1,000部はついに売り切れず，400年間に4回しか版を重ねなかった，とアーサー・ケストラー『コペルニクス――人とその体系』(有賀 寿訳，すぐ書房) はいう．コペルニクスは首尾一貫していない：第1巻に「地球は太陽を中心に回っている」と書いているが，第3巻では「地球は，太陽を中心にではなく，太陽から太陽の直径の3倍くらい離れた空中の1点を中心に回転している」ことになる……それに反論もあった：クーン『コペルニクス革命』(常石敬一訳，紀伊國屋書店) によれば「地球が回転しているなら，矢を上に射ることもできないし，塔の頂から落とした石は鉛直には落ちないことになってしまう．」

のわれわれの力とはちがう．彼の推論そのものは，だから，今日の物理学のなかに占めるべき位置をもたないが，しかし，今日でも，物理の研究者はしばしば'同様の'推論に導かれる．彼等もそれぞれに主動霊をもっている……．

ケプラーの法則を要約しておこう：

第1法則 どの惑星の軌道も，一平面上にあり，太陽をひとつの焦点とする楕円である（どの軌道面も互にほぼ一致しているが，楕円の大きさや離心率や長軸の向きは惑星ごとにちがう．図4.2）．

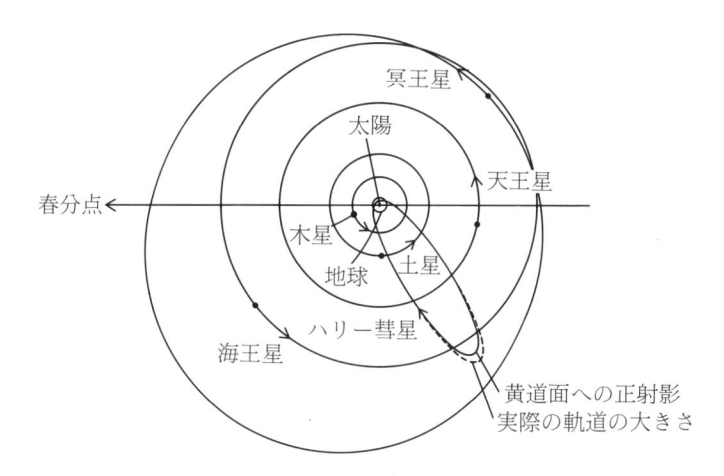

『だれが原子をみたか』（江沢 洋，岩波科学の本，1976）より
図 4.2[8)] 惑星の軌道．●が近日点．紙面に垂直にこちら向きが北である．

第2法則 太陽から惑星の位置まで引いた動径ベクトルが単位時間に掃く面積（面積速度）は，時刻によらず一定である（その値は惑星ごとにちがうけれど）．

第3法則 惑星たちのあいだで比べると，それぞれの楕円軌道の長半径 a と公転周期 T との間に

$$a^3 = \kappa T^2 \quad (\kappa：惑星によらない定数) \tag{1.3}$$

の関係がある（図 4.3）．

この関係式 $a^3 = \kappa T^2$ を「a さんは2点」と読んでおぼえるという話をきいたことがある．おもしろい．いや，無理におぼえることはないが，おぼえていれば現代の原子物理を考えるときなどにも役立つ．

ケプラーの3法則のうち，第1と第2のものは惑星たちの運行

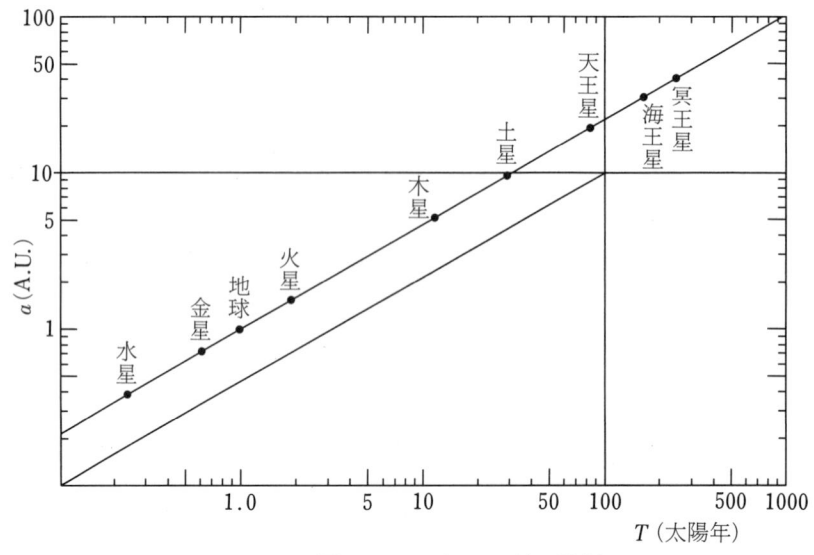

図 4.3 ケプラーの第 3 法則

両対数グラフ．ヨコ軸は公転周期 T を，タテ軸は軌道の平均半径 a を対数尺で示す．惑星たちの (T, a) は，きれいな直線にのっている．この直線が，(T, a) を仮に $(0.1\,\text{年},\ 0.1\,\text{A.U.})$ とした点と $(100\,\text{年},\ 10\,\text{A.U.})$ とした点を結ぶ直線と平行であることからケプラーの第 3 法則

$$a^3 \propto T^2$$

が結論される．詳しく言えば，

ヨコ軸は $X = \log_{10}(T/\text{年})$,
タテ軸は $Y = \log_{10}(a/\text{A.U.})$

であり（ただし，目盛りは $T/\text{年}$ と $a/\text{A.U.}$ そのものを示すようにつけてある），惑星たちののっている直線は

$$3Y = 2X + C$$

でよく表わされる．C は定数である．すなわち，

$$3\log_{10}(a/\text{A.U.}) = 2\log_{10}(T/\text{年}) + C.$$

したがって

$$(a/\text{A.U.})^3 = C'(T/\text{年})^2, \qquad (C' = e^C)$$

という関係のあることがわかる．

なお，A.U. は天文単位（Astronomical Unit）．$1\,\text{A.U.} = 1.495\,979 \times 10^{11}\,\text{m}$.

をつらぬく「定性的」法則性を述べている．「定量的」なのは第 3 法則だけである．

惑星のデータ（今日の値）を表 4.1 に示す．地球の a と T とから第 3 法則の定数 κ を計算しておこう（分母の計算について，後の 107-109 ページを参照）：

$$\kappa = \frac{(1.496 \times 10^{11}\,\text{m})^3}{(365 \times 24 \times 60 \times 60\,\text{s})^2} = 3.37 \times 10^{18}\,\text{m}^3/\text{s}^2$$

これを $\kappa_{\text{地球}}$ とすれば，他の惑星の κ との比は表 4.1 のデータから容易に計算される．たとえば

	軌道長半径 a (天文単位)	周期 T (太陽年)	赤道半径 R (km)	質量 (kg)	衛星の数
太陽			696000	1.989×10^{30}	
水星	0.3871	0.2409	2439	3.302×10^{23}	0
金星	0.7233	0.6152	6052	4.869×10^{24}	0
地球	1.0000	1.0000	6378	6.047×10^{24}	1
火星	1.5237	1.8809	3397	6.419×10^{23}	2
木星	5.5026	11.862	71398	1.899×10^{27}	>16
土星	9.5549	29.458	60000	5.687×10^{26}	>20
天王星	19.2184	84.022	25400	8.662×10^{25}	15
海王星	30.1104	164.774	24300	1.0299×10^{26}	8
冥王星	39.5400	248.796	1142	1.47×10^{22}	1

1 天文単位 $= 1.495\,979\times 10^{11}$ m
惑星の質量は衛星の分も含む．

表 4.1 惑星のデータ[9)]

$$\frac{K_{\text{冥王星}}}{K_{\text{地球}}} = \frac{(39.529)^3}{(248.54)^2} = 0.99990$$

となる．確かに，驚くほど良い精度で

$$K_{\text{冥王星}} = K_{\text{地球}}$$

がなりたち，第3法則を裏づけている．

4.2 惑星は質点か

ケプラーの法則にしたがって運動している惑星たちには一体どんな力がはたらいているのか．その答は'万有引力'にきまっているが，そのことを筋道たてて——しかも楕円軌道をまともに（円軌道で近似せずに）あつかって——納得したい．

しかし，計算をはじめるまえに気になることがある．惑星は質点だろうか？

否．もちろん，点ではない．大きな拡がりをもっている．

それでは，質点の運動法則しか知らないわれわれには惑星の問題はまだあつかえないのだろうか？

惑星の球体の半径は軌道の長半径に比べれば非常に小さい．実際

$$\frac{\text{球体の赤道半径}}{\text{軌道の長半径}} \equiv \eta$$

とおけば，その値は，地球なら

$$\eta_{\text{地球}} = \frac{6378\times 10^3\,\text{m}}{1.496\times 10^{11}\,\text{m}} = 4\times 10^{-5}$$

にすぎず，太陽系の惑星のなかで最も大きい木星についても

$$\eta_{木星} = \frac{71400 \times 10^3 \,\mathrm{m}}{7.783 \times 10^{11} \,\mathrm{m}} = 9 \times 10^{-5}$$

にすぎない．これなら，地球にせよ木星にせよ質点といってもよさそうではないか．

否，という人もいるかもしれない．なにしろ，まだ質点の力学しか定式化してないのだから，まだわからないと言われてもしかたがない．

ある程度までの説明は，読者の質問に答えて「読者からの手紙，著者の返事」の章にあたえた．さらに立ち入った議論のためには，力学の適当な本を参照していただくほかない．この本では，拡がりをもつ物体の力学を説明する余裕がないので──．

以下しばらく，惑星をあたかも質点のようにあつかうことにする．

4.3 等速円運動の解析

楕円軌道を描く質点の運動の解析は，極座標での力学を準備しておけば簡単にできる．しかし，簡単にすます必要もない．計算はいくらか複雑になっても*，わかりきった道具でおしとおすほうがいいだろう．だから，直角座標系をつかう．これは，ぼく自身，一度やってみたいと思っていたことでもある．ちょうどよい機会だ．やってみよう．

でも，その計算に踏みこむまえに，問題を簡単化して手ならしをしておこう．

そのために，面積速度が一定の '円' 運動──つまり等速円運動とみる近似で惑星たちの運動をあつかってみる．

(a) 求心加速度の公式を利用する

等速円運動は，すでに§1.5 の例1で考えたことがあり，特に，加速度は常に円軌道の中心に向き，常に一定の大きさ

$$a = \frac{v^2}{a} \tag{3.1}$$

をもつことを式 (1.5.6) で知っている．この公式を使ってみよう．これは手ならしの手ならしである．この式が表わしているのは，どれでもよいがとにかく1つの惑星の加速度の大きさであっ

---

* 微分計算をかなりすることになるだろうが，知っていてほしいのは '関数の積の微分' の公式 (問題 3.3) くらいなものである．

て，a はその惑星の円軌道の半径，v は惑星が等速円運動する速さである．

惑星たちがすべて等速円運動をするものとみなすなら，ケプラーの法則のうち情報を加えてくれるのは第 3 法則 (1.3) だけになる．これを (3.1) とあわせたら，万有引力の法則が出てくるだろうか？

いま問題にしている惑星の質量を m とすると，それに (3.1) だけの加速度をあたえる力 f は――それこそ太陽がその惑星をひく力のはずだが――大きさ

$$f = ma = \frac{mv^2}{a} \tag{3.2}$$

をもつ．

この式を水星から冥王星までつぎつぎに惑星たちに適用して，それぞれを太陽が引く力をもとめ，それらを比較したら，軌道半径の 2 乗に反比例という万有引力の特質があらわになるだろうか？ ケプラーの法則のうち惑星たちの運動を定量的に比較しているのは第 3 法則である．これが，いま利用できるはずだ．

以後は，だから，v も a も T も 1 つの惑星のものではなくて，それぞれ，すべての惑星の速さと軌道半径と公転周期を変域とする'変数'とみなすことになる．これらの変数に惑星の名前を示す添字 i（$i=$ 水星，……，冥王星）をつければ，視点の転換が明瞭になる．v, a, T, f を i の関数と見る立場から，v, a, T, f の間の i によらない普遍的な関係をさがす立場に移るのである．

ケプラーの第 3 法則 (1.3) は――公転周期 T_i が，いま

$$T_i = \frac{2\pi a_i}{v_i} \tag{3.3}$$

と表わせることに注意すれば――

$$a_i^3 = \kappa \left(\frac{2\pi a_i}{v_i}\right)^2 \quad \text{すなわち} \quad v_i^2 = \frac{4\pi^2 \kappa}{a_i} \tag{3.4}$$

をあたえる．これは，どの惑星の v_i^2 と a_i の間にもなりたつ関係である．(3.2) も――いそいで添字を補うが――どの惑星に対してもなりたつのだから，両者から v_i^2 を消去して

$$f_i = \frac{4\pi^2 \kappa m_i}{a_i^2}. \tag{3.5}$$

この式で，(1.3) がいうように κ は定数なのだから，惑星 i を太陽が引く力 f_i は確かに――どの i に対しても普遍的に

- 太陽から惑星 i までの距離 a_i の 2 乗に反比例し
- 惑星 i の質量 m_i に比例している.

これこそ，確かめたいと思った万有引力の特質である！

（b） 直角座標で表わした運動の解析

さて，約束した手ならしを始めよう．

それは，ベクトルを直角座標系に関する成分で表わして解析することにより '面積速度が一定の円運動' の加速度をもとめることである．その加速度が常に円の中心に向かい常に (3.1) という大きさをもつことを導き出したい．

直角座標系は，当の円軌道が xy 面にのるようにとろう．そうすれば，惑星の z 座標は常に 0 だから考慮する必要がなく，位置ベクトルとして

$$\boldsymbol{r}(t) = \begin{pmatrix} x(t) \\ y(t) \end{pmatrix} \tag{3.6}$$

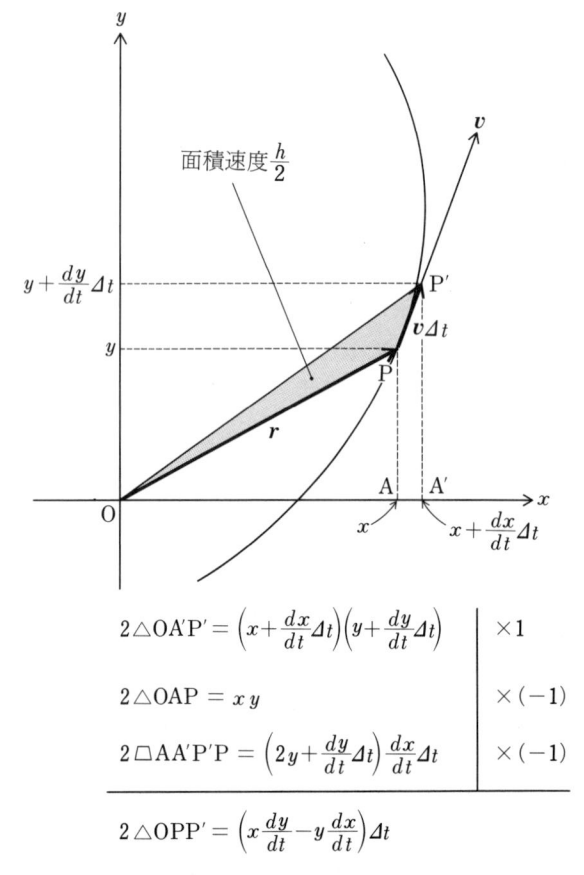

$$2\triangle \text{OA'P'} = \left(x+\frac{dx}{dt}\varDelta t\right)\left(y+\frac{dy}{dt}\varDelta t\right) \quad \times 1$$

$$2\triangle \text{OAP} = xy \quad \times(-1)$$

$$2\square \text{AA'P'P} = \left(2y+\frac{dy}{dt}\varDelta t\right)\frac{dx}{dt}\varDelta t \quad \times(-1)$$

$$2\triangle \text{OPP'} = \left(x\frac{dy}{dt} - y\frac{dx}{dt}\right)\varDelta t$$

図 4.4　面積速度：$\boldsymbol{r} \times \boldsymbol{v}$ の大きさ．図 2.11 も参照．

を考えればたりる．これは時刻 t の関数である．さらに直角座標系の原点 O を円軌道の中心にとろう．そうすれば，半径 a の円運動は方程式

$$x(t)^2 + y(t)^2 = a^2 \tag{3.7}$$

にしたがう．これは任意の時刻 t でなりたつ恒等式である．また，惑星の面積速度が一定であることは，その一定値の 2 倍を h とおけば——図 2.11 のところで説明した公式を用いて*

$$x(t)\frac{dy(t)}{dt} - y(t)\frac{dx(t)}{dt} = h \tag{3.8}$$

と書き表わすことができる（図 4.4）．いま考えている'面積速度が一定の円運動'の位置ベクトル (3.6) の振舞いは，上の (3.7) と (3.8) とで完全に規定されているはずである．この 2 式から，もとめる加速度の特質をひきだそう．

まず，(3.7) の両辺を時間 t で微分すると

$$x(t)\frac{dx(t)}{dt} + y(t)\frac{dy(t)}{dt} = 0 \tag{3.9}$$

が得られる．これは刻々の速度ベクトル $(dx(t)/dt, dy(t)/dt)$ と同じ時刻の動径ベクトル (3.6) の内積が 0 ということで，両者が常に直交していることを表わす [(2.6.13) を参照]．わかりきった関係だが，見事に出てくるものだ．これを (3.8) と連立させて速度成分 $dx/dt, dy/dt$ について解こう．それには，2 式を書き並べて，つぎのような筆算をするとよい．すなわち

$$\begin{aligned} -y\frac{dx}{dt} + x\frac{dy}{dt} &= h \\ x\frac{dx}{dt} + y\frac{dy}{dt} &= 0 \end{aligned} \quad \begin{array}{|c|c|} -y & x \\ x & y \end{array}$$

右側に $-y$ と x とを書き添えたのは**，第 1 式に $-y$, 第 2 式に x をかけることを意味し，その上で 2 式を辺々加えるのである．加えるときに (3.7) を考慮すれば

$$\frac{dx(t)}{dt} = -\frac{h}{a^2}y(t) \tag{3.10}$$

が得られる．同様に，第 1 式に x, 第 2 式に y をかけて辺々加えあわせれば

---

* あるいはベクトル積 $\boldsymbol{r}(t) \times \boldsymbol{v}(t)$ の z 成分として．

** 同様の書きかたを図 4.4 のところでもした．もっとまえに図 2.11 のところでも．

$$\frac{dy(t)}{dt} = \frac{h}{a^2} x(t) \tag{3.11}$$

を得る．これらは等速円運動の速度ベクトル $\boldsymbol{v}(t)$ の x, y 成分をあたえる式である．時刻 t の惑星の位置で円軌道の接線方向をむいている単位ベクトルは

$$\boldsymbol{\tau}(t) = \begin{pmatrix} -y(t)/a \\ x(t)/a \end{pmatrix} \tag{3.12}$$

と書ける（図 4.5）*のだから，(3.10), (3.11) は等速円運動の速度ベクトル $\boldsymbol{v}(t)$ が各時刻 t に円軌道上の位置 $\boldsymbol{r}(t)$ での接線方向をむいていることを表わしている．

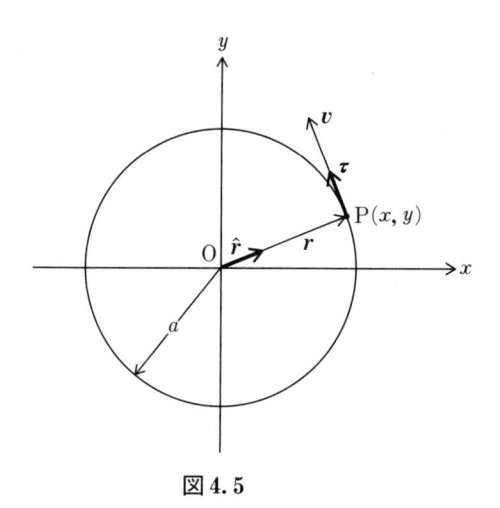

図 4.5

また，その速度の大きさ v は公転軌道の長さ $2\pi a$ と公転周期 T で表わせる．これを面積速度に結びつけるには，h は面積速度の2倍だから，その半分で円軌道の囲む面積を割れば惑星の公転周期になること，すなわち

$$T = \frac{2\pi a^2}{h} \tag{3.13}$$

を使う：

$$v = \frac{2\pi a}{T} = \frac{h}{a}.$$

これらのことをもちいて，上の速度の式を書き直せば

$$\boldsymbol{v}(t) \equiv \frac{d\boldsymbol{r}(t)}{dt} = \frac{2\pi a}{T} \boldsymbol{\tau}(t) \tag{3.14}$$

という至極あたりまえの式になる．

惑星の加速度をもとめるには，(3.10) と (3.11) を時間微分し

---

* 速度ベクトル $\boldsymbol{v}(t)$ が動径ベクトル $\boldsymbol{r}(t)$ に直交していることは，(3.9) の下でもみた．

て，再び (3.10), (3.11) をつかう：

$$\frac{d^2x}{dt^2} = -\frac{h}{a^2}\frac{dy}{dt} = -\left(\frac{h}{a^2}\right)^2 x$$

$$\frac{d^2y}{dt^2} = \frac{h}{a^2}\frac{dx}{dt} = -\left(\frac{h}{a^2}\right)^2 y.$$

この結果は，(3.6) と (3.13) をもちいれば見事にまとまってしまう．ついでに惑星の質量 m を両辺にかけて書くならば

$$m\frac{d^2\boldsymbol{r}(t)}{dt^2} = -\frac{4\pi^2 ma}{T^2}\hat{\boldsymbol{r}}(t). \tag{3.15}$$

ただし，$\hat{\boldsymbol{r}}(t) = \boldsymbol{r}(t)/a$ は太陽から時刻 t の惑星の位置にむかう単位ベクトルである．こうして，等速円運動する惑星にはたらく力がもとめられた．ケプラーの第3法則 (1.3) をもちいて公転周期 T を消去すれば (3.5) が得られる．すなわち

$$m\frac{d^2\boldsymbol{r}(t)}{dt^2} = -\frac{4\pi^2 \kappa m}{a^2}\hat{\boldsymbol{r}}(t). \tag{3.16}$$

4.4 楕円の幾何学

楕円軌道の解析をはじめよう．

円の場合の (3.7) に相当する楕円軌道の方程式が

$$\frac{x(t)^2}{a^2} + \frac{y(t)^2}{b^2} = 1 \tag{4.1}$$

であることは御存知だろうか．ただし，楕円の中心を座標原点 O とし，長半径を a，短半径を b としてある（図 4.6）．**楕円とは円を1方向に押し縮めたものである．**いま y 軸方向に λ 倍（$0 < \lambda$

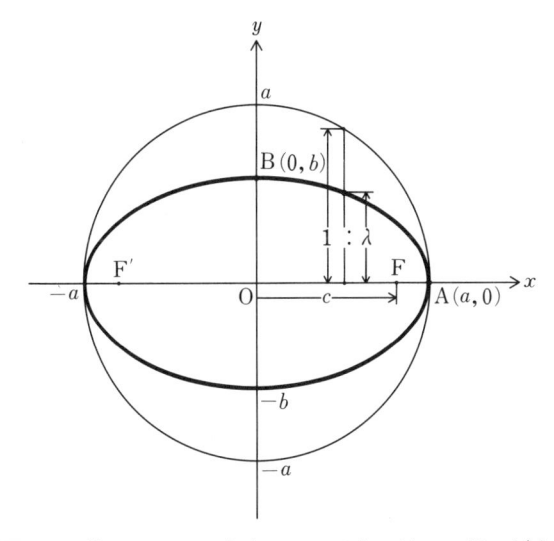

図 4.6　楕円：円を y 方向にだけ λ 倍に縮める（$\lambda = b/a$）．

≦1) に押し縮めるものとして，円の方程式 (3.7) の y を y/λ でおきかえ，$b = \lambda a$ とおけば (4.1) が得られる．

楕円はまた '**2 定点 F, F′ からの距離の和が一定な点の軌跡**' として定義することもできる．その F, F′ が楕円の焦点といわれるものである．では，(4.1) できまるグラフは，この性質をもっているだろうか？

(4.1) のグラフがそのような性質をもっているとしたら，F, F′ の座標 $(c, 0)$，$(-c, 0)$ は

$$c = \sqrt{a^2 - b^2} \tag{4.2}$$

でなければならない．それは，図 4.6 において

$$\overline{FB} + \overline{F'B} = 2\sqrt{c^2 + b^2},$$
$$\overline{FA} + \overline{F'A} = 2a$$

であり，これらが等しくなければならないからである．

$$\varepsilon = \frac{c}{a} = \frac{\sqrt{a^2 - b^2}}{a}$$

を，この楕円の**離心率**（eccentricity）とよぶ．

われわれの興味は惑星の運動の解析にあるのだから，座標の原点を太陽の位置である焦点 $F(c, 0)$ に移そう．そうすると，新しい座標系で (x, y) と表わされる点は，古い座標系では $(x+c, y)$ と表わされることになり，軌道の方程式 (4.1) は

$$\frac{[x(t)+c]^2}{a^2} + \frac{y(t)^2}{b^2} = 1 \tag{4.3}$$

となる（図 4.7）．

この方程式のグラフ上の任意の点 P が

$$\overline{FP} + \overline{F'P} = \text{const.} \tag{4.4}$$

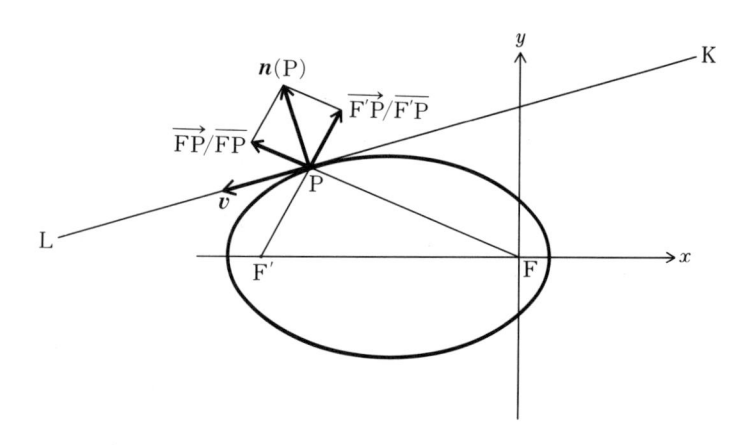

図 4.7

をみたすことを示そう．

いま，P の座標を (x,y) とすれば

$$\overrightarrow{\mathrm{FP}} = \begin{pmatrix} x \\ y \end{pmatrix}, \qquad \overrightarrow{\mathrm{F'P}} = \begin{pmatrix} x+2c \\ y \end{pmatrix} \tag{4.5}$$

であって，軌道の方程式 (4.3) をもちいれば

$$\begin{aligned}
\overline{\mathrm{FP}}^2 &= x^2 + y^2 \\
&= x^2 + \left[1 - \frac{(x+c)^2}{a^2}\right] b^2 \\
&= \left(1 - \frac{b^2}{a^2}\right) x^2 - \frac{2b^2 c}{a^2} x + \left(1 - \frac{c^2}{a^2}\right) b^2.
\end{aligned}$$

よって，(4.2) により —— (4.3) から出る $|x+c| \leqq a$ を考慮して

$$\overline{\mathrm{FP}} = (a^2 - c^2 - cx)/a.$$

同様に

$$\overline{\mathrm{F'P}} = (a^2 + c^2 + cx)/a.$$

したがって，

$$\overline{\mathrm{FP}} + \overline{\mathrm{F'P}} = 2a \tag{4.6}$$

となり，所要の (4.4) が証明された．

さらに言えば上の命題の逆もまた真であって，間隔 $\overline{\mathrm{FF'}} = 2c < 2a$ の 2 点 F, F' があたえられたとき，それぞれの座標が $(0,0)$，$(-2c, 0)$ となるように直交座標軸をとれば，(4.6) をみたす点 P の座標 (x,y) は方程式 (4.3) をみたす．

実際，座標軸のとりかたからベクトル $\overrightarrow{\mathrm{FP}}$, $\overrightarrow{\mathrm{F'P}}$ は (4.5) のように表わされるから，条件 (4.6) は

$$\sqrt{x^2 + y^2} + \sqrt{(x+2c)^2 + y^2} = 2a$$

と書かれる．これから少々の計算で (4.3) が得られる．

上の (4.6) を利用して次のことを証明しておく．すなわち，図 4.7 で軌道上の任意の点 P における接線 LK が，ベクトル

$$\boldsymbol{n}(\mathrm{P}) = \frac{\overrightarrow{\mathrm{FP}}}{\overline{\mathrm{FP}}} + \frac{\overrightarrow{\mathrm{F'P}}}{\overline{\mathrm{F'P}}} \tag{4.7}$$

と直交することである．実際，図 4.8 において $\overline{\mathrm{PP'}}$ を微小とし，点 P から直線 F'P' に下ろした垂線の足を Q'，点 P' から直線 FP に下ろした垂線の足を Q とすれば，∠PFP' も ∠P'F'P も微小なので $\overline{\mathrm{PF'}} = \overline{\mathrm{Q'F'}}$, $\overline{\mathrm{P'F}} = \overline{\mathrm{QF}}$ とみてよく，(4.6) から

$$\overline{\mathrm{P'Q'}} = \overline{\mathrm{PQ}}.$$

ところが，△PQ'P' と △P'QP において ∠PQ'P' = ∠P'QP = 直角かつ底辺 PP' は共通であるから，これら 2 つの三角形は合同である．よって

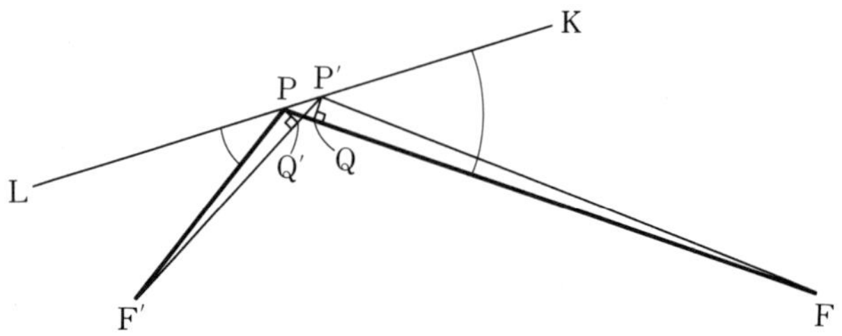

∠FPK = ∠F'PL ならば，$\overline{PP'}$ が微小なとき
　　∠FPK = ∠F'P'L
となるから
　　△QPP' = △Q'P'P,
したがって
　　$\overline{QP} = \overline{Q'P'}$.
よって $\overline{FP} + \overline{F'P}$ は変化しない．

図 4.8　P が少しずれたときの $\overline{FP} + \overline{F'P}$ の変化

$$\angle KPF = \angle LP'F'.$$

ここで $\overline{PP'} \to 0$ とすれば

$$\angle KPF = \angle LPF'$$

が知れて，図 4.7 から所要の直交性を得る．逆も真である（図 4.8）．

解析的な証明も容易である．ベクトル (4.7) は

$$\overrightarrow{F'P}\,\overrightarrow{FP} + \overrightarrow{FP}\,\overrightarrow{F'P}$$

$$= \frac{1}{a}\left[(a^2+c^2+cx)\begin{pmatrix}x\\y\end{pmatrix} + (a^2-c^2-cx)\begin{pmatrix}x+2c\\y\end{pmatrix}\right]$$

$$= \frac{1}{a}\begin{pmatrix}2(a^2-c^2)(x+c)\\2a^2 y\end{pmatrix}$$

を $\overline{FP}\cdot\overline{F'P}$ で割って

$$\boldsymbol{n}(\mathrm{P}) = \frac{2ab^2}{\overline{FP}\cdot\overline{F'P}}\begin{pmatrix}(x+c)/a^2\\y/b^2\end{pmatrix}. \tag{4.7}'$$

ところが，(4.3) の両辺を t で微分すると

$$\frac{x(t)+c}{a^2}\frac{dx(t)}{dt} + \frac{y(t)}{b^2}\frac{dy(t)}{dt} = 0. \tag{4.8}$$

これは，速度ベクトル

$$\boldsymbol{v}(t) = \begin{pmatrix}dx(t)/dt\\dy(t)/dt\end{pmatrix} \tag{4.9}$$

と (4.7) の $\boldsymbol{n}(\mathrm{P})$ との内積が 0 であること，すなわち両者が直交していることを示す．これが証明したいことであった．

なお上の諸式は，$c \to 0$ とすれば円の場合の式に移行する．

楕円の幾何学の最後に，その面積 S が長半径 a と短半径 b に

より
$$S = \pi ab \tag{4.10}$$
のようにあたえられることを注意する．当の楕円は，円（面積 πa^2）を 1 方向に $\lambda = b/a$ 倍に押し縮めて得たものだからである（第 8 講の問題 8.6 で積分による証明をする）．

4.5 惑星にはたらいている力

惑星が楕円軌道の場所場所をはしる速さをきめるのは面積速度一定の法則である．その表式は，円運動にたいして書いた（3.8）と同じであって（図 4.4）
$$x(t)\frac{dy(t)}{dt} - y(t)\frac{dx(t)}{dt} = h. \tag{5.1}$$
この h は面積速度の 2 倍である．

この（5.1）を（4.8）と連立させれば，楕円軌道上の場所場所における惑星の速度がもとめられる．筆算の図式は次のとおり：

$$\begin{array}{c|c|c} \dfrac{x+c}{a^2}\dfrac{dx}{dt} + \dfrac{y}{b^2}\dfrac{dy}{dt} = 0 & x & y \\ -y\dfrac{dx}{dt} + x\dfrac{dy}{dt} = h & -\dfrac{y}{b^2} & \dfrac{x+c}{a^2} \end{array}$$

この図式から
$$\left.\begin{array}{l} \dfrac{dx}{dt} = -\dfrac{h}{b^2 D}y \\[4pt] \dfrac{dy}{dt} = \dfrac{h}{a^2 D}(x+c) \end{array}\right\} \tag{5.2}$$
ただし
$$D = \frac{x(x+c)}{a^2} + \frac{y^2}{b^2} = \frac{b^2 - cx}{a^2}. \tag{5.3}$$
最右辺に移るには（4.3）をもちいた．（5.2）と（5.3）を見比べると，次の関係に気づく：
$$\left(\frac{1}{a}\frac{dx}{dt}\right)^2 + \left(\frac{1}{b}\frac{dy}{dt}\right)^2 = \left(\frac{h}{ab}\right)^2 \frac{1}{D^2}. \tag{5.4}$$
これは後に役にたつ．D の物理的意味も，やがて（5.7）で明らかになる．

惑星の加速度をもとめるには，（5.2）を時間微分してもよいが，（4.8）と（5.1）をそれぞれで微分した式を連立させるほうが見通しよく計算できる．それに（4.8）を微分した式は（5.4）によって簡単になるのだ．筆算の図式は：

$$\frac{x+c}{a^2}\frac{d^2x}{dt^2}+\frac{y}{b^2}\frac{d^2y}{dt^2}=-\left(\frac{h}{ab}\right)^2\frac{1}{D^2} \quad \begin{vmatrix} x \\ -\frac{y}{b^2} \end{vmatrix} \quad \begin{vmatrix} y \\ \frac{x+c}{a^2} \end{vmatrix}$$
$$-y\frac{d^2x}{dt^2}+x\frac{d^2y}{dt^2}=0$$

ここでも (5.3) の D が現われて

$$\left.\begin{array}{l}\dfrac{d^2x}{dt^2}=-\left(\dfrac{h}{ab}\right)^2\dfrac{1}{D^3}x \\[2mm] \dfrac{d^2y}{dt^2}=-\left(\dfrac{h}{ab}\right)^2\dfrac{1}{D^3}y\end{array}\right\} \tag{5.5}$$

この結果は

$$\boldsymbol{r}(t)=\begin{pmatrix}x(t)\\y(t)\end{pmatrix} \tag{5.6}$$

で書くと見事にまとまる形をしている．$\boldsymbol{r}(t)$ は，いうまでもなく太陽を原点とする'惑星の位置ベクトル'である．そして，軌道の方程式 (4.3) によれば，実は p.97 でも計算したが

$$\begin{aligned}x^2+y^2&=(x+c)^2+\left[1-\frac{(x+c)^2}{a^2}\right]b^2-2cx-c^2\\ &=\frac{c^2}{a^2}(x+c)^2+b^2-c^2-2cx\\ &=\frac{1}{a^2}[a^2-c(x+c)]^2\\ &=\frac{1}{a^2}[b^2-cx]^2\end{aligned}$$

という計算ができて，(5.3) と比べることにより

$$|\boldsymbol{r}(t)|=\sqrt{x^2+y^2}=Da \tag{5.7}$$

が知れる．D は動径ベクトル $\boldsymbol{r}(t)$ の長さを楕円の長半径を単位として測った値だったのである．ここで x^2+y^2 を計算してみる気になったのは (5.5) の右辺が $1/D^3$ に比例しているからである．どういうわけか，おわかりだろうか？

さらに，(4.10) により $S=\pi ab$ が惑星の楕円軌道が囲む面積であり，h は面積速度の 2 倍だから

$$T=\frac{2\pi ab}{h} \tag{5.8}$$

は，その惑星の公転周期となる．

(5.7), (5.8) という物理的意味の明らかな量で (5.5) を書き表わせば，ついでに惑星 m の質量を両辺にかけて

$$m\frac{d^2\boldsymbol{r}(t)}{dt^2}=-\frac{4\pi^2a^3}{T^2}\frac{m}{|\boldsymbol{r}(t)|^2}\cdot\hat{\boldsymbol{r}}(t) \tag{5.9}$$

を得る．ただし，

$$\hat{r}(t) = \frac{r(t)}{|r(t)|}$$

は太陽から時刻 t の惑星の位置にむかう'単位ベクトル'である．この意味の帽子記号は (3.15) でも使った．今後も使うことにしようと思う．

(5.9) の右辺の係数は，いかにもケプラーの第3法則 (1.3) を思わせる形をしている．それをつかって公転周期 T を消去すれば

$$m\frac{d^2 r(t)}{dt^2} = -\frac{4\pi^2 \kappa m}{|r(t)|^2}\hat{r}(t) \qquad (5.10)$$

が得られる．

(5.9) までは，われわれは1つの惑星の運動を見つめてきたのである．ケプラーの第3法則をつかったいま，われわれの視野は太陽系のすべての惑星たちまで一気に拡大したことになる！

その結果である (5.10) は，ケプラーの3法則にしたがって運動する惑星には，それがどの惑星であれ，刻々の位置 $r = r(t)$ できまる力

$$f(r) = -\frac{4\pi^2 \kappa m}{r^2}\hat{r} \qquad (5.11)$$

がはたらいていることを示している．この力は

向きが

(ⅰ) $-\hat{r}$ が示すように常に太陽にむかい（つまり太陽が惑星を引く'引力'であって）

大きさは

(ⅱ) $1/r^2$ が示すとおり太陽と惑星の距離の2乗に反比例し，

(ⅲ) 当の惑星の質量 m に比例している．

こうして，われわれは，運動の第Ⅱ法則を「力の定義」とみる立場にたって「惑星たちの運動に関する知識」から「各惑星にはたらく力」をもとめた．その結果として，その力に関し上の (ⅰ)，(ⅱ)，(ⅲ) という見事な法則性が見出されたことは，力の「定義」が的はずれでなかったことを示すものである．

われわれは，さらに一歩，先に進むことができる．

作用と反作用の法則から

作用と反作用の法則によれば，力は相互的で，2つの物体がおよぼしあうはずのものだから，惑星もまた太陽を引いているとみ

なければならない．その力は，こんどは太陽の質量 M に比例するだろう．それなら，作用と反作用は大きさが等しいはずだから，惑星にはたらく力もまた太陽の質量に比例し

$$f(r) = -G\frac{mM}{r^2}\hat{r} \tag{5.12}$$

の形をしているはずだろう．ただし，G は定数．

　こうして，力が質量と質量の引きあいの様相を呈してくると，ニュートンならずとも惑星と惑星の間にも同種の力がはたらくと考えたくなるではないか．すなわち，万有引力のアイディアである[10]．

　しかし，太陽が惑星に引かれているのなら，なぜ，それは静止しているのか？　惑星同士も引きあっているのなら，なぜその力は（5.10）に現われなかったのか？

●註

1) ヨハネス・ケプラー：『宇宙の神秘』(大槻真一郎，岸本良彦訳，工作舎，1982)．

2) ヨハネス・ケプラー：前掲書，p.283. 原書の出版は1596年．その第2版（1621年）には次のような註がつけられているという（大槻氏らの訳註，p.290）：

「霊（Anima）という語を力（Vis）という語でおきかえれば『新らしい天文学』[7]で基礎をきずき『概要第四巻』で完成した天体物理学の基礎になった原理そのものが得られる．」

3) ヨハネス・ケプラー：前掲書，pp.284-285. 惑星は，運動力というものによって絶えず後押しされることで運動を維持している，という考えに立っている．この本が出た1596年の6年前にピサの斜塔で落体の実験をしたガリレオも，慣性の法則からはまだ遠いところにいる．1612年の手紙にそれらしい言葉も見えるが［豊田利幸：ガリレオの生涯と業績，『ガリレオ——世界の名著21』（中央公論社，1973）の解説］，明快な言明は1638年刊行の『新科学対話』（今野武雄，日下節次訳，岩波文庫，上巻1937，下巻1948）をまたねばならない（下巻の p.100）．

　慣性を意味する語 inertia をはじめて創ったのは，ケプラーその人であった：

「おのおのの物体は，その物質に比例して運動に対する慣性的な抵抗をもっている……．」

　引用は，次の本から：

ヨハネス・ケプラー：『ケプラーの夢』(渡辺正雄，榎本恵美子訳，講談社，1972)．この本の p.26 のためにケプラー自身がつけた

註 76 (p.68).

ケプラーの慣性はしかし'速度'に抵抗するもので,'速度の変化'に抵抗するものではなかった.その歴史的評価について次の書物を参照:

山本義隆:『重力と力学的世界——古典としての古典力学』(現代数学社,1981).pp.22-26.
この本の第1章は「重力とケプラーの法則」を詳細に論じている.

4) 運動力は太陽から放射されて'平面的に'拡がり,したがって,その強さは距離に反比例する,と考えられている.

5) ヨハネス・ケプラー:前掲書,pp.281-283.アリストテレスの説として,こう述べられている:

「複数の主動者たちによって,すべての軌道には等しい運動力が配されており,公転周期が惑星によってちがう原因は軌道自体にある.」

6) ヨハネス・ケプラー:前掲書,p.286.

7) ヨハネス・ケプラー:『新らしい天文学』,『世界の調和』(島村福太郎抄訳,河出書房新社・世界大思想全集,1963).

8) これは『だれが原子をみたか』(岩波科学の本 17,岩波書店,1976)のために村田道紀さんが描いてくださったもの.

9) 東京天文台編纂:『理科年表』,1990 年版(丸善),pp.88-89.
ただし,衛星の数はヴォイジャー 2 号による発見を含む News-week,1989 年 9 月 4 日号に従って直した.

10) 註 3 の山本義隆さんの本,第 3 章を参照.

●問題

7.1 速さを一様に増しながら半径 a の円周上をまわっている質点(質量 m)がある.これにはたらいている力をもとめよ.速さの増加を単位時間あたり η とする.

7.2 質量 $m_s = 30\,\mathrm{ton}$ の宇宙船に質量 $m_a = 60\,\mathrm{kg}$ の宇宙飛行士が命綱(長さ $l = 20\,\mathrm{m}$)で結ばれ,共通の角速度で地球のまわりを円軌道を描いてまわっている.宇宙船の軌道半径 r は地球の半径とあまりちがわないとして,宇宙飛行士が図 4.9 の A, B, C それぞれの位置をとるときの命綱の張力をもとめよ.

7.3 楕円を'2 定点 F_1, F_2 からの距離の和が一定な点 P の軌跡'として定義し,x 軸が F_1, F_2 を通り,それらの中点を原点とする直角座標系をとれば,点 P の座標 (x, y) は (4.1) の形の方程式
$$\frac{x^2}{a^2} + \frac{y^2}{b^2} = 1 \quad (a, b > 0 \text{ は定数})$$
をみたすことを示せ.このとき F_1, F_2 の座標はどうなるか?

F_1 と F_2 を,この楕円の**焦点**(focus, 複数 foci)という.

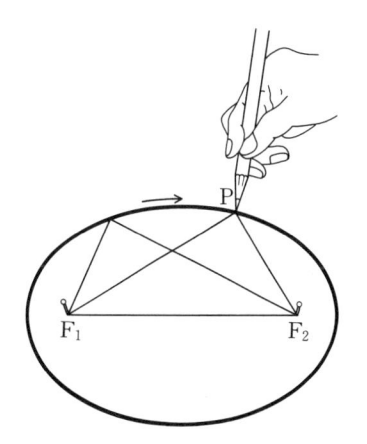

楕円の描き方
焦点 F_1, F_2 の位置にピンを立て,輪にした糸をかけて,鉛筆の先で糸をピーンと張りながら線を描く.

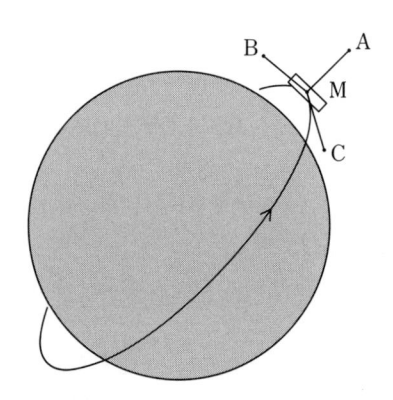

図 4.9 MA，MC は軌道面内にあって，それぞれ軌道に垂直および接する．MB は軌道面に垂直である．

7.4 火星と地球が最も近い位置にきたとき，地球に太陽がおよぼす力と火星がおよぼす力との大きさを比較せよ．

7.5 月を地球が引く力と太陽が引く力との大きさを比較せよ．ただし，地球から見た月の軌道は，地球を1つの焦点とし長半径 384 400 km，離心率 0.054 88 の楕円である．

7.6 楕円の内面が鏡になっている．一方の焦点から出た光線は反射して他方の焦点を通ることを示せ．これが「焦点」という呼名の由来である．

地球の自転周期は？
公転周期は？

ここで，地球が1回の自転をするのに何秒かかるか，あらためて考えてみよう．「1回の自転」とは，もちろん慣性系である恒星系に対していうものとし，「1秒」は国際度量衡委員会が1977年に原子時計によって定義したものとする．

国立天文台編『理科年表』(丸善発行，1991年)を見ると，天文部・地球の85ページに

1平均恒星日
$= 23^h 56^m 4^s.0905$ 平均太陽時　　(1)

とある．この恒星日というのが，慣性系，すなわち恒星系に対して地球が1回転する時間である．

これを，1時間は60分，1分は……として換算すれば，もとめる"秒単位の"地球の自転周期が得られるか？

答えはyesである．しかし，そう断定するまえに1つの疑問を解いておかねばならない．

平均太陽時の1秒と原子時計の1秒

疑問は，上の"1平均恒星日"(1)の右辺に特に"平均太陽時"と注記してあることからおこる．この注記は，ここでいう「秒」(s)が定義1 (1884年，p.27) によるものであることを意味しているのではないか．もし，そうなら，この「秒」は原子時計による今日の定義3 (1977年，p.28) の「秒」とは多少とも違うのではないだろうか？

実際，『理化学辞典』(久保亮五ほか編，岩波書店，1987)は「太陽時」の項に次の定義を述べている：

○ 太陽が南中してから次に南中するまでの時間間隔を1太陽日という．

○ $\dfrac{1 \text{太陽日}}{24} = 1^h$

とし，1^h の $\dfrac{1}{60}$ を 1^m，その $\dfrac{1}{60}$ を 1^s とする．

○ 天の赤道上を一様に運動する仮想の太陽(平均太陽)を基準とした太陽日などの時間の単位を平均太陽時という．

こうして，われわれは1884年に引き戻されたように見える．しかし，(1)の数値の精度のよさは1884年の「1秒の定義」の水準を越えているのではないだろうか？

古い定義に合わせる

天文台の友人に訊ねて，次の答をもらった．
(1)は次の2つのことからの帰結である：

1平均太陽日 = 24時間(原子時)
$= 86400$ 秒(原子時)　　(2)

および

1太陽年 = 365.2422 平均太陽日　　(3)

(2)は，1977年の1秒(原子時)の定義が，1884年の定義1に一致するように定められていることを意味している．すなわち

1秒(平均太陽時) = 1秒(原子時)　　(4)

だというのである．

そのために，1秒(原子時)の定義が

……の輻射が 9 192 631 770 回だけ振動する時間

のように数字を10個も並べる複雑な表現になったのである．いいかえれば，1884年の定義1

による平均太陽日を24時間として，その1秒を原子時計で精密に測ってみたら「その1秒の間に……の輻射が91億9263万1770回だけ振動した」ということである．

こうして定めた時間の単位(4)で地球の公転周期を測ったら(3)という結果が得られた．これは，測定値である．

主客転倒

こう言うと，疑問をもつ人がでるだろうと思う．

これでは，1秒の定義は1884年のままで，原子時計によるという定義は，むしろ測定値というべきものになるではないか？

答：否！

たとえ話で説明しよう．長さを測るのに紙製のモノサシを使った時代があるとする．細長い紙に1cm，2cm，……の目盛りがついている．

あるとき，金属製のモノサシができたので，その目盛りを，古い紙のモノサシの1cm，2cm，……に合わせてつけた．そして，以後は，専らこの金属製のモノサシで物の長さを測ることにきめた．

X年後に，この金属製のモノサシを元の紙のモノサシに当ててみたら目盛りが合わなかったが，その頃には，もう誰も紙のモノサシを使おうとは思わなくなっていた．モノサシの主客転倒である．

その人たちも，しかし，古い時代に紙のモノサシで測って40mあったという城の高さは，金属のモノサシで測っても40mあることを少しも疑わないだろう．歴史の資料に残っている長さの数値は，新しいモノサシの時代にもそのまま（昔なりの精度で，ではあるが）通用するのである．もちろん，金属のモノサシなら精度よく測定できるようになり，かつて40mと思った城の高さが39.86mだったということは起こり得る．

1秒の定義についても同じことである．古い定義に依拠して行なった測定の結果が，そのまま使えるようにするため，新しい定義が91億9263万…のように複雑になるのは免れ難い代償である．

同じことが1秒の1884年の定義と1956年の定義の間にもいえて，原子時の1秒の定義は地球の公転運動にもとづく1956年の定義に合わせてなされたといってもよいのだろう．

1年に1回，余計に自転する

さて，(1)にもどろう．この関係式は，次のようにして上の(2)，(3)から導かれる：

まず，(3)を用いて

$$1\text{平均恒星日} = \frac{365.2422}{365.2422+1} \text{ 平均太陽日}$$
$$= 0.99726957 \text{ 平均太陽日}$$
(5)

ここで，分母の「+1」は，地球が太陽のまわりを1周する間に"恒星に対して"の方が"太陽に対して"よりも「1回だけ余計に自転する」ことをいっている．実際——

地球は（軌道面を南から眺め上げるとして）時計回りに自転しながら太陽のまわりを時計回りに公転している．

いま仮に，地球が，太陽に対して全く自転しないで——太陽に常に同じ面（たとえば，明石を通る経線）を向けて——公転して太陽のまわりを1周したとしても，恒星系に対しては時計

回りに1回だけ自転したことになる（柱のまわりを，常に柱の方を向きながら一回りしてみれば，すぐわかる）．実際は，地球は太陽に対して365.242 2回，時計回りに自転するのだから，恒星系に対しては1回だけ余計に

$$365.242\,2+1 \text{ 回}$$

自転することになる．こうして(5)の分母が理解される．

さて，次に，(2)によって(5)の単位である"平均太陽日"を秒に直そう．そうすると

$$1 \text{ 平均恒星日} = 0.997\,269\,57 \text{ 平均太陽日}$$
$$\times 86\,400\,\frac{\text{秒(原子時)}}{\text{平均太陽日}}$$
$$= 86\,164.090 \text{ 秒(原子時)}$$

(6)

時・分・秒に直すと

$$1 \text{ 平均恒星日} = 23^\text{h}\,56^\text{m}\,4^\text{s}.090 \text{ (原子時)}$$

(7)

となる．

念のために，『理科年表』（国立天文台編，1991年）をみると，天文部の最初（p.86）に次の値が並んでいる．一部は(1)に書いたが，

$$1 \text{ 太陽年} = 365.242\,2 \text{ 平均太陽日} \quad (8)$$

および

$$1 \text{ 平均恒星日} = 0.997\,269\,57 \text{ 平均太陽日}$$
$$= 23^\text{h}\,56^\text{m}\,4^\text{s}.090\,5 \text{ 平均太陽時}$$

(9)

ちょっと奇妙だ．上で行ったように1太陽年の値から出発して1平均恒星日をだして時・分・秒に直すのだとすると，『理科年表』で後にくる値ほど有効数字が多くなるのは謎である．

地球自転の角速度

友人によると，地球自転の角速度として"現在よく使われる値"は

$$\Omega = 7.292\,115(\pm 1)\times 10^{-5}\,\text{rad/s} \quad (10)$$

だという．(± 1)は…115の5の桁に± 1の不確定があることを示す．『天文年鑑，1991』（天文年鑑編集委員会編，誠文堂新光社，1990）の「天文基礎データ」の161ページにある値

$$\Omega = 7.292\,115\,15\times 10^{-5}\,\text{rad/s}$$

は，下2桁がこの不確定の範囲にあり意味をもたない．

なお，(10)の値は，人工衛星を記述するのに地球とともに回転する座標系を定義するときなどに用いられ，また地球の重力ポテンシャルや形状を表わすパラメタ J_2 とも矛盾しない由である．

(10)の自転角速度 Ω からは

$$1 \text{ 平均恒星日} = \frac{2\pi}{\Omega}$$
$$= \frac{2\times 3.141\,592\,65\,\text{rad}}{7.292\,115(\pm 1)\times 10^{-5}\,\text{rad/s}}$$
$$= 8.616\,410\begin{pmatrix}+1\\-2\end{pmatrix}\times 10^4\,\text{s}$$

(11)

となり，確かに誤差の範囲で先の(6)に一致する．

ただし，現実の地球の自転は，次ページの図に示すように(b)フラツイテいて1日の長さが1000分の数秒の程度（相対誤差にして3×10^{-8}程度）は狂うし，(a)長期的にも変動している．(b)の変動は，しかし，(11)の誤差の範囲内である．

1年は何秒か？

地球が太陽のまわりを1周するのに何秒かかるかを知るために『理科年表』を見ると p.85 に

(a) 長期変動

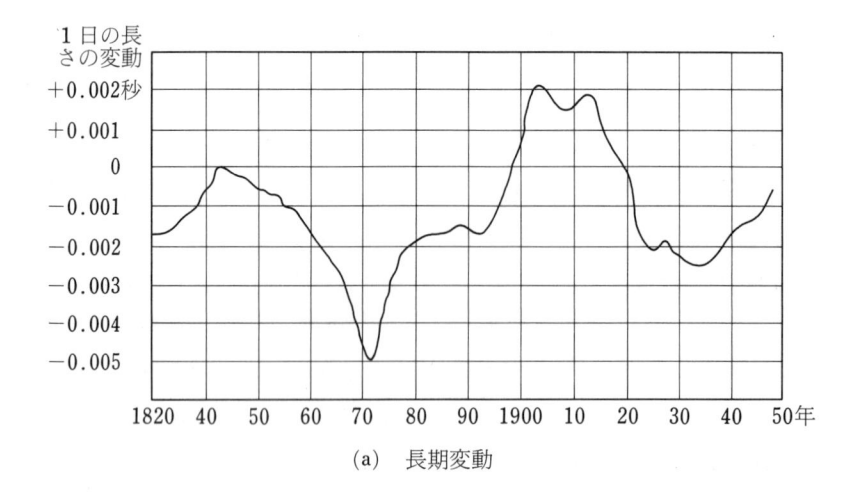

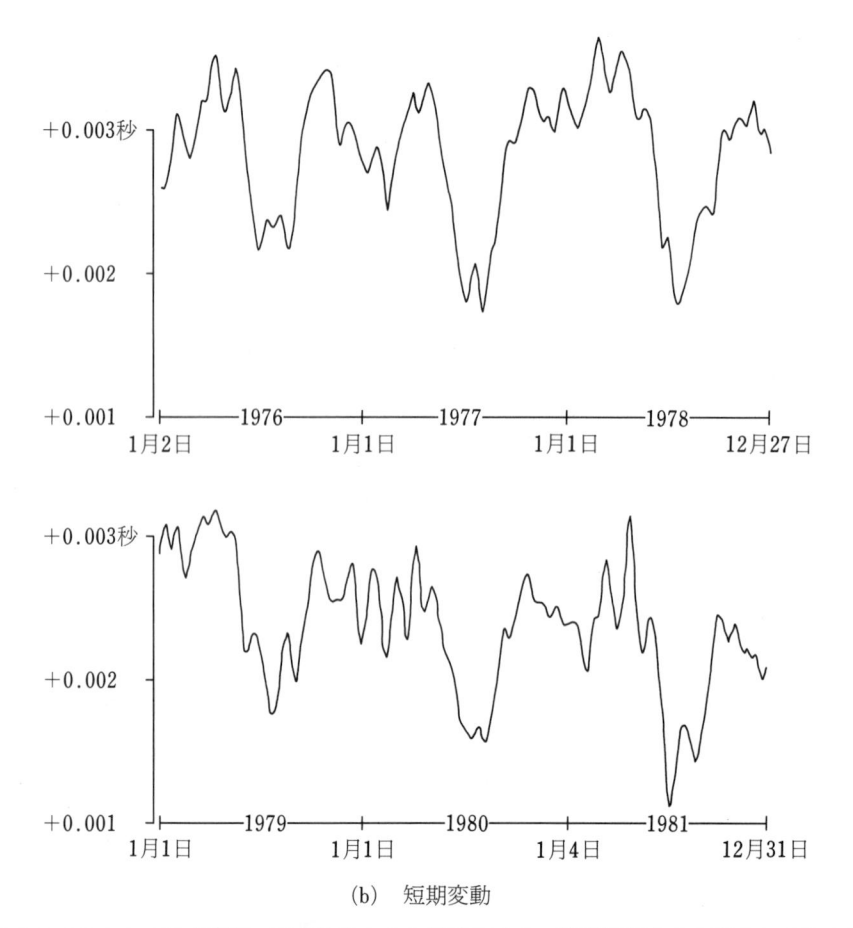

(b) 短期変動

1日の長さのフラクタル的な変動．86 400秒からの増減を示す．時間間隔をより短くしてみると，より細かな変動（フラツキ）が見えてくる．
(a) は宮地政司編『宇宙の探究』（岩波書店，1960），p. 236 より．
(b) は M. Feissel et al.: *Change in the Duration of the Day inferred from Atomospheric Momentum and Astronomical Evidence*, Bureau International de l'Heure, Paris の Annual Report for 1981, D-79 より．図には天文観測からの結果のみを示す．

$$1\,恒星年 = 365.256\,4\,\text{平均太陽日} \quad (12)$$

と

$$1\,太陽年 = 365.242\,2\,\text{平均太陽日} \quad (13)$$

の2つの値が載っている．(13) は (3) にも書いた．『理化学辞典』の「年」の項によれば

- 恒星年： 地球が慣性系に対して太陽のまわりを1公転する時間．
- 太陽年： 地球が春分点を通過し，次に再び通過するまでの時間．

春分点とは，地球の赤道面が太陽を北から南に向かって通過する瞬間の，地球の（公転軌道上の）位置をいう．地球は，軌道面から $23°27'$ 傾いた赤道面を平行移動させるように持ち運んでいるので，太陽は常にその赤道面上に留まるわけにはいかないのである．日本の冬には，太陽は赤道面の南側にあり，夏には北側に移る．その境に春分はある．

でも，もし本当に平行移動なら春分点は毎年，同じ位置になるが，実は地球の回転軸がミソスリ運動しているため赤道面もゆっくり揺れ動き，その結果として春分点は近年では $50''/$年 の速さで西向きに移動してゆく．そのために近年では太陽年が恒星年より短くなっているのである．

こういうわけで，力学に興味のあるわれわれは，地球の公転周期として，慣性系に対する1公転の時間，すなわち1恒星年をとるべきである．(2) と (12) から

$$1\,恒星年 = 365.256\,4\,\text{平均太陽日} \times 8.640\,0\times 10^4 \frac{\text{s}}{\text{平均太陽日}}$$

したがって

$$1\,恒星年 = 3.155\,815\times 10^7\,\text{s} \quad (14)$$

を得る．これが，地球の慣性系に対する公転周期であり，力学で「1年の長さ」として使うべきものである．

なお，太陽年 (13) を (2) によって秒に直せば

$$1\,太陽年 = 3.155\,692\times 10^7\,\text{s} \quad (15)$$

となり，有効数字の範囲で定義2 (p.28) の

$$1\,太陽年 = 3.155\,692\,597\,47\times 10^7\,\text{s} \quad (16)$$

と整合している．

謎の解決

秒の定義2をあたえる値 (16) の有効数字は (15) のものより多いから，定義1の (2) でなく，その代わりに

定義2の (16) を基準にして

定義3の91億9236万…を定めたことも考えられる．それでも平均太陽日が (2) のようにおけるのは，それに合わせて (14) の複雑な数字が選ばれているためなのだろう．こう考えれば，(7) の下で "奇妙" と思い，謎としたことも解決するようである．

すなわち，(16) から

$$1\,太陽年 = \frac{3.155\,692\,597\,47\times 10^7\,\text{s}}{86\,400\,\text{s}/\text{平均太陽日}}$$
$$= 365.242\,198\,781\,\text{平均太陽日} \quad (17)$$

となるので，(5) にならって

$$1\,平均恒星日 = \frac{365.242\,198\,781}{365.242\,198\,781+1}\,\text{平均太陽日}$$
$$= 0.997\,269\,566\,414\,\text{平均太陽日}$$

そこで，(6) にならって 86 400 秒/平均太陽日 をかければ

$$1\,平均恒星日 = 86\,164.090\,538\,2\,\text{秒}$$
$$= 23^{\text{h}}\,56^{\text{m}}\,4^{\text{s}}.090\,538\,2$$

となる．『理科年表』の値 (9) は，これに有効数字の桁数でこそ及ばないが，その及ぶ限りにおいては一致している！

　こう見てくると，『理科年表』が相互に関連した (8) と (9) を異なる精度で並べて載せているのは整合性に欠けるといわなければならない．(8) は (17) に——(17) の上9桁に——換えるべきである．

第5章　万有引力

第8講
力の法則

第5章——万有引力

2つの質点 m, M は,相互の距離 r に応じて

$$f = G\frac{mM}{r^2} \tag{0.1}$$

という大きさの力で引き合う.これが万有引力(universal gravitation)の法則——惑星たちの運動から見出した**太陽と惑星のおよぼしあう力**の法則を一般化してニュートンが提唱した大法則である.gravitation は単独でつかわれるときには**重力**と訳す.

ニュートンは,この力がユニヴァーサルであると考える根拠を『プリンキピア』[1] (1687) に豊富に示している.そのいくつかを見ておこう.

その1つは,われわれの身辺で物体が地球にむかって落ちるのも**地球と物体のあいだの万有引力**のせいだということを示すものだ.それを見るには,しかし,準備が必要である.

5.1 球体の引力

地球のように大きな球体 M とそのすぐそばにある質点 m との間にも万有引力がはたらくとして,その大きさを (0.1) から計

算するには，両者の距離をどうとるべきか？ M と m の間の最短距離か？ M の中心と m との距離か？ それとも……？

ニュートンは，『プリンキピア』において，球体 (ball) を問題にするまえに，まず薄い球殻 (spherical shell) がその外にある質点 P におよぼす引力を考察している（図 5.1）[2]．

図 5.1

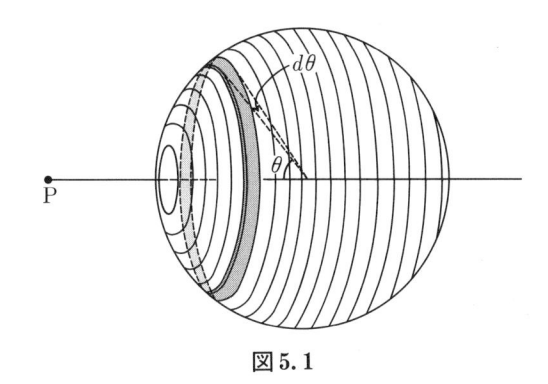

その球殻を，ニュートンはさらに無数の'細い'帯に分割して，まずはその帯の 1 つ（たとえば図 5.1 の灰色の部分）が質点 P におよぼす力を考察する．

そういう力を，無数の帯の全体にわたって加え合わせれば，球殻が全体として質点におよぼす力が得られる．

その力を，つぎには玉ねぎの皮のように重なりあう無数の同心球殻にわたって加え合わせれば，球体が全体として質点 P におよぼす力が得られる．

まず分割して，つぎに総合する——これがニュートンの戦略である．これは現在でも物理学の主要な方法のひとつになっている．

さて，球殻の引力を考察するのに，ニュートンは球殻の中心から異なる距離にある 2 つの質点 P, p にはたらく引力を比較する．球殻の引力は，その距離によってどうちがうだろうか？

そのために 2 つの同一の球殻を用意し，その中心および P または p を通る平面による断面を図 5.2 の AHKB, ahkb とする．それぞれを，中心 O, o を目印にして円 O, 円 o とよぶことにしよう．円 O のほうの球殻から質点 P までは遠く，円 o のほうの球殻から質点 p までは近い．

ニュートンは，質点 P, p から直線を引いて円 O, o から相等しい弧 $\widehat{HK} = \widehat{hk}$ および $\widehat{IL} = \widehat{il}$ を切りとる．ただし，$\widehat{HI}$ は微小とする．なお P の位置を固定すると，長さ $\widehat{HK}$ があたえられた

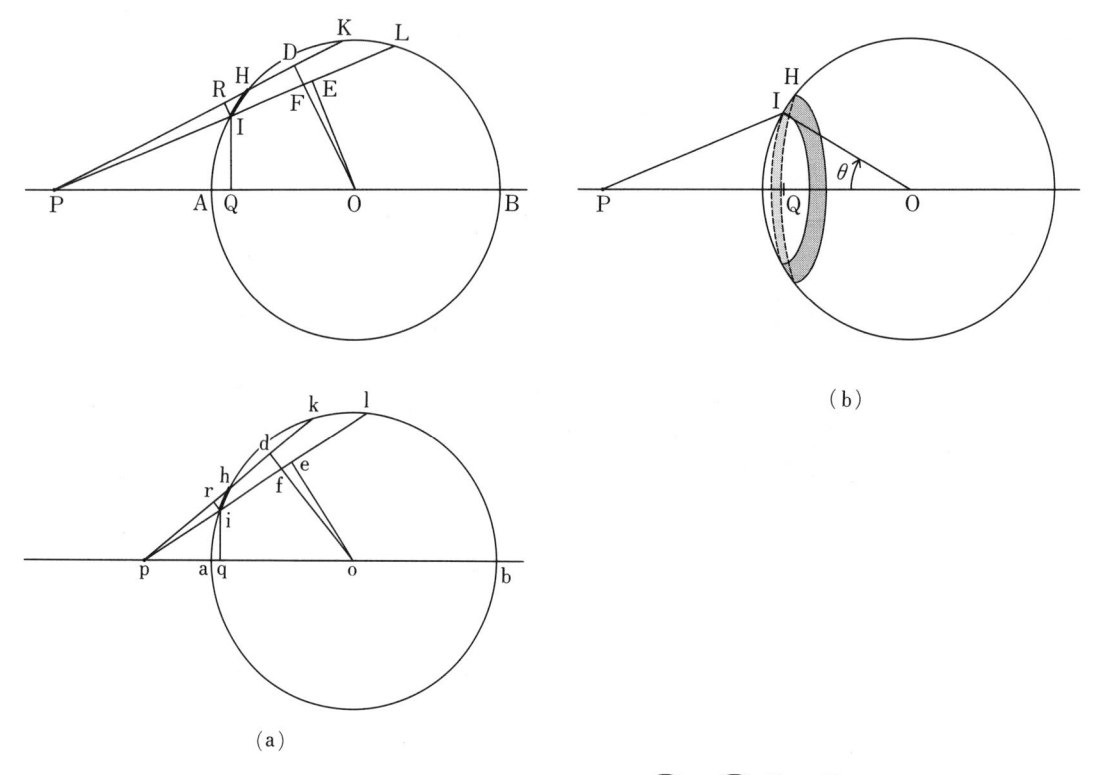

図 5.2 対応する帯 HI, hi の切り出し. $\widehat{HK} = \widehat{hk}, \widehat{IL} = \widehat{il}$.

とき H の位置も K の位置もそれぞれ（軸 PB の片側では）一意に定まることに注意しよう．p を固定したときの h, k についても同様である．そこで，弧 $\widehat{HI}$, $\widehat{hi}$ をそれぞれ軸 PO, po のまわりにぐるりと回転してできる相対応する帯 HI, hi の引力を比較する（図 5.2, b）．ここにニュートンの卓抜な工夫がある，ということが間もなく明らかになるであろう．

なお，P, p をそれぞれ通る直線により相等しい弧 $\widehat{HK} = \widehat{hk}$, $\widehat{IL} = \widehat{il}$, $\widehat{JM} = \widehat{jm}$, …… を次々につくって，それで球殻 O, o を相対応する帯 HI と hi, IJ と ij, …… に分割しきることができる．このことは後で使う．

球殻 O の帯 HI が質点 P を引く力は次のようにして計算される．点 I から直線 PO におろした垂線の足を Q としよう．帯の幅は $\overline{HI}$ で長さは $2\pi \times \overline{IQ}$ となるから，帯の面積は $2\pi \times \overline{IQ} \times \overline{HI}$．いま球殻の単位面積あたりの質量を 1 とすれば

  帯 IH の質量 $= 2\pi \times \overline{IQ} \times \overline{HI}$

となる．ついでに質点 P の質量も 1 にとれば，帯 HI が P を引く万有引力は，まず直線 $\overrightarrow{PO}$ 方向への射影についていえば，大き

さが
$$F(\mathrm{HI}) = \frac{2\pi \times \overline{\mathrm{IQ}} \times \overline{\mathrm{HI}}}{\overline{\mathrm{PI}}^2} \times \frac{\overline{\mathrm{PQ}}}{\overline{\mathrm{PI}}} \qquad (1.1)$$

であたえられ*，O にむかう．ここで $\overline{\mathrm{PQ}}/\overline{\mathrm{PI}}$ をかけたのは，引力の $\overrightarrow{\mathrm{PO}}$ 方向への射影（成分）をとるためだ：帯の一部分，たとえば弧 $\widehat{\mathrm{HI}}$ の近くの微小部分が P を引く力は直線 PI に沿い I にむかうので，その大きさに $\overline{\mathrm{PQ}}/\overline{\mathrm{PI}}$ をかけると，その力の $\overrightarrow{\mathrm{PO}}$ 方向の成分になる．同じことは帯のぐるりのどの部分についてもいえるから，それらの総和についてもいえる．

次に引力の $\overrightarrow{\mathrm{PO}}$ に垂直な成分はといえば，帯の微小部分の寄与をぐるりと総和すると消えてしまうから，考えなくてよいのである．

質点 p を帯 hi が引く力の大きさ $f(\mathrm{hi})$ は (1.1) で大文字を小文字にかえた式であたえられる．

さて，$F(\mathrm{HI})$ と $f(\mathrm{hi})$ との比を計算しよう．計算の筋道はニュートンが『プリンキピア』に書いたものと同じである．

O から直線 PK, PL におろした垂線の足を D, E とする．F を OD と PL の交点とし，同様に f を定めると，三角形の相似から

$$\frac{\overline{\mathrm{PI}}}{\overline{\mathrm{PF}}} = \frac{\overline{\mathrm{RI}}}{\overline{\mathrm{DF}}} \quad \Big| \quad \frac{\overline{\mathrm{pf}}}{\overline{\mathrm{pi}}} = \frac{\overline{\mathrm{df}}}{\overline{\mathrm{ri}}}$$

R は I から PH に下ろした垂線の足である．辺々かけあわせて

$$\frac{\overline{\mathrm{PI}} \times \overline{\mathrm{pf}}}{\overline{\mathrm{PF}} \times \overline{\mathrm{pi}}} = \frac{\overline{\mathrm{RI}}}{\overline{\mathrm{ri}}} \times \frac{\overline{\mathrm{df}}}{\overline{\mathrm{DF}}}. \qquad (1.2)$$

ところが帯は細い（$\angle \mathrm{KPL}, \angle \mathrm{kpl} \to 0$）から，第 1 に HK ∥ IL, hk ∥ il とみなすことができるので

$$\overline{\mathrm{DF}} = \overline{\mathrm{df}} \qquad (1.3)$$

となり，また第 2 に

$$\frac{\overline{\mathrm{RI}}}{\overline{\mathrm{HI}}} = \sin \chi = \frac{\overline{\mathrm{ri}}}{\overline{\mathrm{hi}}}$$

となる．χ は弧 $\widehat{\mathrm{HK}}$ の端 H で円 O に引いた接線と弦 $\overline{\mathrm{HK}}$ とがなす角であって（図 5.3），$\widehat{\mathrm{HK}} = \widehat{\mathrm{hk}}$ なので円 o において対応する角に等しいのである．この第 2 の関係を

$$\frac{\overline{\mathrm{RI}}}{\overline{\mathrm{ri}}} = \frac{\overline{\mathrm{HI}}}{\overline{\mathrm{hi}}} \qquad (1.4)$$

と書き直しておこう．

(1.3), (1.4) を (1.2) の右辺に代入すれば，

---

* 万有引力定数 G をかけることは省略する．

図5.3

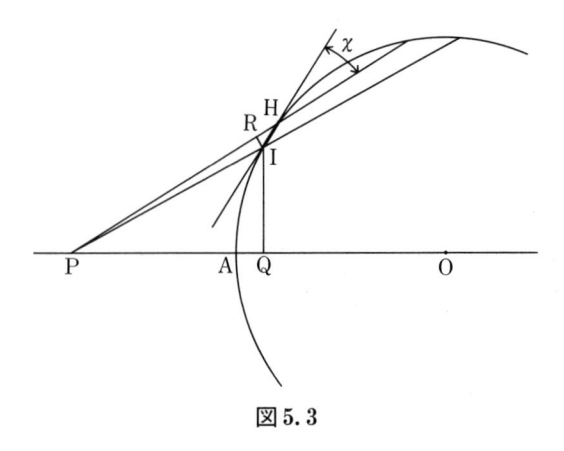

$$\frac{\overline{PI}\times\overline{pf}}{\overline{PF}\times\overline{pi}} = \frac{\overline{HI}}{\overline{hi}} \tag{1.5}$$

となる．

つぎに，再び三角形の相似から

$$\frac{\overline{PI}}{\overline{PO}} = \frac{\overline{IQ}}{\overline{OE}} \quad \Big| \quad \frac{\overline{po}}{\overline{pi}} = \frac{\overline{oe}}{\overline{iq}} = \frac{\overline{OE}}{\overline{iq}}$$

ここで $\widehat{IL} = \widehat{il}$ により $\overline{OE} = \overline{oe}$ となることを用いた．2式を辺々かけあわせると

$$\frac{\overline{PI}\times\overline{po}}{\overline{PO}\times\overline{pi}} = \frac{\overline{IQ}}{\overline{iq}} \tag{1.6}$$

を得る．

(1.5) と (1.6) を辺々かけあわせて

$$\frac{\overline{PI}^2\times\overline{pf}\times\overline{po}}{\overline{pi}^2\times\overline{PF}\times\overline{PO}} = \frac{\overline{HI}\times\overline{IQ}}{\overline{hi}\times\overline{iq}} \tag{1.7}$$

とすれば，これはもう (1.1) の形にかなり近くなっている．実際，小文字と大文字を左右にふりわけると

$$\frac{\overline{iq}\times\overline{hi}}{\overline{pi}^2}\times\overline{pf}\times\overline{po} = \frac{\overline{IQ}\times\overline{HI}}{\overline{PI}^2}\times\overline{PF}\times\overline{PO}. \tag{1.8}$$

各辺を (1.1) の形にするためには，また三角形の相似を考えて

$$\frac{\overline{PE}}{\overline{PO}} = \frac{\overline{PQ}}{\overline{PI}} \quad \Big| \quad \frac{\overline{pe}}{\overline{po}} = \frac{\overline{pq}}{\overline{pi}}$$

を利用すればよい．$\overline{PE}\sim\overline{PF}$ を考慮し，上の式で

$$\overline{PF}\times\overline{PO} = \frac{\overline{PF}}{\overline{PO}}\times\overline{PO}^2 = \frac{\overline{PQ}}{\overline{PI}}\times\overline{PO}^2$$

などとするのである．そうすると (1.8) は

$$\frac{\dfrac{\overline{IQ}\times\overline{HI}}{\overline{PI}^2}\times\dfrac{\overline{PQ}}{\overline{PI}}}{\dfrac{\overline{iq}\times\overline{hi}}{\overline{pi}^2}\times\dfrac{\overline{pq}}{\overline{pi}}}=\dfrac{\dfrac{1}{\overline{PO}^2}}{\dfrac{1}{\overline{po}^2}}$$

となる．(1.1) と見くらべてみよ．これは

$$\frac{F(\mathrm{HI})}{f(\mathrm{hi})}=\frac{\dfrac{1}{\overline{PO}^2}}{\dfrac{1}{\overline{po}^2}} \tag{1.9}$$

を意味しており，対応する帯 HI, hi が単位質量 P, p を引く力の大きさが'球殻の中心' O, o から P, p にいたる距離の 2 乗に反比例することを示す．言いかえれば，球殻上の帯は，その質量が'あたかも球殻の中心に集中したかのように'質点を引く！

これなら，球殻を分割して得た無数の帯がそれぞれ P を引く力も容易に総和することができる．その結果，球殻の全質量が'あたかも球殻の中心に集中したかのように'質点を引く，ことがわかる．

同じことは，球体を分割して得た無数の同心球殻が質点を引く力の総和についてもいえる．よって，

定理 密度の一様な*質量 M の球体が質点 m におよぼす万有引力は，あたかも全質量 M が球体の中心に集中しているかのようにはたらく，詳しくいえば，

$$\left.\begin{array}{ll} 方　向： & m\text{ から球体の中心にむかう} \\ 大きさ： & G\dfrac{mM}{r^2} \end{array}\right\} \tag{1.10}$$

ただし，r は球体の中心から m にいたる距離である．

あるいは上の証明に不満を唱える人があるかもしれない．上の証明は確かに力が距離 r の 2 乗に反比例することは示したが，しかし力の大きさが $1/r^2$ に GmM をかけたものになることまでは示していない．

ごもっとも．

しかし，このギャップは次のように論じて埋めることができる[3]．M が m を引く力は，球体 M の中心から m までの距離 r の 2 乗に反比例するというのだから，

＊ 球の中心を中心とする球殻の上で一様ならよい．球殻の半径によって密度がちがってもよいのである．

$$\frac{A}{r^2} \quad (A：定数)$$

と書いてよい．そこで $r \gg$（球体 M の半径）とすれば，この力は質点 M と質点 m のあいだの万有引力

$$G\frac{mM}{r^2}$$

とみなせるはずである．したがって

$$A = GmM$$

でなければならない——．

上の定理から，

系 密度が一様な質量 M, m の 2 つの球体のあいだの万有引力は，あたかも M, m がそれぞれの球体の中心に集中しているかのようにはたらく．

証明 ひとまず球体 m を細分して，その微小部分のひとつ dm に球体 M がおよぼす万有引力を考えよう．それは，定理により，あたかも球体 M がその中心に収縮したかのようにはたらく．

そこで，球体 m の各微小部分 dm にはたらく力を総和する番だが，それは 1 点に収縮した M が球体 m におよぼす力をもとめることである．その力は，反作用を媒介にして考えれば，再び定理により 1 点に収縮した M が 1 点に収縮した m におよぼす力に等しい——．

5.2 リンゴから月へ

ニュートンが庭のリンゴの木の陰にすわって黙想していたとき，リンゴが落ちた．おそらくは 1666 年の晩夏から秋のことであろうとしている本もある[4]．そうすると『プリンキピア』の出版（1687）より 21 年も前ということになる．

リンゴが落ちるのは，地球が引っぱっているためだろう．地球が引っぱる力は，太陽が惑星たちを引っぱっている力と同種のものなのではないか．

仮に同種だとしてみると，リンゴにはたらく重力は

$$f = G\frac{mM_\oplus}{r^2} \tag{2.1}$$

であたえられることになる．ここに $M_\oplus$ は地球の質量，m はリンゴの質量である．r は前節の定理により地球の中心からリンゴまでの距離ということになるが，これは地球の半径 $R_\oplus$ にほぼ等しいとみてよい．

そこで，リンゴが力 f を受けて落ちる加速度の大きさ g を書けば

$$g = \frac{f}{m} = G\frac{M_\oplus}{R_\oplus^2}. \tag{2.2}$$

この加速度が，リンゴであろうと石ころであろうと，物体によらず，ほぼ

$$g = 9.8 \text{ m/s}^2 \tag{2.3}$$

であることは，ニュートンが振子の実験（p.72）で確かめた．

ニュートンは地球の半径 $R_\oplus$ も知っていた．その上に，もしも地球の質量 $M_\oplus$ と万有引力定数 G の値も知っていたら，彼は (2.2) の最右辺の値を計算して (2.3) に等しい答がでてくるかどうかを見ることにより，彼の仮説 (2.1) の当否を調べることができたわけだ．しかし，彼は $M_\oplus$ の値も G の値も知らなかった．

それでも，ニュートンは，月☾が地球を中心に，半径

$$r_☾ = 60\,R_\oplus \tag{2.4}$$

の円軌道を，恒星に対して周期

$$\begin{aligned}T_☾ &= 27\,\text{日}\,7\,\text{時間}\,43\,\text{分}\\ &= 39\,343 \times 60 \text{ s}\end{aligned} \tag{2.5}$$

でまわっていることを知っていた．

この月を円軌道の上に引きとめている力も，リンゴにはたらく地球の重力 (2.1) と同じものなのではないか（図 5.4）．仮にそうだとしてみると，月の加速度 $a_☾$ にたいして

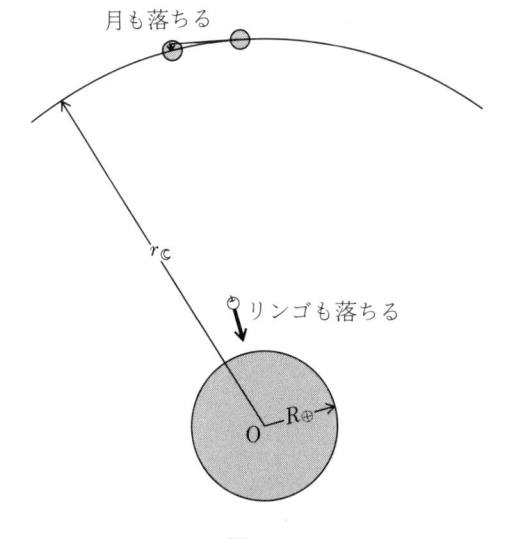

図 5.4

$$m_{☾}a_{☾} = G\frac{m_{☾}M_⊕}{r_{☾}^2}$$

がなりたっていることになる．ここに $m_{☾}$ は月の質量で，これもニュートンは知らなかったが，実は，これは両辺から落ちて，問題にならない：

$$a_{☾} = G\frac{M_⊕}{r_{☾}^2}. \tag{2.6}$$

この式と (2.2) からニュートンの知らない $GM_⊕$ を消去することができて

$$a_{☾} = \left(\frac{R_⊕}{r_{☾}}\right)^2 g.$$

(2.3) と (2.4) を知っているから，月の加速度が

$$a_{☾} = \frac{9.8}{60^2}\,\text{m/s}^2 \tag{2.7}$$

ともとまる．ただし，ニュートンのたててきた仮説が2つとも正しければ，である．

他方，月は (2.4) の半径の円周上を (2.5) の周期で1周することがわかっているので，その加速度 $a_{☾}$ は (1.5.6) 式によって直接に計算することができる．すなわち

$$\frac{1}{r_{☾}}\left(\frac{2\pi r_{☾}}{T_{☾}}\right)^2 = \frac{4\pi^2 r_{☾}}{T_{☾}^2}$$
$$= \frac{4\pi^2 \times 60 \times R_⊕}{T_{☾}^2}. \tag{2.8}$$

ニュートンは，'地球の経線の緯度1°分の長さが60マイル*であること' を知っていたというから[5]

$$R_⊕ = \frac{60 \times 1.609 \times 360}{2\pi}\,\text{km}$$
$$= 5.5 \times 10^6\,\text{m}$$

をだして，(2.8) を

$$a_{☾} = \frac{4\pi^2 \times 60 \times 5.5 \times 10^6\,\text{m}}{(3.9 \times 10^4 \times 60\,\text{s})^2} = \frac{8.6}{60^2}\,\text{m/s}^2 \tag{2.9}$$

と計算しただろう．

「おや，おや，これは (2.7) と合わない．」ニュートンは，月の運動には '重力' のほかにデカルトの渦巻[6]も影響しているのだろうと考え，がっかりして力学の研究をはなれ，光学に移ってしまった[5]．

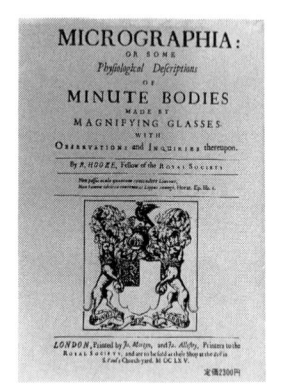

フック：『ミクログラフィア』
この本の中で，フックは，重力が月にまでおよんでいるという指摘をしていた．これは，ニュートンの重力研究より先であった．
島尾永康『ニュートン』，岩波新書 (1979) p.95 を参照．

---

* 1マイル = 1.609 km

1679年になってフック（Robert Hooke, 1635-1703）がニュートンに'フランスにおける新しい測地線の測定'を知らせた[7]．『プリンキピア』に

「地球の周は，フランス人により測量から決定されたとおり 123 249 600 パリ・フィート*であるとしよう」[8]

と書かれているのがそれであろう．

この数値をもちいれば

$$R_\oplus = \frac{123\,249\,600 \times 32.5 \text{ cm}}{2\pi}$$
$$= 6.38 \times 10^6 \text{ m}$$

となり，(2.8) は

$$\frac{4\pi^2 \times 60 \times 6.38 \times 10^6 \text{ m}}{(3.93 \times 10^4 \times 60 \text{ s})^2} = \frac{9.8}{60^2} \text{ m/s}^2 \tag{2.10}$$

となって，見事に (2.7) と一致する！

こうして，地上で**リンゴ**にはたらく重力（gravitation）が天空高く**月**にまでおよんでいることが明らかになり，その重力が太陽系において**惑星たち**の運動を支配している力と同じ法則にしたがっていることも明らかになった．

'万有' 引力のアイディアが，ここではじめて惑星たちとは別の系でテストされたのである．その意義は大きいといわなければならない．

5.3 惑星たちの質量，惑星と衛星の間の力

前章の (4.5.10), (4.5.11) 式によれば，あるいはそれをまつまでもなく，惑星 P の加速度の大きさは

$$a_P = G \frac{M_S}{r_{SP}^2} \tag{3.1}$$

に等しい．ここでは，太陽の質量を M_S と書き，太陽から惑星 P までの距離を r_{SP} と書いた．この惑星の軌道がほとんど円形であって公転周期が T_P であるなら，前節と同様

$$a_P = \frac{1}{r_{SP}} \left(\frac{2\pi r_{SP}}{T_P} \right)^2$$

となるから，(3.1) より

＊『プリンキピア』[1]の訳者の註（p.426）によれば

1 ライン $= \frac{1}{12}$ パリ・インチ $= 2.26$ mm

だということから

1 パリ・フィート $= 12$ パリ・インチ $= 32.5$ cm.

$$M_S = \frac{4\pi^2}{G} \frac{r_{SP}^3}{T_P^2}. \tag{3.2}$$

地球も木星も土星も衛星（satellite）をもっている．衛星たちが親分たる惑星から離れずに，そのまわりをまわっているのも，'万有'引力のせいだろう．そうだとすれば，その惑星Qの質量 m_Q も，上と同様に

$$m_Q = \frac{4\pi^2}{G} \frac{r_{Qs}^3}{T_s^2} \tag{3.3}$$

と書き表わされるはずである．ただし，当の衛星sは惑星Qを中心に半径 r_{Qs} の円周上を周期 T_s でまわっているとした．

(3.2) と (3.3) の右辺の量は，G を除いて観測できるものばかりである．そこで，比をとって G を消去しよう：

$$\frac{m_Q}{M_S} = \left(\frac{r_{Qs}}{r_{SP}}\right)^3 \left(\frac{T_P}{T_s}\right)^2. \tag{3.4}$$

これで惑星と太陽の質量の比が計算できる．

ニュートンは『プリンキピア』の第3篇に表5.1のようなデータをあたえている．

表 5.1[9)] ニュートンのもちいたデータ

惑　　星　P	T_P	r_{SP}
金　　　　星	224日 16 $^3/_4$ 時間	0.7240 天文単位
地　　　　球		1.
木　　　　星		5.2252
土　　　　星		9.5420
衛　　星　s	T_s	惑星Qの中心からの日心最大離角 Θ_{Qs}
木星の　Callisto	16日 16 $^8/_{15}$ 時間	8分16秒
土星の　Titan	15日 22 $^2/_3$ 時間	3分4秒
地球の　月	27日 7時間43分	10分33秒

1 天文単位 $= 1.496\times10^{11}$ m

ここで，惑星Qの衛星sについて 'Qの中心からの日心最大離角' Θ_{Qs} というのは，太陽から惑星Qとその衛星sを望む2つの方向がなす角の最大値であって（図5.5），これをradian単位に直しておけば，惑星と衛星の中心間の距離が

$$r_{Qs} = r_{SQ}\Theta_{Qs} \tag{3.5}$$

によって計算される．

たとえば，木星とその衛星Callistoの中心間の距離は

$$r_{Qs} = (5.23\times1.496\times10^{11}\text{ m})\times 8'16'' \times \frac{\pi}{180°}$$

$$= 1.881\times10^9 \text{ m}$$

第三篇　世界体系についての哲学することの諸規則

規則 I　自然界の事物の原因として，真実でありかつそれらの（発現する）諸現象を説明するために十分であるより多くのものを認めるべきではないこと．

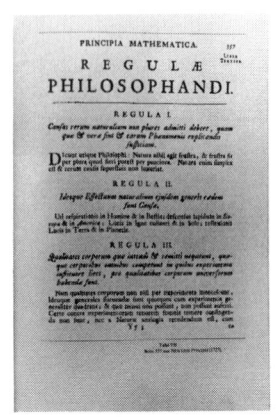

この意味で哲学者たちはいうのである，自然はなにものをもいたずらに行なわず，また少なきにてなされうるのを多きによるは無益なり，と．まことに自然は単純であり，事物の過剰な原因によって華麗に装われてはいないからである．

規則 II　したがって，自然界の同様の結果は，できるかぎり，同じ原因に帰着されねばならない．たとえば，人間における呼吸と獣類における呼吸，ヨーロッパにおける石の落下とアメリカにおける石の落下，台所の火の光と太陽の光，地球における光の反射と諸惑星における光の反射．

図 5.5 日心最大離角 θ_{QS}

規則III 物体の性質で、増強されることも軽減されることもできない、実験によって見いだされるかぎりのあらゆる物体について符合するところのものは、ありとある物体に普遍的な性質とみなされるべきである。

なぜなら、物体の性質は実験による以外われわれに知られないから、あまねく実験と合致するようなものはすべて普遍的なものであると考えられねばならない。また減損されえないものは、除き去ることができないものである。疑いもなく、実験の示すところに反して……

ニュートン：『自然哲学の数学的諸原理』（河辺六郎訳, 世界の名著 26, 中央公論社, 1971). 第 3 篇.

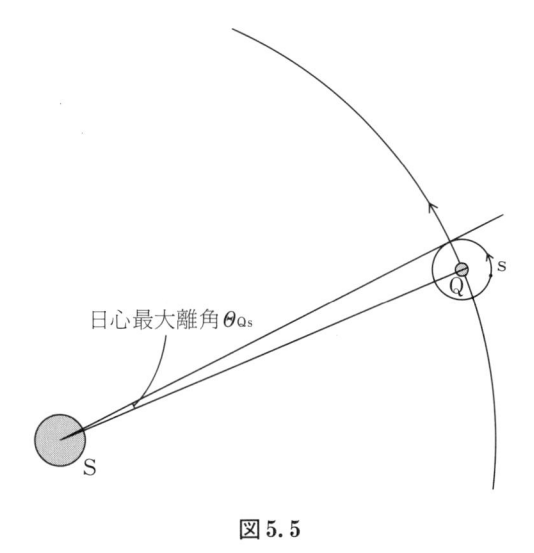

となる（これは現在の値 1.884×10^9 m とよく一致している！）．そこで，(3.4) から――標準 P として金星をとって

$$\frac{m_{木星}}{M_S} = \left(\frac{1.881\times 10^9 \text{ m}}{0.7240\times 1.496\times 10^{11}\text{ m}}\right)^3 \left(\frac{224^{\text{d}}\ 16\ ^3/_4{}^{\text{h}}}{16^{\text{d}}\ 16\ ^8/_{15}{}^{\text{h}}}\right)^2$$

$$= \frac{1}{1053}$$

を得る．ニュートンがあたえている数値は何故か 1/1067 である．

このようにしてニュートンが計算し『プリンキピア』に示している質量比 m_Q/M_S を，現在の値と比べてみよう（表 5.2）．どうやら，地球についてニュートンは因子 2 だけ計算をまちがえたらしい（巻末の「読者からの手紙，著者の返事」参照）．

表 5.2 太陽に対する質量比 m_Q/M_S. m_Q は衛星の質量を含まない．

Q	地 球	木 星	土 星
ニュートンの計算値[10]	$\frac{1}{169\,282}$	$\frac{1}{1\,067}$	$\frac{1}{3\,021}$
現在の値[11]	$\frac{1}{333\,000}$	$\frac{1}{1\,047}$	$\frac{1}{3\,504}$

惑星たちの質量を計算するために '万有' 引力は惑星と衛星の間にまで適用される次第となったが，しかし，惑星の質量を表 5.2 のように算出しただけでは '万有' 引力を惑星-衛星系で検証したことにはならない．

ニュートンは，おもしろい観察をしている[12]：

惑星と太陽について直径の比がわかっているので，それに質量の比の知識を加えれば密度の比がもとめられる．ニュートンの言い表わしによれば，

「太陽，地球，木星，土星の真の直径の比は

　　10 000 ： 109 ： 997 ： 791

であり，それらの表面における重力加速度の比は

　　10 000 ： 435 ： 943 ： 529

である．それゆえ，密度の比は

　　100 ： 400 ： $94^1/_2$ ： 67

となる．……地球は太陽より4倍も密度が高い．太陽は，その異常な高温のため稀薄化されているからである．事実，月は，後にあきらかになるとおり，地球よりも密度が高い．」

そして，さらに続けていう[12]：

「惑星は，他の事情が同じならば，太陽に近いほど密度が高い．……われわれの水は，もし地球が土星の軌道におかれたら凍結してしまうだろう．水星の軌道におかれたら，たちどころに蒸気となって散ってしまうだろう．なぜなら，太陽の光は，熱もそれに比例するのであるが，水星の軌道にあっては，われわれのところより7倍*も強いからであり，わたくしは，温度計によって，夏の太陽の7倍で水は沸騰することを実験したからである．水星の物質がこの熱に適応するものであることは，まったく疑いをいれない．したがって，われわれの地上の物質よりもいっそう密度が高いはずである．すべて物質は，密度が高いほど，自然の作用を進めるのにいっそう多くの熱を要するからである．」

こうして，表5.2にもとめた惑星の質量値がひとつの合理性をもつことがわかった．これは'万有'引力が惑星-衛星の間にもおよんでいることの——証拠とはいえないまでも——示唆にはなろう．

物理の研究者は，想像力をめぐらせて推論する．推論しなければならない．

5.4　万有引力の直接測定

『プリンキピア』刊行から1世紀あまり後の1798年，キャヴェ

---

*　表4.1によれば
　　(水星の軌道半径/地球の軌道半径)$^{-2}$ = $(0.3871)^{-2}$ = 6.673.

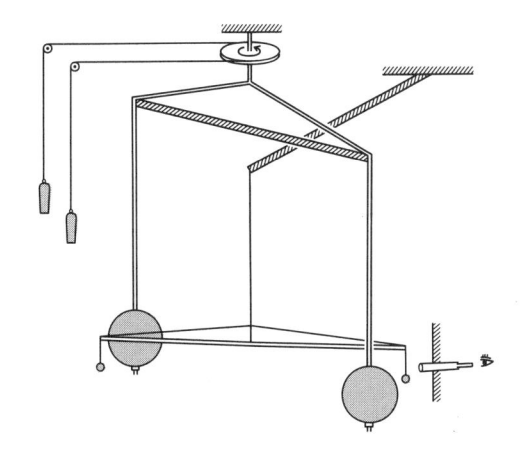

図 5.6 万有引力を直接に測る装置．上部の車を回転させて，鉛の大きな球を小さな球に近づけて，捩りバカリの捩れを望遠鏡でよむ．

ンディシュ（Henry Cavendish, 1731-1810）が捩りバカリをもちいて'2つの鉛の球がおよぼしあう万有引力の大きさ'を直接に測定し（図 5.6），万有引力定数 G の値を決定した：

$$G = 6.754 \times 10^{-11}\,\text{N}\cdot\text{m}^2/\text{kg}^2.$$

いや，キャヴェンディシュは'地球の質量をはかる'ために実験をしたのであるらしい．彼の論文を見ていないので，確かなことは言えないが，彼の実験をいまの眼でみると G の決定になっている，ということのようだ．実際，いったん G の値が決定されれば，地球の質量は（2.2）により

$$M_\oplus = \frac{gR_\oplus{}^2}{G}$$

として重力加速度 g と地球の半径 $R_\oplus$ から計算できるわけである．地球の質量がきまると，表 5.2 から太陽や木星，土星などの質量がもとめられる．

　キャヴェンディッシュの装置は，長さ約 2 m の腕木の両端に直径が約 5 cm の鉛の球をつり，その腕木を中央で長さが 1 m あまりの細い糸で天井から水平につって捩りバカリにしたものである．この捩りバカリは，直径が数 cm ないし 10 数 cm の鉛の球による引力といった弱い力でも測ることができた，という[13]．

　G の今日の値は

$$G = 6.672\,0 \times 10^{-11}\,\text{N}\cdot\text{m}^2/\text{kg}^2. \tag{4.1}$$

P. レピーヌ，J. ニコル著，小出昭一郎訳編．キャヴェンディシュは膨大な研究を未整理のまま死後に残したが，それは化学と電気に関するもので，この「地球の重さをはかる」実験は 1798 年に発表している．すぐ発表したのだったら，67 歳のときの実験になる．論文によれば，アイディアと装置は別人のもので，装置が彼に贈られたのである．

● 註

1) ニュートン:『自然哲学の数学的諸原理』(河辺六男訳, 世界の名著26, 中央公論社, 1971). 第3篇.

2) ニュートン, 前掲. 第1篇・第12章, 球形の物体の引力について, 河辺訳の pp. 230-48 にある. 以下に説明するのは pp. 231-32 にある命題71・定理31.

3) 以下の議論は『プリンキピア』にはない. 万有引力が質量に比例することをニュートンが『プリンキピア』で述べるのは第3篇においてである.

4) 島尾永康:『ニュートン』(岩波新書, 1979), p. 41.
「ニュートンはいつ月の運動について重力の法則をテストしたか」を註1の書物の'解説'で訳者の河辺氏が詳しく検討している(pp. 22-24).

5) 島尾:前掲, p. 42.

6) デカルト:『宇宙論』(野沢 協, 中野重伸訳),『デカルト著作集4』所収(白水社, 1973).
特に, 第8章, この新らしい宇宙の太陽と星の形成について, を見よ.

7) 島尾:前掲, p. 93.

8) ニュートン:前掲, pp. 425-26.

9) ニュートン:前掲. 惑星の公転周期と太陽からの平均距離は p. 423 に, 衛星のデータは pp. 433-34 にあたえられている. 惑星の太陽からの平均距離については, ケプラーの測定値, ブーリオーの測定値, そして公転周期からの計算値の3つが示されているが, ここではブーリオーの測定値のみ掲げる.

10) ニュートン:前掲, p. 434.

11) 理科年表 (1982), pp. 90-91 による.

12) ニュートン:前掲, pp. 434-35.

13) P. レピーヌと J. ニコル:『キャベンディシュの生涯——業績だけを残した謎の科学者』(小出昭一郎訳編, 東京図書, 1978), 第2部の第V章を見よ.

● 問題

8.1 ニュートンのデータ(表5.1)を用いて太陽と地球の質量の比を計算し, 表5.2に示したニュートンの値と比較せよ. これらが表5.2の現在の値にあわないのは何故だろうか?

8.2 置換積分法 後のコラム(p. 129, 131)で'被積分関数が $\cos\theta$ の関数 $h(\cos\theta)$ に $\sin\theta$ を余分にかけた形'をしている場合に $\cos\theta = \eta$ とおく置換積分法が有効なことを述べる.
置換積分法が正しい方法であることを確かめよう.

上の例の変数 θ を x と書き直し，$\cos\theta$ を一般に $g(x)$ と書いて

$$F(x) = \int f(g(x))\,dx \tag{1}$$

という不定積分をもとめることを考える．これは，

$$\frac{dF(x)}{dx} = f(g(x)) \tag{2}$$

となるような関数 $F(x)$ を，すなわち x で微分すると $f(g(x))$ となるような $F(x)$ をもとめることである．

$g(x) = \eta$ とおく置換積分法では

$$\frac{d\eta}{dx} = \frac{dg(x)}{dx}$$

から

$$dx = \frac{1}{\frac{dg}{dx}}d\eta \tag{3}$$

とし，(1) を

$$F(x) = \int f(\eta)\frac{1}{\frac{dg}{dx}}d\eta \tag{4}$$

と書き直して η で積分する．この右辺は，η で微分すると

$$f(\eta)\frac{1}{\frac{dg}{dx}} \tag{5}$$

となる．

(4) の等式は本当に正しいだろうか？ これが正しいということは，置換積分法は正しい答 $F(x)$ をあたえるということである．

(4) の右辺を x で微分して，F の導関数 (2) が正しく得られることを示せ．

8.3 積分

$$I = \int_0^1 (1-x^2)^3 \cdot 2x\,dx$$

を $1-x^2 = \eta$ とおく置換積分法により計算し，次に $(1-x^2)^3$ を展開して項別に積分して，結果を比較せよ．

8.4 次の積分を計算せよ．

（a） $I_1 = \int_0^\pi \sin^3 x\,dx$

（b） $I_2 = \int_0^8 \frac{x}{\sqrt{1+x}}\,dx$

8.5 置換積分法，その 2．積分

$$I = \int_a^b f(x)\,dx$$

は，x 軸上の区間 (a, b) に分点 $x_0 = a < x_1 < \cdots\cdots < x_N = b$ をいれて和

$$\sum_{k=0}^{N-1} f(x_k)\cdot(x_{k+1}-x_k)$$

をつくり，分割を細かく ($N\to\infty$；$|x_{k+1}-x_k|\to 0$, $k=0,\cdots,N-1$)

した極限である．

積分変数を
$$x = x(\eta) \qquad (単調関数とする)$$
から定まる η に変えることは，上の和を
$$\sum_{k=0}^{N-1} f(x(\eta_k)) \frac{dx(\eta_k)}{d\eta}(\eta_{k+1} - \eta_k)$$
に換えて極限をとることである．ここで，x_k に対応する η の値を η_k とし，
$$(x_{k+1} - x_k) = \frac{dx(\eta_k)}{d\eta}(\eta_{k+1} - \eta_k)$$
となることを用いた．極限をとれば
$$I = \int_{\eta(a)}^{\eta(b)} f(x(\eta)) \frac{dx(\eta)}{d\eta} d\eta.$$
ここに，$\eta(a)$，$\eta(b)$ は $x = x(\eta)$ によって $x = a, b$ に対応する η の値を示す．

問題 8.4 (b) の積分を $x = \eta^2 - 1$ とおき η に関する積分に直して計算せよ．

8.6 直角座標系 (x, y) において，楕円
$$\frac{x^2}{a^2} + \frac{y^2}{b^2} = 1 \qquad (a, b > 0 は定数)$$
の囲む面積をもとめよ．

8.7 問題 8.2 の不定積分 (1) を——定積分に直した上で——問題 8.5 の考え方に従って η に関する積分に変換せよ．また，その逆も考えよ．

積分法の効用（1）

ニュートンの証明は，積分法を用いれば次のとおり直接的になり，見通しがよくなる．

図5.2 (b) において，球殻の半径を a, $\angle$POI $= \theta$, $\angle$IOH $= d\theta$, $\overline{\text{PO}} = r$ としよう．そして，帯HIが点Pを引く力の $\overline{\text{PO}}$ の方向の成分 (1.1) を a, θ, r で表わそう．この式で

$\overline{\text{PI}} = (r^2 + a^2 - 2ar\cos\theta)^{1/2}$ （余弦定理）
$\overline{\text{PQ}} = r - a\cos\theta$
$\overline{\text{IQ}} = a\sin\theta$
$\overline{\text{HI}} = a\, d\theta$

であるから

$$F(\text{HI}) = \frac{r - a\cos\theta}{(r^2+a^2-2ar\cos\theta)^{3/2}} a^2 \cdot 2\pi \sin\theta\, d\theta.$$

これを，球殻を分割した帯のすべてにわたって寄せ集めるのである（図5.1を参照）．それは θ について0から π まで積分することにほかならない．すなわち

$$F(\text{球殻全体}) = 2\pi a^2 \int_0^\pi \frac{r-a\cos\theta}{(r^2+a^2-2ar\cos\theta)^{3/2}} \sin\theta\, d\theta. \quad (1)$$

この積分を実行するには置換積分法を用いるのがよい．被積分関数が $\cos\theta$ の関数に $\sin\theta$ を余分にかけた形をしている場合には，

$$\cos\theta = \eta \quad (2)$$

とおいて積分変数を η に変えるにかぎる．こうすると

$$\frac{d\eta}{d\theta} = -\sin\theta$$

から

$$\sin\theta\, d\theta = -d\eta \quad (3)$$

となって，余分の $\sin\theta$ がちょうど $\sin\theta\, d\theta$ を $d\eta$ に簡略化する形で出てくるからである．

θ が積分区間である0から π まで変わる間 $\frac{d\eta}{d\theta} = -\sin\theta \leqq 0$ で，η は単調に1から -1 まで変わるから，これが η の積分区間となる．したがって，(1) は

$$\frac{F(\text{球殻全体})}{2\pi a^2} = \int_1^{-1} \frac{r - a\eta}{(r^2+a^2-2ar\eta)^{3/2}} (-d\eta) \quad (4)$$

となる．これを I とおこう．一般に積分は，積分区間の上限と下限をとりかえると符号が変わる．このことを利用すれば，(4) は

$$I = \int_{-1}^{1} \frac{r - a\eta}{(r^2+a^2-2ar\eta)^{3/2}} d\eta \quad (5)$$

のようにすっきりした形になる．

これから先の計算は，いろいろにできる．次のようにするのも一法である．まず，$r - a\eta$ を分母に似せるべく

$$r - a\eta = \frac{1}{2r}(2r^2 - 2ar\eta)$$
$$= \frac{1}{2r}[(r^2+a^2-2ar\eta) + (r^2-a^2)]$$

と書き，(5) を[……]内の第1項，第2項の分に分けて

$$I = I_1 + I_2 \quad (6)$$

とする．ここに

$$I_1 = \frac{1}{2r}\int_{-1}^{1} \frac{1}{(r^2+a^2-2ar\eta)^{1/2}} d\eta, \quad (7)$$

$$I_2 = \frac{r^2-a^2}{2r}\int_{-1}^{1} \frac{1}{(r^2+a^2-2ar\eta)^{3/2}} d\eta \quad (8)$$

これらの積分は，もし必要なら $r^2+a^2-2ar\eta = X$ とおいて η から X に積分変数をかえることで計算され

$$I_1 = \frac{1}{2r}\left[\frac{2}{-2ar}(r^2+a^2-2ar\eta)^{1/2}\right]_{-1}^{1}$$

$$= \frac{1}{2ar^2}\{-|r-a|+(r+a)\}$$

$$= \begin{cases} \dfrac{1}{r^2} & (r \geqq a) \\ \dfrac{1}{ar} & (r < a) \end{cases} \quad (9)$$

ここで絶対値記号が出てきたのは何故か.考えておくこと.

第2の積分も,まったく同様にできて

$$I_2 = \frac{r^2-a^2}{2r}\left[\frac{2}{2ar}(r^2+a^2-2ar\eta)^{-1/2}\right]_{-1}^{1}$$

$$= \frac{r^2-a^2}{2ar^2}\left(\frac{1}{|r-a|}-\frac{1}{r+a}\right)$$

$$= \begin{cases} \dfrac{1}{r^2} & (r > a) \\ -\dfrac{1}{ar} & (r < a) \end{cases} \quad (10)$$

ここでは $r=a$ とすることはできない.この場合は後で考えることにして,(9) と (10) から (4) は

$$F(\text{球殻全体}) = \begin{cases} 4\pi a^2 \cdot \dfrac{1}{r^2} & (r > a) \\ 0 & (r < a) \end{cases} \quad (11)$$

となる.これで,球殻 O がその外側 ($r>a$) にある質点 P におよぼす万有引力の大きさが $\overline{OP}=r$ の2乗に反比例することをいう (1.9) が得られた.

それだけでなく

・比例定数 $4\pi a^2$ も得られた.(1.1) 以来,球殻の単位面積あたりの質量を1としてきたので,球殻の全面積である $4\pi a^2$ は球殻の全質量とみるべきものである.実際,球殻の質量の面密度を σ, 質点 P の質量を m とし,(1.1) に万有引力定数もかけて出発すれば,(11) は

$$F(\text{球殻全体}) = \begin{cases} G\dfrac{mM_a}{r^2} & (r > a) \\ 0 & (r < a) \end{cases} \quad (12)$$

となる.ただし,球殻の全質量 $4\pi a^2 \sigma$ を M_a とした.

・質点 P が球殻の内側にある場合 ($r<a$),それにはたらく力は(四方八方に向いたものが)打ち消しあって 0 になることもわかった.

さて,質点 P が球殻の上にのっている場合 ($r=a$) が残ってしまった.この場合,(5) は

$$I = \frac{1}{2^{3/2}r^2}\int_{-1}^{1}\frac{1}{(1-\eta)^{1/2}}d\eta \quad (r=a) \quad (12)$$

となり

$$I = \frac{1}{2^{3/2}r^2}\left[-2(1-\eta)^{1/2}\right]_{-1}^{1} = \frac{1}{r^2} \quad (13)$$

をあたえる.したがって

$$F(\text{球殻全体}) = 2\pi a^2 \cdot \frac{1}{r^2} \quad (r=a) \quad (14)$$

となる.これは,質点 P が球殻の外にある場合と中にある場合とに受ける力 (11) の平均値に等しい.

積分法の効用（2）
――ニュートンの手品の種あかし

ニュートンは，図 5.2 で，質点と球殻の距離が異なる 2 つの場合を"質点から発する直線が球殻の断面である円 O, o と交わってできる弦の長さを共通にしつつ"比べるという離れ技をした．

すなわち，図 5.2 の 2 つの場合について
$$\overline{\mathrm{IL}} = \overline{\mathrm{il}}, \quad \overline{\mathrm{HK}} = \overline{\mathrm{hk}} \tag{1}$$
となるように直線 $\overline{\mathrm{PL}}$ と $\overline{\mathrm{pl}}$，$\overline{\mathrm{PK}}$ と $\overline{\mathrm{pk}}$ を引き，弧 $\widehat{\mathrm{IH}}$ と $\widehat{\mathrm{ih}}$ がそれぞれの球殻上に定める帯（図 5.2(b) を参照）が単位質量の質点 P ないし p を引く力を比べたのである．そのような一連の帯に球殻を分割するのがニュートンの目的にかなっていた．

これで確かにうまくいったが，ニュートンの計算は複雑で，どうして彼がこのような視点を得たのか，見通すことができない．要するに彼は何をしたのか？ そこで，彼のしたことを微分・積分の言葉で言い直してみよう．

ニュートンは，質点から発する直線が球殻に切りとられる長さ $\overline{\mathrm{IL}}$ などに着目して球殻を分割したのだ．いいかえれば，球殻上の帯を指定するのに図 A の角 χ をつかったのである．球殻の半径 a はもちろん，その中心と質点 P との距離 r はあたえられたものとして考えるから，角 χ によって P から発する直線が最初に球殻を切る点 I の位置は一意に定まる．

実際，動径 $\overline{\mathrm{OI}}$ が軸 $\overline{\mathrm{PO}}$ となす角 θ は次のようにして χ から定まるのである．まず，

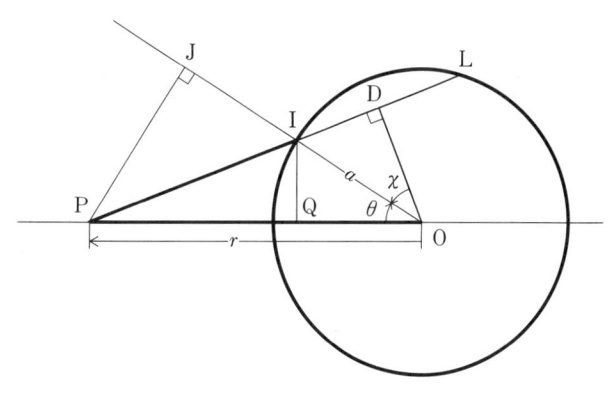

図 A ニュートンの変数 χ.

I の位置を指定するのに，角 θ の代わりに角 χ をつかう．χ は OD から時計まわりに測るとき負とする．

次ページの式 (4) は，単純な幾何学的意味をもち，それに気づけば，計算なしに書き下すことができる．それは，線分 OI の延長に P から下した垂線の足を J とするとき
$$\frac{\overline{\mathrm{IJ}}}{\overline{\mathrm{PI}}} = \sin \chi$$
ということである．

$\cos \angle \mathrm{IPO}$ を 2 通りに計算しよう：

(a) $\quad \cos \angle \mathrm{IPO} = \dfrac{\overline{\mathrm{PQ}}}{\overline{\mathrm{PI}}}, \tag{2}$

ここに，
$$\overline{\mathrm{PI}} = \sqrt{r^2 + a^2 - 2ar\cos\theta}$$
$$\overline{\mathrm{PQ}} = r - a\cos\theta.$$

(b) O から直線 PI の延長に下ろした垂線の足を D として
$$\cos \angle \mathrm{IPO} = \frac{\overline{\mathrm{PD}}}{r} \tag{3}$$
ここに，

$$\overline{\mathrm{PD}} = \sqrt{r^2+a^2-2ar\cos\theta} + a\sin\chi.$$

(2) と (3) を等しいとおいて，整理すると

$$\frac{r\cos\theta - a}{\sqrt{r^2+a^2-2ar\cos\theta}} = \sin\chi \qquad (4)$$

が得られる．これが，χ から θ を定める方程式である．実際，右辺は χ が $-\pi/2$ から $\pi/2$ まで変化するとき -1 から 1 まで単調に増大し，左辺は θ が 0 から π まで変化するとき 1 から -1 まで単調に減少する．したがって，それぞれの変減における χ と θ は (4) により 1 対 1 に対応する．

球殻上の帯が質点 P を引く力をもとめるのに問題になるのは帯の幅 $d\theta$ である．これもニュートンの変数 χ で表わさなければならない．そのためには，(4) の両辺を微分する．左辺は，

$$r\cos\theta - a \quad \text{と} \quad \frac{1}{\sqrt{r^2+a^2-2ar\cos\theta}}$$

の積と見て微分するのがよかろう．そうすると

$$\left[\frac{-r\sin\theta}{(r^2+a^2-2ar\cos\theta)^{1/2}} - \frac{(r\cos\theta-a)ar\sin\theta}{(r^2+a^2-2ar\cos\theta)^{3/2}}\right]d\theta$$

が得られる．

これが，右辺の微分 $-\cos\chi\, d\chi$ に等しいのである．整理して

$$\frac{r - a\cos\theta}{(r^2+a^2-2ar\cos\theta)^{3/2}} \sin\theta\, d\theta$$
$$= \frac{1}{r^2} \cos\chi\, d\chi \qquad (5)$$

おや，この式の左辺は，$2\pi a^2$ をかけてやれば，p. 129 の $F(\mathrm{HI})$ の表式と同じになるのではないか！ (5) は，その積分変数 θ をニュートンの χ に変数変換する式になっている．それぞれの変数の変域を思いだして，積分を書けば

$$2\pi a^2 \int_0^\pi \frac{r - a\cos\theta}{(r^2+a^2-2ar\cos\theta)^{3/2}} \sin\theta\, d\theta$$
$$= \frac{2\pi a^2}{r^2} \int_{-\pi/2}^{\pi/2} \cos\chi\, d\chi \qquad (6)$$

くりかえすが，左辺は p. 129 の積分 (1)，すなわち F(球殻全体) に等しい．右辺の積分を実行して

$$F(\text{球殻全体}) = \frac{4\pi a^2}{r^2} \qquad (7)$$

を得る．確かに p. 130, (11) の $r > a$ の場合に一致している．

こうして，ニュートンのしたことは，いまの言葉でいえば，積分変数の非常に巧妙な選択であった．

ニュートンの論法に即していえば，彼は r の異なる 2 つの場合の"帯"を変数 χ によって対応づけ，(6) を用いて"χ が同じ帯同士の比較で"比べたものである．

第6章　惑星の運動を占う

第9講
力+αから運動をさだめる

R. フック
万有引力の発見でニュートンと先取権を争った．弾性体の変形と外力の大きさは互いに比例することを発見．

E. ハリー
ニュートンの重力研究を激励し，自らも軌道計算に適用して，彗星の回帰を示す（1705）．これがハリー彗星である．

C. レン
オックスフォード大学天文学教授（1661-73）のとき宮廷工務局総監の助手となり建築に向かう．ロンドンの大火（1666）の後，再建案を提示した．建築作品多数．

ハリーがいう．「逆2乗法則まではたどりついたが，それから先に進むことができない．」 フックが応じて「逆2乗法則から天体運動の法則がすべて証明されるはずだ．ぼくもそう思っているのだが……．」

熱っぽく話しあう2人のそばに先輩のレンがいた．英国王立協会の会長である．いわく，

「それは，ちょっと信じ難いな．まあ，2ヵ月以内にその証明をもってきた者には40シリングの本を進呈しよう．」[1]

ときは1684年1月というから，『プリンキピア』前3年である．

レン（Christopher Wren, 1632-1723）は，ホイヘンス（Christiaan Huygens, 1626-95），ウォリス（John Wallis, 1616-1703）とともに三者がそれぞれデカルトの誤った衝突の法則を正したことで知られる．1668年に王立協会が衝突問題をとりあげ論文の提出をもとめたとき応募したのである．

フック（Robert Hooke, 1635-1703）は気体の法則で知られるボイル（Robert Boyle, 1627-91）の助手だったが，1679年から王立協会の書記になっている．彼は，すでに1666年にこう述べていた[2]：「惑星が絶えず運動の方向を変えて太陽のまわりに閉じた軌道を描くのは，太陽からの距離に応じて密度の増大する流体

（たとえばエーテル）があるためか，あるいは常に太陽に引かれるという性質が物体にあるためかであろう．」同じ年に，イタリアのボレリ（Borelli）も同様の考えで定性的な理論をたてていた[3]．

レンとハリーとの会合について，次のように書いている本もある[4]：

'1683/84 年 1 月，ロンドンではフックがレンとハリーを前にして，「重力の逆 2 乗法則を原理として天体運動のすべての法則性を論証することができる．自分はそれを証明したが，誰かがやって失敗して，その価値がわかるようになって初めて公表するつもりだ」と語った．'

ハリー（Edmund Halley, 1656-1742）は，3 人の会合の年[5]にニュートンを訪れ，「逆 2 乗の法則にしたがう重力がはたらくとき惑星はどんな軌道を描くか？」とたずねた．即座に「楕円」とニュートンは答えたが，その計算をしたはずの紙はみつからなかった．

これが刺戟になってか，ニュートンは動力学に再び真剣にとりくむことになる．その成果が『プリンキピア』である．

J. ウォリス
ケンブリッジ大学で神学を修め聖職者となり，数学に転じて『無限の数論』(1655)で極限の概念に数学的形式を与え，記号∞を最初に用いた．円錐曲線論の解析的構成もおこなった．

C. ホイヘンス
レンズの新研磨法を発見して強力な望遠鏡をつくり土星の環を発見した．ガリレオの考えにもとづき振子時計を発明．またエーテル概念を導入して光の波動説をとなえた．

第 6 章——惑星の運動を占う（その 1）

われわれも，万有引力（4.5.11）をうけて運動する惑星（ここでは質点）の運動を調べよう．万有引力の法則だけから惑星の運動に関するケプラーの 3 法則はすべて出てくるのか？ もしかすると，それ以上に，たとえば太陽からの距離の順でいって惑星たちの真中に位置する木星が最も大きくて重いといったことまでも，万有引力の法則から出てくるのではないだろうか？

6.1 位置→加速度→速度→位置→……

万有引力をうけて運動する質点の運動をきめることは，運動方程式（3.1.1），すなわち

$$m\frac{d^2\boldsymbol{r}(t)}{dt^2} = \boldsymbol{f}(t) \tag{1.1}$$

によって'定義'される力 $\boldsymbol{f}$ が，常に万有引力の法則（4.5.11）にしたがい

$$\boldsymbol{f}(t) = -G\frac{mM}{|\boldsymbol{r}(t)|^2}\cdot\frac{\boldsymbol{r}(t)}{|\boldsymbol{r}(t)|} \tag{1.2}$$

がなりたつように m の刻々の位置 $r = r(t)$ をきめることである．ただし，太陽の位置を原点とした．$-\dfrac{r(t)}{|r(t)|}$ は，惑星の位置 $r(t)$ から原点に向かう単位ベクトルで，力 $f(t)$ の向きを示す．残りの因子 $G\dfrac{mM}{|r(t)|^2}$ が力の大きさを示すのである．

しかし，$r(t)$ が上の方程式だけからきまるはずはない．実際，水星も地球も，……，どの惑星もこの同じ方程式にしたがうはずなのに——惑星の質量 m は (1.1) の両辺で約されるから方程式は本当に同じなのだ！——運動はそれぞれにちがうではないか．

その運動の多様性は**初期条件**（initial condition）から生まれるのである．'力 $+\alpha$ から運動を定める'といったその α とは，初期条件のことである．

初期条件というのは，任意の一時刻——といっても，その時刻から時間を測りはじめることにして，それを $t = 0$ とすることができる——における m の位置と速度のことである．それらを，それぞれ r_0, v_0 としよう．すなわち

$$\text{初期条件：} \quad r(0) = r_0, \quad \frac{dr(0)}{dt} = v_0 \qquad (1.3)$$

で，m が $t = 0$ に位置 r_0 から速度 v_0 で出発したと思えばよい．惑星の運動はともかく，人工衛星をロケットが高空（？）に運んで軌道にのせる瞬間など，まさにこういう状況が実現するわけである．

力の法則が知れれば運動方程式は書ける．しかし，それだけでは運動はきまらない．それに初期条件 (1.3) を付け加えると運動がきまることは，以下に見るとおりである．

6.2　万有引力の場

はじめに，次の事実に注意しよう．質点 m にはたらく力は，m の位置 $r = r(t)$ だけできまるという事実である．m の速度にも加速度にも依存しない．実際，(1.2) の f は

$$f(r) = -G\frac{mM}{|r|^2} \cdot \frac{r}{|r|} \qquad (2.1)$$

と書ける．m の位置 r だけの関数である．だから，太陽 O のまわりの場所場所に m がきたとき受ける力を，あらかじめ，その場所場所に描きこんでおくことさえできる．そうすると，ざっと図 6.1 のようになる．位置 r における力は，その大きさが $|r|^2$ に反比例し，$-\hat{r} = -r/|r|$ できまる方向・向きをもつ（常に O に向

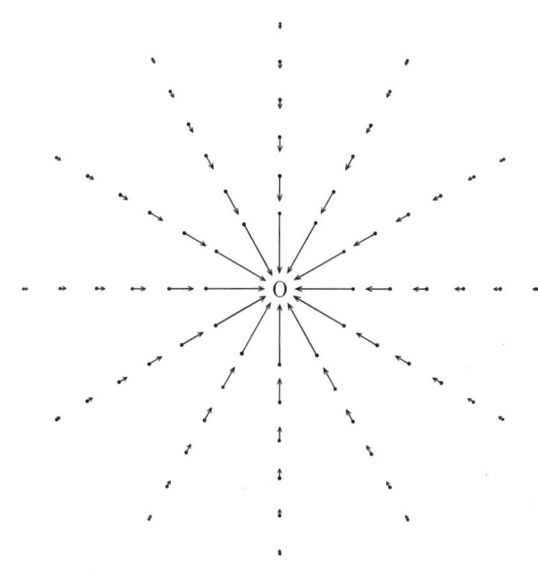

図 6.1 太陽 O のまわりの万有引力の場.

かう！）．

　一般に，空間の場所場所で物理量のとる値がきまっているばあい（そのきまりかたが時刻によって異なってもよい），その空間をその物理量の**場** (field) とよぶ．物理学者は，せっかちに，惑星がいなくても場所場所に力 $\boldsymbol{f}$ が分布していると空想したりする．そうして，図 6.1 のような力の分布を——空間そのものよりも，むしろ物理量の場所場所への分布を場とよぶことが多い．そこで，図 6.1 は太陽のまわりの万有引力の場 (gravitational field) を表わす，ということになる．

6.3　位置→力→加速度→速度→位置→……

　万有引力の場（図 6.1）で惑星が——いや，質点 m が初期条件 (1.3) をもって出発したとしよう．

　m の運動は，つぎのようにしてきまってゆく．

時刻 $t = 0$

$$\left.\begin{array}{l}\text{位置：}\ \boldsymbol{r}(0) = \boldsymbol{r}_0, \\ \text{速度：}\ \boldsymbol{v}(0) = \dfrac{d\boldsymbol{r}(0)}{dt} = \boldsymbol{v}_0\end{array}\right\} \quad (3.1)$$

これらは初期条件によってあたえられている．特に，位置 $\boldsymbol{r} = \boldsymbol{r}_0$ があたえられているので，万有引力の場では m にはたらく力 $\boldsymbol{f} = \boldsymbol{f}(\boldsymbol{r}_0)$ がきまり，したがって，この時刻の m の加速度がきまる．それがすなわち運動方程式 (1.1) の内容である．こうして，

時刻 $t = 0$ の

加速度： $\dfrac{d\boldsymbol{v}(0)}{dt} = \dfrac{d^2\boldsymbol{r}(0)}{dt^2} = \dfrac{1}{m}\boldsymbol{f}(\boldsymbol{r}_0).$

が知れる．

時間は流れる．時刻 $t = 0$ から短い時間 $\varDelta t$ がたつと時刻は $t = \varDelta t$ になる．——$\varDelta t$ が十分に短ければ，その間に速度も加速度も変わらないとみてよいから（もともと，速度も加速度もそういう観察にもとづいて定義したのだ．1.4 節，1.5 節を参照），その間の位置の変化高（変位）は

$\varDelta \boldsymbol{r} = \boldsymbol{v}_0 \varDelta t$

としてよく，速度の変化高は

$\varDelta \boldsymbol{v} = \dfrac{d\boldsymbol{v}(0)}{dt} \varDelta t$

としてよい．これから新しい時刻 $t = \varDelta t$ における m の '状態' が，つぎのように知れる（図 6.2）．

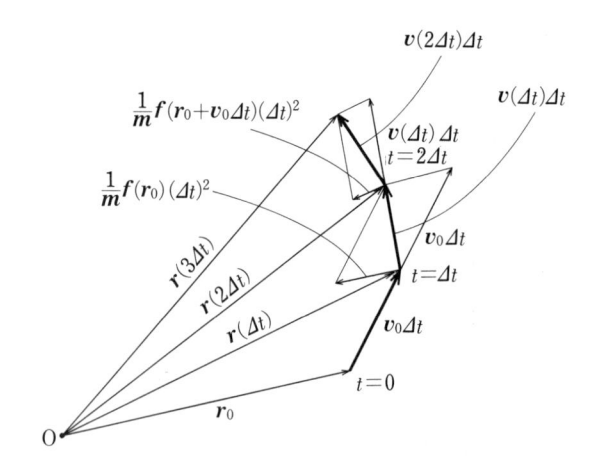

図 6.2 力の法則と初期条件から，運動は決定される．

時刻 $t = \varDelta t$

$$\left.\begin{array}{l} 位置：\quad \boldsymbol{r}(\varDelta t) = \boldsymbol{r}_0 + \boldsymbol{v}_0 \varDelta t, \\[4pt] 速度：\quad \dfrac{d\boldsymbol{r}(\varDelta t)}{dt} = \boldsymbol{v}_0 + \dfrac{1}{m}\boldsymbol{f}(\boldsymbol{r}_0) \cdot \varDelta t \end{array}\right\} \quad (3.2)$$

いま，つい '状態' という言葉をつかったが，たしかに（位置，速度）の組を質点の刻々の**状態**（state）とよぶのは便利である．

この時刻における m の位置で m にはたらく力 $\boldsymbol{f}$ は場の式 (2.1) からもとまり，したがって運動の法則から，この新らしい時刻 $t = \varDelta t$ における m の

加速度： $\dfrac{d\boldsymbol{v}(\Delta t)}{dt} = \dfrac{1}{m}\boldsymbol{f}(\boldsymbol{r}_0+\boldsymbol{v}_0\Delta t)$

が知れる．

さらに時間 Δt がたつと，m の状態はどうなるか？ もう説明の必要はあるまい．結果を書こう．

時刻 $t = 2\Delta t$

位置： $\boldsymbol{r}(2\Delta t) = \boldsymbol{r}(\Delta t) + \dfrac{d\boldsymbol{r}(\Delta t)}{dt}\Delta t$

$= \boldsymbol{r}_0 + \boldsymbol{v}_0\cdot 2\Delta t + \dfrac{1}{m}\boldsymbol{f}(\boldsymbol{r}_0)\cdot(\Delta t)^2,$

速度： $\dfrac{d\boldsymbol{r}(2\Delta t)}{dt} = \dfrac{d\boldsymbol{r}(\Delta t)}{dt} + \dfrac{d^2\boldsymbol{r}(\Delta t)}{dt^2}\Delta t$

$= \boldsymbol{v}_0 + \dfrac{1}{m}\boldsymbol{f}(\boldsymbol{r}_0)\cdot\Delta t + \dfrac{1}{m}\boldsymbol{f}(\boldsymbol{r}_0+\boldsymbol{v}_0\Delta t)\cdot\Delta t.$

そして，この時刻 $t = 2\Delta t$ の加速度は力の場の式 (2.1) にこの時刻の位置 $\boldsymbol{r} = \boldsymbol{r}(2\Delta t)$ を代入して計算される．

時刻 $t = 2\Delta t$ における m の状態を，こうしてもとめてみると，それは $\boldsymbol{v}_0$ と $\boldsymbol{r}_0$ と力の法則 $\boldsymbol{f} = \boldsymbol{f}(\boldsymbol{r})$ で表わされてしまっている．このことは計算をいくら続けても変わらない．つまり，m の運動は'力の法則＋初期条件'で未来永劫にきまってしまうのである．これが力学における**因果律**（causality）である．運動をきめるには運動方程式に加えて初期条件を知らねばならない．占い師だって現在の手相を見るではないか．

この因果律をラプラス（Pierre-Simon Laplace, 1749-1827）はつぎのように表現した[6]：

「宇宙の現状は，それ以前の状態の結果であり，また，これから引きつづいて起るものの原因であるとみなされなければならない．

自然を動かしている力のすべてと，あたえられた時点における実在の状態を知りつくしている英知が，その上にこれらの資料を解析しつくすだけの強大な力をそなえているならば，……，この英知にとっては不確かなものはなにひとつなく，未来も過去と同じようにすっかり見通せるであろう．」

この'英知'はラプラスの魔物（intelligence）ともよばれる．

その因果律の一端ということになるが，ここに1つの重要な事実を述べておこう．上の $\boldsymbol{r}(2\Delta t)$ であたえられる m の位置が (1) $\boldsymbol{r}_0$ の先端の点を含み，(2) $\boldsymbol{v}_0$ と $\boldsymbol{f}(\boldsymbol{r}_0)$ との張る平面に平行で

P. S. ラプラス

天体の運行の研究に解析学を駆使して天体力学に一時期を画し，また太陽系の生成を論じカント-ラプラスの星雲説をたてた．確率論にも，母関数の方法で解析を応用したが，複合事象の確率をいうとき要素事象の独立性に注意する必要があることを初めて明確にとらえた点に注目．

原題は『確率の解析的理論』．伊藤 清・樋口順四郎訳，解説（現代数学の系譜12, 共立出版）．本文に引用した因果律についての注意は，原著の序章にある．湯川秀樹・井上 健編『現代の科学 I』（世界の名著65, 中央公論社）に樋口順四郎訳で収録．

あるような一平面の上にあることに注意しよう．f は質点の位置を太陽 O に結ぶ直線上にあるから，この (1)，(2) は，

> m はその任意の一時刻の位置ベクトルと v_0 が張る一平面の上を運動する

と要約することができる．このことは $r(\Delta t)$ に対しても正しく，また時間がいくら経過しても常にそのままなりたつ．こうして，ケプラーの第1法則が，部分的とはいえ，万有引力の法則から導かれた！

6.4 注意をひとつ

上の運動の占いは，もちろん，時間の刻み Δt を小さくとればとるほど精密になるはずだ．

そういうと，こんなことが気になる人もいるかもしれない．時刻 $t = 2\Delta t$ における位置の式を見ると

$$\frac{1}{m}f(r_0)\cdot(\Delta t)^2 \tag{4.1}$$

という項がある．Δt の1次の項ならともかく，Δt の2次であるこの項は Δt を小さくとるとき無視できることになるのではないか？

この疑問に答えるには，ずっと時間を進ませた式を書かねばならない．塵も積もれば山となることを見ていただかねばならないからである．一般に，時刻を $t = N\Delta t$ として位置の式を書き下してみよう（$N = 1, 2, \cdots$）．

いや，そのまえに上の $t = 2\Delta t$ の式をもちい $t = 3\Delta t$ における位置を書いてみるほうがよさそうだ．この Δt の間の変位は

$$\Delta r = \frac{dr(2\Delta t)}{dt}\Delta t$$

であって，これが $r(2\Delta t)$ に加わって $r(3\Delta t)$ ができるのだから

$$r(3\Delta t) = r_0 + v_0\cdot 3\Delta t + \frac{1}{m}f(r_0)\cdot 2(\Delta t)^2$$
$$+ \frac{1}{m}f(r_0 + v_0\Delta t)\cdot(\Delta t)^2$$

となる．

ここで，問題の $(\Delta t)^2$ の項が (4.1) から

$$\left[\frac{1}{m}f(r)\cdot 2 + \frac{1}{m}f(r_0 + v_0\Delta t)\right]\cdot(\Delta t)^2 \tag{4.2}$$

に '成長' していることに注目してほしい．時間を進めて $t =$

$N\Delta t$ とすると成長もいっそう進んで，(4.2) に相当する項は

$$\left[\frac{1}{m}\boldsymbol{f}(\boldsymbol{r}_0)\cdot(N-1)+\frac{1}{m}\boldsymbol{f}(\boldsymbol{r}_0+\boldsymbol{v}_0\Delta t)\cdot(N-2)+\cdots\cdots\right.$$
$$\left.+\frac{1}{m}\boldsymbol{f}(\boldsymbol{r}_0+\boldsymbol{v}_0\cdot[N-2]\Delta t)\right]\cdot(\Delta t)^2 \qquad (4.3)$$

となるのである．

この成長は $(\Delta t)^2$ ほどに微細な塵を本当に山にするか？ ためしに簡単な場合で当たってみよう．最も簡単な力の場として

$$\boldsymbol{f}(\boldsymbol{r}) = m\boldsymbol{g} \qquad (\boldsymbol{g}:\text{定ベクトル}) \qquad (4.4)$$

をとってみる．この場も実際に存在するのであって，その一例は，いわずとしれた '地上の' **一様な重力場**．そのとき $\boldsymbol{g}$ は重力の加速度であって，鉛直下方に向かい $g=9.8\text{m/s}^2$ という大きさをもつ．それはとにかく，(4.4) の力の場のばあいには，(4.3) は

$$\boldsymbol{g}\cdot[(N-1)+(N-2)+\cdots\cdots+1]\cdot(\Delta t)^2$$
$$= \boldsymbol{g}\cdot\frac{1}{2}N(N-1)(\Delta t)^2 \qquad (4.5)$$

となる．

さて，時間の刻み Δt を小さくする番だが，同時に N を大きくしないことには $t=N\Delta t\to 0$ となってしまう．むしろ，t をきめて，時刻 0 から時刻 t までの時間を N 等分するものとしよう．すなわち，

$$\Delta t = \frac{t}{N}. \qquad (4.6)$$

この Δt を小さくすることは，とりもなおさず N を大きくすることである．このとき (4.5) は

$$\boldsymbol{g}\cdot\frac{1}{2}N(N-1)\left(\frac{t}{N}\right)^2 \xrightarrow[N\to\infty]{} \frac{1}{2}\boldsymbol{g}t^2 \qquad (4.7)$$

をあたえる．これは無視できない．たしかに塵は積もって山となった．もし (4.1) や (4.2) や……をみんな無視していたら，この周知の $\frac{1}{2}\boldsymbol{g}t^2$ は得られなかった．同様のことは，おそらく (4.4) のばあいにかぎらず一般の力の場に対してもいえるだろう．

以上は $\boldsymbol{r}(\Delta t), \boldsymbol{r}(2\Delta t), \cdots\cdots$ の式の一部の項に注目してきたのだが，一様な力の場 (4.4) のばあい，式の全体を書き下すことも難しくない．すなわち

$$\boldsymbol{r}(N\Delta t) = \boldsymbol{r}_0+\boldsymbol{v}_0\cdot N\Delta t+\boldsymbol{g}\cdot\frac{1}{2}N(N-1)(\Delta t)^2$$

が得られ，(4.6) を代入して $N\to\infty$ とすれば

$$r(t) = r_0 + v_0 t + \frac{1}{2} g t^2 \qquad (4.8)$$

に到達する．おなじみの**放物体**（projectile）の運動である（図6.3）．

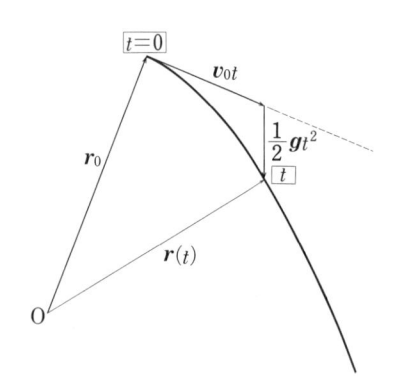

図6.3 放物体の運動

6.5 面積速度一定の法則

万有引力の場（図6.1）における質点の運動にかえろう．その運動を6.3節のようにして定めて眺めてみると，4.1節に述べたケプラーの第2法則——その内容にちなんで**面積速度一定の法則**（law of constant areal velocity）ともいう——のなりたっていることがわかる．ニュートンの『プリンキピア』にしたがって[7]，それを見よう．

こんども，太陽Oを原点として，時刻 $t=0$ に質点 m は位置ベクトル r_0 の点Aを速度 v_0 で走りぬけたとしよう（図6.4）．$t=0$ とはいっても，これが任意の時刻でよいことは6.1節の手前で注意したとおりである．

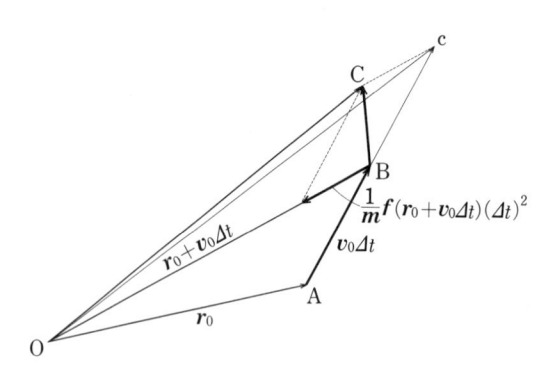

図6.4 面積速度一定の証明．

時刻 $t = \Delta t$ までに m は $v_0 \Delta t$ だけ変位して図6.4の点Bにくる．

もし，m に**力がはたらいていなかったら**，m は——運動の第I法則により——そのままの速度 v_0 で走り続けて，時刻 $t = 2\Delta t$ には点cにくるところだ．この場合には明らかに，最初の時間 Δt に質点の位置ベクトル $r(t)$ の掃過する面積 $\triangle$OAB は，次の時間 Δt に掃過する面積 $\triangle$OBc に等しい：

$$\triangle \text{OAB} = \triangle \text{OBc}. \qquad (5.1)$$

なぜなら，2つの三角形の底辺 AB, Bc の長さは等しく，高さは共通だからである．こうして，質点に力がはたらかないばあい

(**自由質点**，free particle）には面積速度一定の法則がたしかめられた．

実際には m には万有引力 (1.1) が O に向けてはたらいているので，時刻 $t = \Delta t$ からの速度は初めの $\boldsymbol{v}_0$ とはちがう．ニュートンは，それを

$$\boldsymbol{v}(\Delta t) = \boldsymbol{v}_0 + \frac{1}{m}\boldsymbol{f}(\boldsymbol{r}_0 + \boldsymbol{v}_0 \Delta t)\Delta t \tag{5.2}$$

とした．これは，われわれが (3.2) に書いた $d\boldsymbol{r}(\Delta t)/dt$ と少しちがう．(5.2) の第2項に当たるものを，われわれは $\frac{1}{m}\boldsymbol{f}(\boldsymbol{r}_0)\Delta t$ とした．時刻 $t = 0$ から $t = \Delta t$ までの時間 Δt におこる速度変化 $\boldsymbol{v}(\Delta t) - \boldsymbol{v}(0)$ を計算するのに，われわれは初めの時刻 $t = 0$ に質点にはたらく力をもちいた．ニュートンは終りの時刻 $t = \Delta t$ にはたらく力をもちいている．この差は $\Delta t \to 0$ では問題にならないはずである．

その極限をとるまえから'加速度が O に向かっておこること'をよく表わしている点では，ニュートンに分があるとしなければならない．図 6.2 と 6.4 の対照からこのことは明らかだ．

さて，時刻 $t = \Delta t$ に点 B を通った質点は，ニュートンの速度 (5.2) で走ると時刻 $t = 2\Delta t$ には図 6.4 の点 C にくる．自由質点のように点 c にくるのではないが，しかし万有引力が質点の位置から太陽に向かうことを考えると，(5.2) から $\overrightarrow{cC}$ は $-(\boldsymbol{r}_0 + \boldsymbol{v}_0 \Delta t)$ に平行であることがわかる．これは $\overrightarrow{BO}$ に平行ということだから，△OBc と △OBC とは底辺を OB として見ると高さが互いに等しい．よって，面積についても

△OBc ＝ △OBC．

(5.1) を思い出せば

△OAB ＝ △OBC (5.3)

を得る．これが面積速度一定を示すことは説明するまでもあるまい．

万有引力の法則から天体運動のすべての法則が導き出せるはずだ，というフックの予想は，これでさらに1つかなえられた．

面積速度一定の法則の証明の鍵になったのは速度変化が常に太陽に向かう方向におこることで，もとをただせば万有引力が常に太陽という定点 O に向いていることによる．

一般に，どの場所 P での力も1つの定点 O に向き，その力の大きさが距離 $\overline{\mathrm{OP}}$ できまるような力の場を**中心力**（central force）

の場とよぶ．

中心力の場における運動では面積速度が一定である． (5.4)

このためには，実は，中心力の2つの条件のうち第1のものだけで十分だ．

●註

1) 河辺六男:「ニュートンの十五枚の肖像画」, pp. 29-30 を参照. これは次の本につけられた解説である. ニュートン:『自然哲学の数学的諸原理』(河辺六男訳, 世界の名著 26, 中央公論社, 1971).

2) 河辺六男：前掲, p. 30.

3) 広重 徹:『物理学史I』(培風館, 1968), p. 77.

4) 島尾永康:『ニュートン』(岩波新書, 1979), p. 93.

5) 島尾:前掲, p. 93. 訪れたのは5月であるとしている.

6) ラプラス:「確率についての哲学的試論」(1795年の講義を発展させたもの). 所収:湯川秀樹・井上 健編『現代の科学I』(世界の名著 65, 中央公論社, 1973), p. 164.

7) ニュートン:『自然哲学の数学的諸原理』, 註1に前掲. pp. 97-98.

●問題

9.1 太陽の位置を原点とする直角座標系において惑星Pの運動を $r(t) = (x(t), y(t))$ とすれば，Pの面積速度の '2倍' は
$$h = x\,v_y - y\,v_x$$
となることを示せ．ここに
$$v(t) = (v_x, v_y) = \left(\frac{dx}{dt}, \frac{dy}{dt}\right)$$
はPの速度である．

上の h の式は，(2.8.3) で定義したベクトル積でいうと，$r \times v$ の z 成分になっている．

9.2 xy 平面上に力の場があるとき，その力が
  どの位置 (x, y) でも常に原点Oに向かう
なら（中心力場の条件のひとつ, (5.3) の下を参照), 力の x, y 成分は, ひとつの関数 $\eta(x, y)$ を用いて
$$f_x(x, y) = \eta(x, y)x, \qquad f_y(x, y) = \eta(x, y)y$$
と書ける．

この力の場を運動する質点 m の面積速度は一定であることを, 前問の h を時間微分し m の運動方程式を用いることによって証明

せよ．

9.3 x 軸上を一定の加速度 g で運動する点 m の刻々の速度と位置を決定せよ．ただし，初期条件を時刻 $t=0$ に速度は v_0，位置は x_0 であった，とする．

9.4 刻々の速度がその時の位置座標に比例するような運動 $x=x(t)$ を考える．それは次の微分方程式をみたす：

$$\frac{dx(t)}{dt} = \lambda x(t) \qquad (\lambda \neq 0 \text{ は定数}) \tag{1}$$

（a） この方程式は恒等的に 0 の解 $x(t)=0$ をもつ．これ以外の解があるとすれば，それは決して 0 になることがない．これを証明せよ．

（b） この方程式の解が 2 つ以上あるとすれば，そのどの 2 つの比も定数であることを示せ．

（c） この方程式の解は図 6.5 の小斜線をつないでゆくことで構成できて，λt の関数になる．このことを説明せよ．ただし，図 6.5 の小斜線は，x のいろいろの値を表わす水平線の上にそれぞれ勾配 λx をつけて描いた．

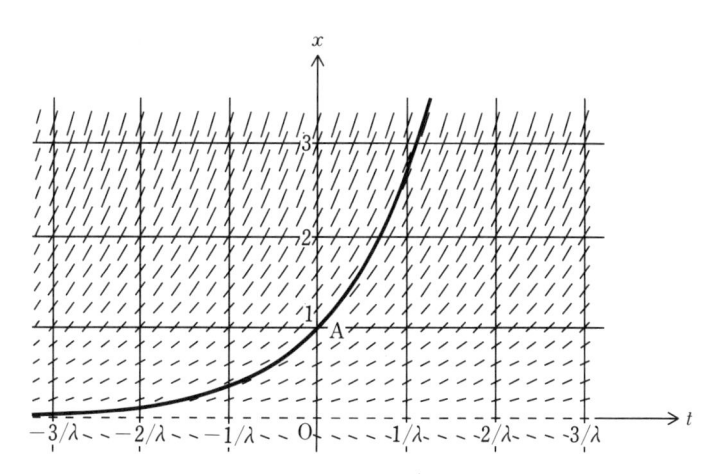

図 6.5 指数関数の勾配の場．

（d） $t=0$ のとき
$$x(0) = 1 \tag{2}$$
という初期条件をみたす (1) の解 $x = x(t)$ が存在して
$$x(t) = x(t_1) x(t-t_1) \tag{3}$$
という特質をもつことを示せ．この特質を明示するため
$$x(t) = e^{\lambda t} \tag{4}$$
と書き，**指数関数**（exponential function）とよぶ．

このように書いておけば，(3) は
$$e^{\lambda t} = e^{\lambda t_1} e^{\lambda (t-t_1)}$$
という飲み込みやすい形になるからである．書きかえれば

$$e^{\lambda(s+t)} = e^{\lambda s}e^{\lambda t}$$

という形にもなる．

（e） n, d を整数とする．λt が有理数 n/d のとき (4) は定数 e の n 乗の d 乗根 $(e^n)^{1/d}$ と読むことができる．e の値を次のようにしてもとめよ．

まず，大きな整数 N をとって $\lambda \Delta t = \dfrac{1}{N}$ とおけば，初期条件 (2) をみたす (1) の解 $x = x(t)$ は，$t = \Delta t$ のとき

$$x(\Delta t) \fallingdotseq 1 + \lambda \Delta t. \qquad (5)$$

となる．他方，(4) から

$$e = x\left(\frac{1}{\lambda}\right) = \left[x\left(\frac{1}{\lambda N}\right)\right]^N.$$

ここで (5) を用い，$N \to \infty$ とすれば

$$e = \lim_{N \to \infty}\left(1 + \frac{1}{N}\right)^N. \qquad (6)$$

そこで，大きい整数 N をとって (6) の右辺の近似値をポケコンで計算する．

第7章　調和振動子

第10講
運動方程式を解く

　万有引力の法則だけから惑星の運動の特徴はすべて導き出せるか？

　惑星にはたらく力は，その惑星の（質量）×（加速度）に等しい，と定義したのだ．その力が万有引力の法則（4.5.11）にしたがうということは，惑星の運動 $r = r(t)$ にたいして

$$m\frac{d^2 r(t)}{dt^2} = -G\frac{mM}{|r(t)|^3}r(t)$$

が常になりたつことを意味している．すなわち，惑星の位置 $r(t)$ は刻々に上の方程式にしたがいつつ変化してゆくということである．だから，問題は，この方程式だけから惑星の運動の特徴はすべて導き出せるか，ということである．

　前講では，惑星が一定の平面の上を運動することとケプラーの第2法則とならば導き出せることを説明した．しかし，そこから先に進むことは難しい．惑星の軌道が楕円形であるというケプラーの第1法則は，上の方程式から一体どうしたら読みとれるのか？　第3法則はどうか？

　急がばまわれ．ここで問題をいくらか簡単にして，'運動方程式$+\alpha$' から運動をきめる練習をしよう．

第 7 章——調和振動子

惑星にはたらく万有引力の特質のうち中心力と引力という点だけは，せめて残して

$$m\frac{d^2\boldsymbol{r}(t)}{dt^2} = -k\,\boldsymbol{r}(t) \tag{0.1}$$

という運動方程式を解く方法を考えよう．右辺の k は正の定数とする．つまり，質点 m にはたらく力は，m の位置 $\boldsymbol{r} = \boldsymbol{r}(t)$ だけできまる'力の場'をなし，

　大　き　さ：座標原点 O からの距離 r に比例．
　方向・向き：各点 $\boldsymbol{r}$ から O に向かう．

座標原点が力の（力の場の）中心になっている．この種の力をうけて運動する質点には**調和振動子**（harmonic oscillator）という名前がついている．

上のような力の場を実現するには，重力のない空間で，たとえばゴムひもをつかって図 7.1 のようにすればよい．ゴムが自然長のとき m がちょうどフック O の位置にくるようにゴムの他端 C を固定する．これでは，m が運動したときフックの支持棒やゴムに衝突してしまうか？　まあ，ゴムも針金も十分に細く，m も十分に小さいといっておこう．

運動方程式 (0.1) でうれしいのは，$\boldsymbol{r} = (x, y, z)$ の各成分ごとの方程式に分離してしまうことである．すなわち，まず両辺の x 成分をとれば

$$m\frac{d^2x}{dt^2} = -kx \tag{0.2}$$

となり，ここには y も z も介入してこない．万有引力のままの惑星の運動方程式には，この単純さはなかった．同様に (0.1) の両辺の y 成分，z 成分をとれば

$$m\frac{d^2y}{dt^2} = -ky, \tag{0.3}$$

$$m\frac{d^2z}{dt^2} = -kz \tag{0.4}$$

となる．たしかに成分ごとの方程式に分離した．だから 1 つ 1 つ別々に攻めることができる．まずは x 成分の方程式 (0.2) から片づけよう．

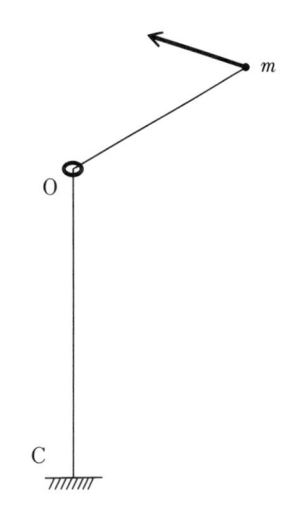

図 7.1　調和振動子．
$\overline{\mathrm{OC}}$ をゴムの自然長に等しくする．でも，フック O をどのようにして支えようか？

7.1 エネルギーの保存

方程式 (0.2) は，いろいろに変形できる．その1つに両辺に dx/dt をかける仕方があって，すなわち

$$m\frac{dx}{dt}\frac{d^2x}{dt^2} = -kx\frac{dx}{dt}$$

とするのだ．その動機は，つぎの式にある：

$$\frac{d}{dt}x^2 = 2x\frac{dx}{dt}.$$

また，x のかわりに dx/dt をおき

$$\frac{d}{dt}\left(\frac{dx}{dt}\right)^2 = 2\frac{dx}{dt}\frac{d^2x}{dt^2}.$$

これらを用いれば，上の方程式から

$$\frac{d}{dt}\left[\frac{1}{2}m\left(\frac{dx}{dt}\right)^2 + \frac{1}{2}kx^2\right] = 0$$

が得られる．[……] の量は時間微分が 0 だというのだから，時刻によらず一定．すなわち

$$\frac{1}{2}mv^2 + \frac{1}{2}kx^2 = \text{const.} \equiv E. \tag{1.1}$$

const. は，もちろん '時刻 t によらないこと' を表わすのである．$v = dx(t)/dt$ も $x = x(t)$ も時刻 t に依存して変化するだろうに，v^2 が増えれば x^2 が減り，v^2 が減れば x^2 が増えて，(1.1) の左辺のような組み合わせをつくれば時刻によらない，というのだ．その一定値を E と書くことにした．時刻によらないのだから，それは $t = 0$ での値に等しく，したがって，初期条件

$$x(0) = x_0, \qquad v(0) = v_0 \tag{1.2}$$

からきまる：

$$E = \frac{1}{2}mv_0^2 + \frac{1}{2}kx_0^2. \tag{1.3}$$

そして，明らかに $E \geqq 0$ である．

これだけのことから，運動方程式 (0.2) にしたがう運動について，いろいろのことが知れる．それで (1.1) には名前がついており，**エネルギー保存** (conservation of energy) の式とよばれる．(1.1) の左辺第 1 項は

運動エネルギー（kinetic energy），

第 2 項は力の場のなかで m が占める位置によってきまるもので

位置のエネルギー（potential energy）

とよばれる．このうち一方が減れば他方は増えて，

和が常に一定

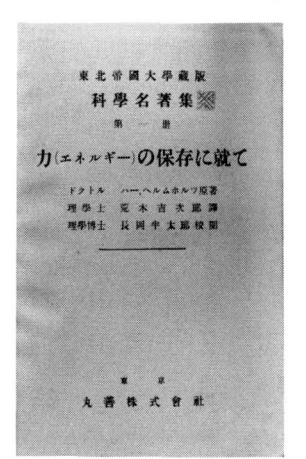

H. ヘルムホルツの著．この訳は科学名著集・第1冊として1913年に刊行された．ベルリン物理学会 (1847) で広範な物理現象にわたってエネルギーの保存を述べた著者27歳の講演は根拠のない思惑とみられ，学術雑誌からも掲載を拒否されたが，数学者 C. G. ヤコビが支持，翌年パンフレットとして刊行された．現在は湯川秀樹・井上健編『現代の科学 I』(世界の名著 65, 中央公論社) の高林武彦訳で読める．1884年，ゲッチンゲン大学哲学部は「いま広く認められるに至ったエネルギー保存の原理はヘルムホルツが述べたものと同じであるようだ．両者の関係を明確にせよ」との懸賞問題をだした．これに応え入選したプランクの論文は『世界大思想全集 48』(春秋社, 1930) に石原 純訳で収録．

という関係にある．運動エネルギーのほうは運動の勢いとして眼に見えるのに，それが減って減り分だけ位置エネルギーが増えると——運動エネルギーが位置エネルギーに姿を変えると，と誰でもいいたくなるのだが——とたんに眼に見えなくなるのでpotential（潜在的な）という形容詞がつかわれるわけだ．図7.1の仕掛けなら，mの位置エネルギーが増すときには必ずゴムが伸びるので，エネルギーがゴムのなかに隠れたと思えばピッタリの感じだろう．

運動の様相

エネルギー保存の式 (1.1) は，x と v を直交軸にとってグラフにすると楕円（図7.2）になる．

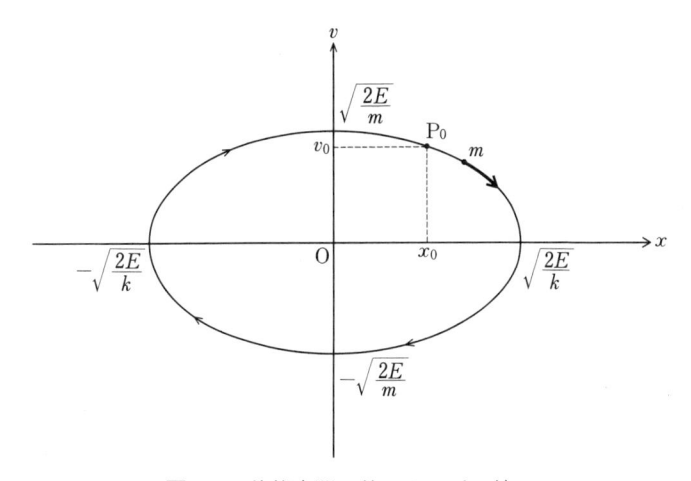

図7.2 状態空間の等エネルギー線．

実際，(1.1) の両辺を E で割って

$$\frac{x^2}{\left(\dfrac{2E}{k}\right)} + \frac{v^2}{\left(\dfrac{2E}{m}\right)} = 1 \tag{1.4}$$

と書けば，これは2つの半径がそれぞれ

$$\sqrt{\frac{2E}{k}}, \quad \sqrt{\frac{2E}{m}}$$

である楕円の方程式である［第7講の (4.4.1) および問題 7.3 を参照］．この楕円は，(x, v) 平面上でエネルギーが一定値 E をとる点の軌跡なので，**等エネルギー線**（縮めて楕円 E）とよぶことにしよう．

以前に 6.3 節で，質点 m の（位置，速度）の組を質点 m の刻々の**状態**とよぶことにした．いまは位置も速度も x 成分しかみて

いないので状態といっても部分的だが，とにかく，それが楕円 E にのっている．(x, v) 平面上で m の刻々の（部分）状態を表わす点 $(x(t), v(t))$ を m の**代表点**（representative point）とよぶ．時刻 t の経過につれて (x, v) 平面上を代表点がどう動いてゆくかが知れれば，m の運動が完全に知れることになる．

初期条件 (1.2) から E をきめたとき $E = 0$ となる場合は，楕円 E が1点 $(x = 0, v = 0)$ に縮退し全然おもしろくない．m の代表点は原点に鎮座ましまして動かない．

$E > 0$ の場合には，楕円 E は図 7.2 のようになり，その上に初期条件 (1.2) を表わす点ものっているはずである．その位置を仮に図 7.2 の P_0 とすれば，この場合 $x_0 > 0, v_0 > 0$ で，後者は $t = 0$ の瞬間に質点 m が x 軸上を正の向きに動いていたことを意味する．図 7.2 でいえば，m の代表点は楕円 E の上を x の増す向きに動いてゆく．そして，その向きの動きを x 軸にぶつかるまで続けるだろう．x 軸にぶつかったところでは $v = 0$ だから m は一瞬たじろいで静止し，次の瞬間には O に向かう引力のせいで x が減る向きに動きだす．v は負になり，絶対値を増してゆくだろう．これは，m の代表点が楕円 E の上を滑って (x, v) 平面上の第 IV 象限に入ってゆくということである．以下同様．一口にいえば，

> m の代表点は (x, v) 平面上の等エネルギー線の上を
> '時計まわりに' まわってゆく．

グルグル，グルグル，……とまわりつづける．代表点の x 座標が m の刻々の位置を示し，これから，m は

$$振幅： A = \sqrt{\frac{2E}{k}} \tag{1.5}$$

の往復振動をすることがわかる．m の速度 v の時間変化もやはり振動的であって，その振幅は $\sqrt{2E/m}$，これは x の振幅 (1.5) の $\sqrt{\frac{k}{m}}$ 倍である．

7.2 運動方程式の解

質点 m の往復振動の時間的経過はどうなるか？　そこまで立ち入るには運動方程式 (0.2) の解をもとめなければならない．

それにも，もちろん前節の考察が役立つのである．以下の計算を簡単にするため，はじめに前節の楕円 E を円に変換しておこう．そのために，v の代わりに，それを $\sqrt{\frac{k}{m}}$ で割った

$$u \equiv \sqrt{\frac{m}{k}}v \qquad (2.1)$$

をもちいることにする．そうすると，実際，楕円 E の方程式 (1.4) は

$$x^2 + u^2 = A^2 \qquad (2.2)$$

という円の方程式になる．(x, u) 平面上のそのグラフを円 A とよぼう．A の値は (1.5) にあたえられている．

運動方程式 (0.2) も簡単になる．というのは，それを，ひとまず

$$\frac{dx}{dt} = v, \qquad \frac{dv}{dt} = -\frac{k}{m}x$$

と分けて書き，u をもちいると

$$\left. \begin{array}{l} \dfrac{dx}{dt} = \omega u \\[4pt] \dfrac{du}{dt} = -\omega x \end{array} \right\} \quad \omega = \sqrt{\frac{k}{m}} \qquad (2.3)$$

というかなり対称的な形になるからである．簡単というよりむしろ美しい．ここで $\sqrt{k/m}$ を ω とおいた．

この (2.3) の第 1 式に x を，第 2 式に u をかけて辺々加え合わせると

$$x\frac{dx}{dt} + u\frac{du}{dt} = 0$$

が得られ，直ちに (2.2) の $x^2 + u^2$ が保存されることが知られる．**保存** (conserve) されるというのは，まえにも見たとおり，その量が時間的に一定，すなわち時間がたっても減りもせず増えもしないことであって，実際

$$\frac{d}{dt}(x^2 + u^2) = 2\left(x\frac{dx}{dt} + u\frac{du}{dt}\right) = 0$$

となる．

保存される量は，もうひとつあって，それは (2.3) の第 1 式に $-u$ を，第 2 式に x をかけて辺々加えれば得られる：

$$x\frac{du}{dt} - u\frac{dx}{dt} = -\omega A^2 \qquad (2.4)$$

ただし，右辺に (2.2) をもちいた．(2.4) の左辺も幾何学的な意味をもっている．すなわち，(x, u) 平面上で円 A の上を動く m の代表点 $(x(t), u(t))$ の '面積速度' の 2 倍である（図 7.3，第 9 講の問題 9.1 も参照）．同様のことは，すでに何度か出てきたが，以前の式 (4.3.8) ないし図 4.4 を思い出していただけばわかる．

図 7.3

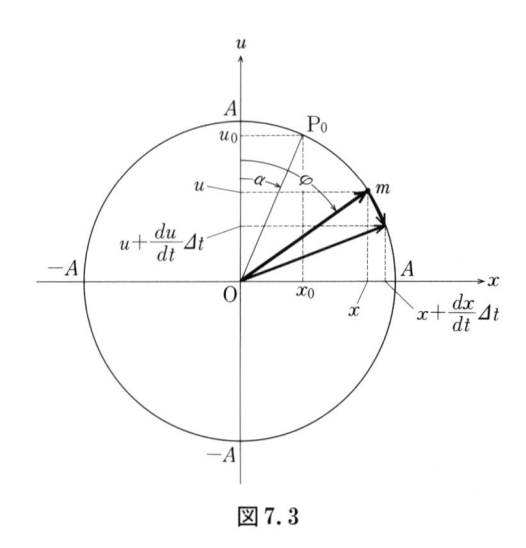

あるいはベクトル積

$$(x, u, 0) \times \left(\frac{dx}{dt}, \frac{du}{dt}, 0\right) = \left(0, 0, x\frac{du}{dt} - u\frac{dx}{dt}\right)$$

を考えていただいてもよい．ただし，形式を整えるため左辺のベクトルに第 3 成分として 0 を書き加えた．

(2.4) は m の代表点の面積速度が負であることを示している．これは，代表点が円 A の上を時計まわりにまわるということで，前節ですでに見たとおりである．いま代表点が描くのは円軌道だから，面積速度一定は動径 $\overrightarrow{Om}$ の回転の速さが一定なことを意味する．一般に，回転の速さを単位時間あたりの回転角 (radian 単位) で表わし**角速度** (angular velocity) という．いまの場合，半径 A の円周上を '面積速度の 2 倍' が $-\omega A^2$ という速さでまわるので，角速度は $-\omega$ となる．そこで，図 7.3 のように u 軸のほうから角度 φ を測ることにすれば

$$\varphi = \omega t + \alpha. \tag{2.5}$$

ここで角 α は m の代表点の初期位置を指定するもので

$$A \sin \alpha = x_0, \quad A \cos \alpha = u_0 \equiv \sqrt{\frac{m}{k}} v_0. \tag{2.6}$$

したがって，

$$x(t) = A \sin(\omega t + \alpha). \tag{2.7}$$

これが運動方程式 (0.2) の解で，初期条件 (1.2) にしたがうものである．ついでに書けば

$$v(t) = \sqrt{\frac{k}{m}} u(t) = \omega A \cos(\omega t + \alpha). \tag{2.8}$$

となる（問題 10.2 を参照）．

これらをグラフにすれば図7.4のとおりである．確かに m は $x=0$ を中心に往復振動をしている．これが**単純調和振動**（simple harmonic motion）といわれるものである．その刻々の状態 $(x(t), v(t))$ は (2.5) の値できまるから，その φ を振動の**位相**（phase）という．phase は '様相'，'局面' の意味である．振動の周期 T は，位相が 2π だけ増すのに要する時間として計算され

$$T = \frac{2\pi}{\omega} = 2\pi\sqrt{\frac{m}{k}}.$$

これを $\omega = 2\pi/T$ と読めば，ω は時間 2π の間におこる振動の数という意味をもつことが知れる．これを**角振動数**（angular frequency）とよぶ．

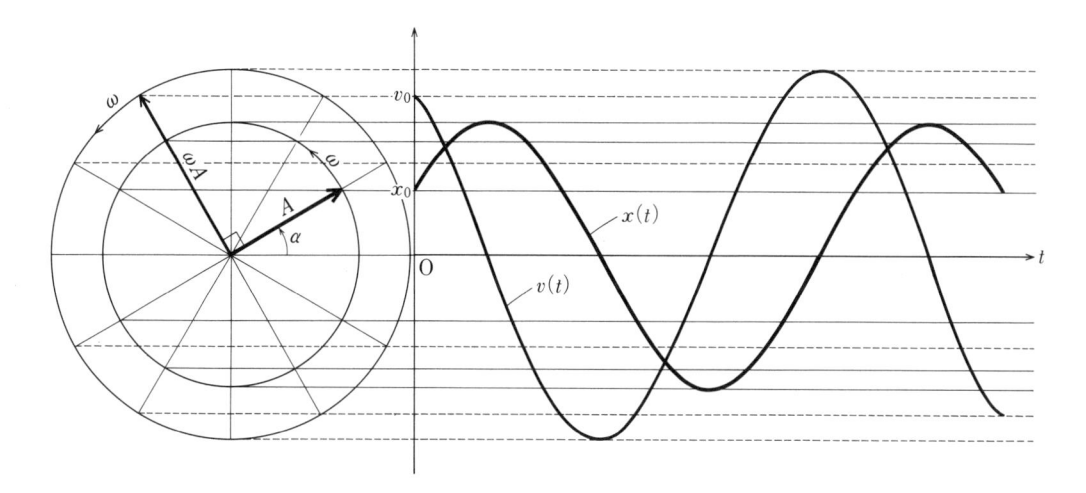

図 7.4 単純調和振動 $x(t)$ とその速度 $v(t)$.
$$\left.\begin{array}{l} x(t) = A\sin(\omega t + \alpha) \\ v(t) = \omega A \sin\left(\omega t + \alpha + \frac{\pi}{2}\right) \end{array}\right\} \quad \left(\omega = \sqrt{\frac{k}{m}}\right)$$

7.3 解の一意性

運動方程式 (0.2) をみたす運動は初期条件 (1.2) から一意的にきまることを証明しよう．

いま仮に (0.2) と (1.2) をみたす運動が $x^{(1)}(t)$ と $x^{(2)}(t)$ の2つあったとしよう．それらの差

$$x(t) = x^{(1)}(t) - x^{(2)}(t) \tag{3.1}$$

を考えると，これも運動方程式 (0.2) をみたし，初期条件

$$x(0) = 0, \quad v(0) = 0 \tag{3.2}$$

をみたすことがすぐわかる．したがって，この運動は (x, v) 平

面上の楕円 E が原点に縮退してしまう場合にあたる．よって，すべての t で
$$x(t) = 0.$$
すなわち
$$x^{(1)}(t) = x^{(2)}(t). \tag{3.3}$$
となり，2つの運動は実は同一であったことがわかる．

7.4 楕円振動

運動方程式 (0.1) に帰ろう．これは $\boldsymbol{r} = (x, y, z)$ の各成分にたいする方程式に分離し，それぞれの方程式を別々に解けばよいというのだった．

$\boldsymbol{r}$ の x 成分にたいする方程式は，上に解いた：
$$x(t) = A\sin(\omega t + \alpha)$$
y, z 成分の方程式も同じ形だから
$$y(t) = B\sin(\omega t + \beta), \qquad z(t) = C\sin(\omega t + \gamma)$$
B や β などは A, α と同じく初期条件からきまる定数である．

いま，特に $C = 0, \alpha = \beta + \dfrac{\pi}{2}$ となる場合を考えてみよう．一般の場合も，xyz 座標軸を適当に回転すればこの場合に帰着することが証明できる（問題 10.7）．

いまの場合，
$$\left. \begin{aligned} x(t) &= A\cos(\omega t + \beta) \\ y(t) &= B\sin(\omega t + \beta) \\ z(t) &= 0 \end{aligned} \right\} \tag{4.1}$$
となるので，質点 m の軌道は xy 平面上にあって，楕円
$$\frac{x^2}{A^2} + \frac{y^2}{B^2} = 1 \tag{4.2}$$
である．

この楕円軌道の上を走る m にたいして面積速度一定の法則がなりたつはずだ．なぜなら，m にはたらく力は――(0.1) に見るとおり――中心力なのだから．実際，m の '面積速度の 2 倍' h を，(2.4) の左辺にならって (4.1) から計算してみると
$$h = x\frac{dy}{dt} - y\frac{dx}{dt} = \omega AB \tag{4.3}$$
となり，確かに一定である！ 楕円の面積は (4.4.10) でも注意した公式により $\pi|AB|$ となる．これを面積速度の大きさ $|h|/2$ で割れば m が軌道を 1 周する時間になるはずだ．確かめておこ

う：
$$\frac{\pi|AB|}{|h|/2} = \frac{2\pi}{\omega}. \tag{4.4}$$

これは x と y の振動の周期 T であり，確かに m の公転周期に一致している！

●問題

10.1 角 θ をラジアン単位で測るものとして
$$\frac{d}{d\theta}\sin\theta = \cos\theta, \tag{1}$$
$$\frac{d}{d\theta}\cos\theta = -\sin\theta \tag{2}$$
を示せ．

10.2 本文の運動 (2.7)，すなわち
$$x(t) = A\sin(\omega t + \alpha)$$
が調和振動子（質量 m，バネ定数 k）の運動方程式 (0.2) をみたすことを微分計算によって示せ．ここに，ω は
$$\omega = \sqrt{\frac{k}{m}}$$
であり，A と α は任意の定数である．

10.3 天井からつりさげた長さ l の軽い糸の先に質量 m のオモリをつけた振り子がある（**単振子**，simple pendulum）．

糸の支点を原点とし，水平方向に x 軸，鉛直下方に z 軸をとる．xz 平面内で振動する振子の運動について：

（a） 糸の張力を $T(t)$，重力加速度を g として運動方程式を書け（図 7.5）．

これは $x = x(t)$ に対する式と $z = z(t)$ に対する式の連立微分方程式になる．

（b） 上の運動方程式から $T(t)$ を消去して
$$\frac{d}{dt}\left(z\frac{dx}{dt} - x\frac{dz}{dt}\right) = -gx \tag{1}$$
を導け．

（c） 糸の長さが一定値 l であることを用いて (1) から z を消去し
$$\frac{d}{dt}\left(\frac{l^2}{\sqrt{l^2-x^2}}\frac{dx}{dt}\right) = -gx \tag{2}$$
を導け．

（d） 仮に $|x| \ll l$ と仮定すれば，(2) は
$$\frac{d^2 x}{dt^2} = -\frac{g}{l}x \tag{3}$$
となる．いま，x_0, v_0 はあたえられたものとして，初期条件

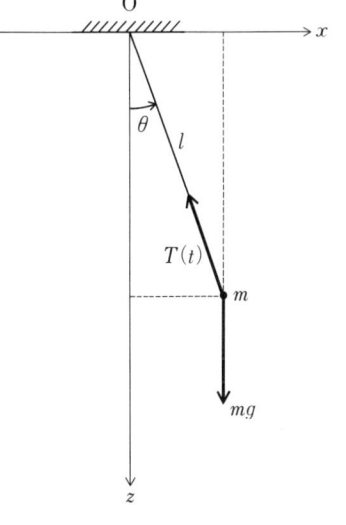

図 7.5

$$t=0 \text{ で } x=x_0, \quad \frac{dx}{dt}=v_0 \tag{4}$$

をみたす (3) の解をもとめよ．

この解は，初期条件 (4) がある条件をみたすとき仮定 $|x| \ll l$ はどの時刻でも常になりたつ．この条件はなにか？ このときの m の運動を**微小振動** (small oscillasion) とよぶ．

（e） 前問の微小振動における糸の張力 $T(t)$ の時間変化を決定せよ．

（f） 運動方程式 (2) にもどり，これからエネルギー保存則を導け．

（g） (a) の運動方程式からエネルギー保存則を導け．これは (f) で導いたものと同等か？

10.4 前問の方程式 (3) を振り子の振れの角 θ に対する方程式に書き直せ．θ の振幅が 1 に比べて極めて小さい（微小振動）場合に，その方程式を解け．

10.5 調和振動子の運動 (2.7) について，その 1 周期 T にわたる位置エネルギー V の時間平均

$$\langle V \rangle_{\text{平均}} = \frac{1}{T}\int_0^T V(x(t))\,dt$$

を計算せよ．運動エネルギー K の同様の平均 $\langle K \rangle_{\text{平均}}$ を計算し，

$$\langle K \rangle_{\text{平均}} = \langle V \rangle_{\text{平均}}$$

となることを示せ．調和振動子では，運動エネルギーと位置エネルギーは時間平均において互に等しいのである（ヴィリアル定理）．

10.6 2次形式

$$Px^2 + Qy^2 + 2Rxy = 1$$

が xy 平面上に定める曲線はなにか．もちろん，係数 P, Q, R のうち少なくとも 1 つは 0 でないとする（その曲線は係数の符号や相互関係によって，いろいろに変わる）．

10.7 運動方程式 (0.1) の解である 3 次元運動（**7.4** 節の楕円振動）の軌道は，一平面上にあって，一般に楕円であることを示せ．

10.8 虚数 $i\omega t$（ω は実数，$-\infty < t < \infty$）を指数にもつ指数関数を

$$e^{i\omega t} = \cos \omega t + i \sin \omega t \tag{1}$$

によって定義する．そうすると

$$x(t) = e^{i\omega t} \tag{2}$$

は，問題 9.4 の (1) で右辺の実数係数 λ を虚数 $i\omega$ でおきかえた微分方程式

$$\frac{dx(t)}{dt} = i\omega\, x(t) \tag{3}$$

の解であって，初期条件

$$x(0) = 1 \tag{4}$$

をみたすことを確かめよ．このような解は一意にきまることを示

せ.

10.9 微分方程式
$$\frac{d^2x}{d\theta^2} = -x$$
の解で，初期条件
$$x(0) = 0 \qquad \frac{dx(0)}{d\theta} = 1$$
をみたす関数 $x = x(\theta)$ を考える．

（ⅰ） このような関数は，存在すれば，一意的であることを示せ．

（ⅱ） $x(\theta) = \sin\theta$
は，そのような関数であることを確かめよ．

（ⅲ） $x(\theta) = Ae^{i\theta} + Be^{-i\theta}$
も，そのような関数となるように定数 A, B を決定せよ．

（ⅳ） 以上によって，サイン関数の指数関数表示
$$\sin\theta = \frac{e^{i\theta} - e^{-i\theta}}{2i}$$
が得られる．同様にして，コサイン関数の指数関数表示
$$\cos\theta = \frac{e^{i\theta} + e^{-i\theta}}{2}$$
を導け．これらの表示は，もちろん問題 10.8 の (1) から直接に導かれるものと一致している．

10.10 a, b を実定数とし，$-\infty < t < \infty$ とするとき，複素数 $(a+ib)t$ を指数にもつ指数関数は
$$e^{(a+ib)t} = e^{at} \cdot e^{ibt}$$
によって定義される．これが t の関数としてみたす 2 階の実定係数の微分方程式をもとめよ．それを調和振動子の微分方程式に比べて，余分に加わっている項に物理的な解釈をあたえよ．

10.11 (2.7.11) によればベクトル $\boldsymbol{A}$ の成分 (A_x, A_y, A_z) は，座標系を x 軸のまわりに「無限小」の角 $d\phi$ だけ回転すると
$$\begin{pmatrix} A_x(\phi+d\phi) \\ A_y(\phi+d\phi) \\ A_z(\phi+d\phi) \end{pmatrix} = \begin{pmatrix} 1 & 0 & 0 \\ 0 & 1 & d\phi \\ 0 & -d\phi & 1 \end{pmatrix} \begin{pmatrix} A_x(\phi) \\ A_y(\phi) \\ A_z(\phi) \end{pmatrix}$$
に変わる．これによれば——当然のことながら——A_x は変わらないから，変わるところだけ書いて
$$\begin{pmatrix} A_y(\phi+d\phi) \\ A_z(\phi+d\phi) \end{pmatrix} = \begin{pmatrix} 1 & d\phi \\ -d\phi & 1 \end{pmatrix} \begin{pmatrix} A_y(\phi) \\ A_z(\phi) \end{pmatrix}$$
としよう．両辺から $\begin{pmatrix} A_y(\phi) \\ A_z(\phi) \end{pmatrix}$ を引いて $d\phi$ で割ると（本当は，$d\phi$ は初め $\Delta\phi$ としておき，割り算の後で $\Delta\phi \to 0$ とする）
$$\frac{d}{d\phi}\begin{pmatrix} A_y(\phi) \\ A_z(\phi) \end{pmatrix} = \begin{pmatrix} 0 & 1 \\ -1 & 0 \end{pmatrix} \begin{pmatrix} A_y(\phi) \\ A_z(\phi) \end{pmatrix}$$

という微分方程式が得られる．すなわち

$$\frac{d}{d\phi}A_y(\phi) = A_z(\phi)$$

$$\frac{d}{d\phi}A_z(\phi) = -A_y(\phi).$$

これを解いて $\begin{pmatrix}A_y(\phi)\\A_z(\phi)\end{pmatrix}$ と $\begin{pmatrix}A_y(0)\\A_z(0)\end{pmatrix}$ との関係を定めよ．その結果は，座標系を x 軸のまわりに「有限」の角 ϕ だけ回転したときの関係に一致しているか？

屋根瓦のポテンシャル*

　プランクはエネルギー量子 $h\nu$ の発見 (1900) によって量子論への糸口を見出した人で，プランク定数 h に名をとどめている．

　彼の講演集『現代物理学の思想』に「過ぎし日々への個人的回想」という題の1章があって，その中にこんな挿話が語られている——

　私と物理学との出逢いは，ミュンヘンのマクシミリアン・ギムナジウムの数学講師，ヘルマン・ミュラーを介してであった．彼は壮年期の明敏な才知の人で，物理法則の意味を，はっきりとした印象深い例によって明らかに示す術を心得ていた．……

　位置エネルギー，運動エネルギーの好例としてミュラー先生が語った「重い瓦を屋根の上に苦労して引き上げる職人」の話を私は忘れることができない．

　すなわち，このとき職人がした仕事は，なくなってしまうのではなく，位置エネルギーとして蓄えられ何年間も保存されているのだ．いつの日かその瓦がはがれれば，たまたま通りかかった人の頭上に落ち，運動エネルギーをもって襲いかかるといったことにもなろう，というのである．

　＊　マクス・プランク：『現代物理学の思想——講演と回想』（田中加夫ほか訳，法律文化社，1971），上巻，p.1．

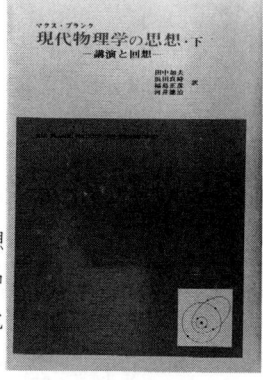

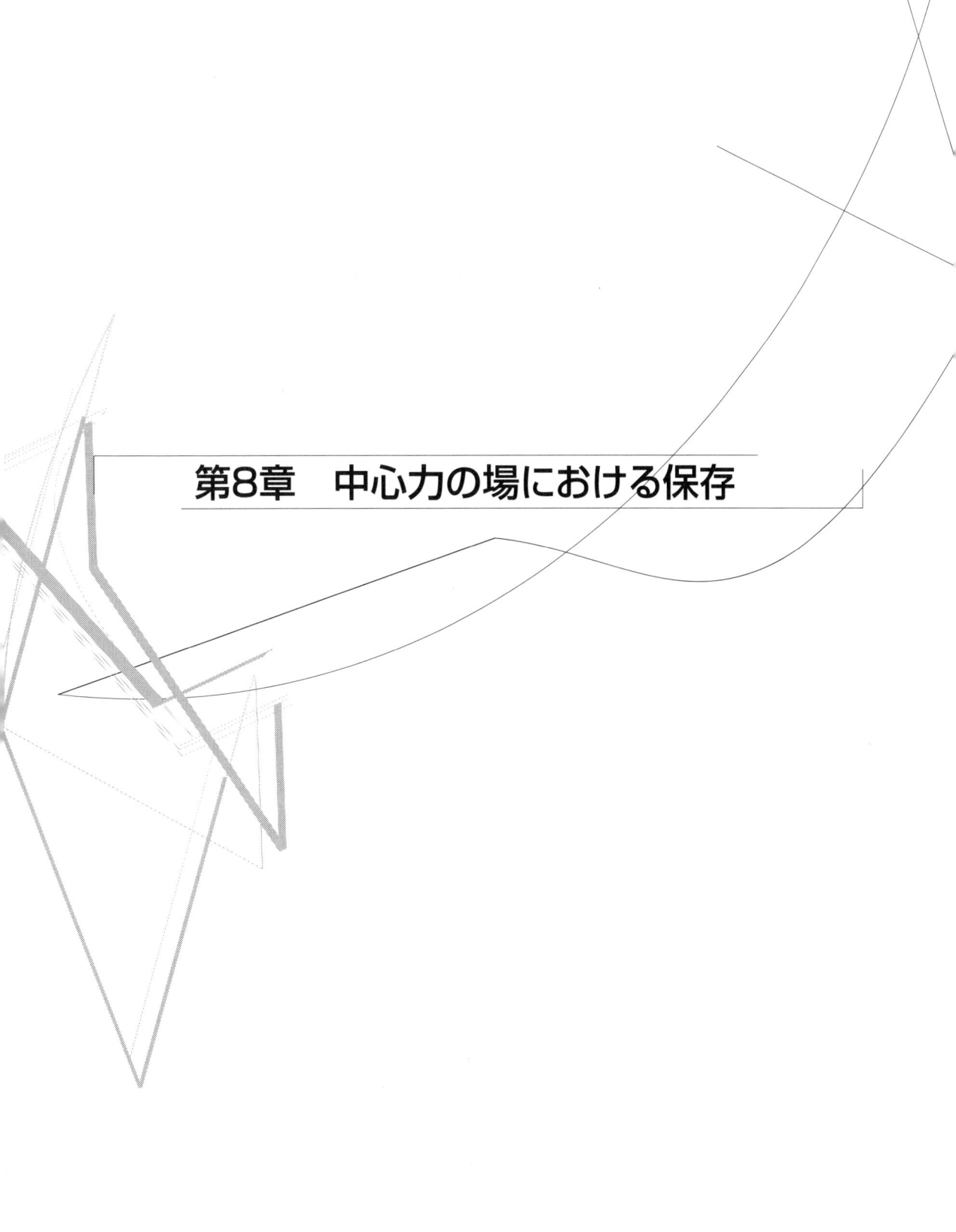

第8章　中心力の場における保存

第11講
保存則の効用

惑星の運動は，運動方程式

$$m\frac{d^2\bm{r}(t)}{dt^2} = -G\frac{mM}{|\bm{r}(t)|^3}\bm{r}(t)$$

にしたがう．この方程式だけから惑星の運動の特徴はすべて導き出せるか？

この問題は難しそうなので，前講では簡単化した方程式へ一歩後退した．調和振動子の運動方程式で手ならしをすることにしたのである．この方程式は，しかし特殊でありすぎた．$\bm{r}=(x,y,z)$ の各成分ごとの方程式に分離してしまったからで，前回の考えの運びは，いかにもその特殊性にもたれかかりすぎている．その方法は，すぐには惑星の運動方程式には通用しない．

そこで今回は，同じ調和振動子の方程式を，成分に分けることはしないで丸ごと扱うことを考えよう．

第8章——中心力の場における保存

前回の手ならしで知ったことの1つは，エネルギーの保存という事実から運動の様相がかなり見通せるということである．そのエネルギー保存の式を導き出すには，成分で書いた運動方程式 $md^2x/dt^2 = -kx$ の両辺に速度 dx/dt をかけて

$$m\frac{dx}{dt}\frac{d^2x}{dt^2} = -kx\frac{dx}{dt} \tag{0.1}$$

とし，左辺と右辺のそれぞれを恒等式

$$\frac{1}{2}\frac{d}{dt}\left(\frac{dx}{dt}\right)^2 = \frac{dx}{dt}\frac{d^2x}{dt^2}, \qquad \frac{1}{2}\frac{d}{dt}x^2 = x\frac{dx}{dt} \tag{0.2}$$

によって書き直したのだった．それに当たることを，こんどはベクトル方程式のままで行なうことを工夫しなければならない．運動方程式は——こんどもまずは調和振動子を考えるが——

$$m\frac{d^2\bm{r}}{dt^2} = -k\bm{r} \qquad (k = \text{const.} > 0) \tag{0.3}$$

という'ベクトル＝ベクトル'の形であり，その両辺に速度 $d\bm{r}/dt$ という，これまたベクトルをかける．その積の演算からして考える必要がある．

ベクトルの積には2通りある——スカラー積（2.6節）とベクトル積（2.8節）と．

さて，どちらの積をとろうか？

8.1 スカラー積の微分

運動方程式 (0.3) の両辺と速度 $d\bm{r}/dt$ のスカラー積をそれぞれつくったとしよう：

$$m\frac{d\bm{r}}{dt} \cdot \frac{d^2\bm{r}}{dt^2} = -k\bm{r} \cdot \frac{d\bm{r}}{dt}. \tag{1.1}$$

ここでも，さきの恒等式 (0.2) に対応して，右辺に対し

$$\frac{1}{2}\frac{d}{dt}\bm{r}^2 = \frac{1}{2}\frac{d}{dt}(\bm{r} \cdot \bm{r}) = \bm{r} \cdot \frac{d\bm{r}}{dt} \tag{1.2}$$

という恒等式がなりたつだろうか？　左辺に対して

$$\frac{1}{2}\frac{d}{dt}\left(\frac{d\bm{r}}{dt}\right)^2 = \frac{1}{2}\frac{d}{dt}\left(\frac{d\bm{r}}{dt} \cdot \frac{d\bm{r}}{dt}\right) = \frac{d\bm{r}}{dt} \cdot \frac{d^2\bm{r}}{dt^2} \tag{1.3}$$

がなりたつだろうか？

(1.2) から調べよう．$\bm{r} = \bm{r}(t)$ の2乗を t で微分するというのは

$$\lim_{\Delta t \to 0}\frac{\bm{r}(t+\Delta t)^2 - \bm{r}(t)^2}{\Delta t}$$

を計算することである．これは，いま

$$\bm{r}(t+\Delta t) - \bm{r}(t) = \Delta \bm{r}$$

とおけば，

$$\bm{r}(t+\Delta t)^2 - \bm{r}(t)^2 = (\bm{r}(t) + \Delta \bm{r})^2 - \bm{r}(t)^2$$
$$= 2\bm{r}(t) \cdot \Delta \bm{r} + (\Delta \bm{r})^2$$

となるので
$$\frac{d}{dt}\boldsymbol{r}^2 = \lim_{\Delta t \to 0}\Bigl[2\boldsymbol{r}(t)\cdot\frac{\Delta \boldsymbol{r}}{\Delta t}+\Bigl(\frac{\Delta \boldsymbol{r}}{\Delta t}\Bigr)^2\Delta t\Bigr].$$
そして，いま速度の存在はもちろん仮定するから
$$\lim_{\Delta t \to 0}\frac{\Delta \boldsymbol{r}}{\Delta t} \equiv \lim_{\Delta t \to 0}\frac{\boldsymbol{r}(t+\Delta t)-\boldsymbol{r}(t)}{\Delta t} = \frac{d\boldsymbol{r}(t)}{dt}$$
が有限確定となり，上の式の［……］のなかで第2項は $\Delta t \to 0$ のとき落ちて (1.2) が得られる．

この計算は，$\boldsymbol{r}=(x,y,z)$ の成分をもちいて行なうこともできる．すなわち，'ベクトルのスカラー積は成分の積の和に等しい' という公式 (2.6.7) によって（そんな牛刀がいま必要だろうか？）
$$\boldsymbol{r}^2 = x^2+y^2+z^2$$
とした上で，右辺の形によって微分を実行するのである．

その際，たとえば x^2 は，t の関数である $x=x(t)$ の2乗ということだから，合成関数の微分の公式（問題3.2）により
$$\frac{d}{dt}x(t)^2 = \frac{dx^2}{dx}\frac{dx(t)}{dt} = 2x\cdot\frac{dx(t)}{dt}$$
となることに注意して
$$\frac{d}{dt}\boldsymbol{r}^2 = 2\Bigl[x\frac{dx}{dt}+y\frac{dy}{dt}+z\frac{dz}{dt}\Bigr]$$
となる．しかるに右辺は，2つのベクトル
$$\boldsymbol{r}=(x,y,z) \quad \text{と} \quad \frac{d\boldsymbol{r}}{dt}=\Bigl(\frac{dx}{dt},\frac{dy}{dt},\frac{dz}{dt}\Bigr)$$
の成分同士の積の和だから，つまり，これらのベクトルのスカラー積に等しい．こうして (1.2) が再び確かめられた．

(1.3) も，上の $\boldsymbol{r}$ の代わりに $d\boldsymbol{r}/dt$ をおいて考えれば直ちに確かめられる．成分をもちいて計算する場合を示せば
$$\frac{1}{2}\frac{d}{dt}\Bigl[\Bigl(\frac{dx}{dt}\Bigr)^2+\Bigl(\frac{dy}{dt}\Bigr)^2+\Bigl(\frac{dz}{dt}\Bigr)^2\Bigr]$$
$$= \frac{dx}{dt}\frac{d^2x}{dt^2}+\frac{dy}{dt}\frac{d^2y}{dt^2}+\frac{dz}{dt}\frac{d^2z}{dt^2}$$
というぐあい．

こうして，公式 (1.2), (1.3) が確かめられたので，それらをもちいて (1.1) を
$$\frac{d}{dt}\Bigl[\frac{m}{2}\Bigl(\frac{d\boldsymbol{r}}{dt}\Bigr)^2+\frac{k}{2}\boldsymbol{r}^2\Bigr] = 0$$

と書き直すことができ，**エネルギー保存の式**

$$\frac{m}{2}\left(\frac{d\boldsymbol{r}}{dt}\right)^2 + \frac{k}{2}\boldsymbol{r}^2 = \text{const.} \equiv E \tag{1.4}$$

が得られる．$\boldsymbol{r} = \boldsymbol{r}(t)$ も $\boldsymbol{v} = d\boldsymbol{r}(t)/dt$ も時刻 t に依存して変化するだろうに (1.4) の左辺のような組み合わせは変化しないということを，この結果は意味しているのだ．それが '保存' ということである．

しかし，前講の 1 次元問題とちがって，このエネルギー保存の式 (1.4) から m の運動の様相を見てとるのは難しい．仮に m が力の中心 O から遠ざかる向きに運動して $\boldsymbol{r}^2$ が増えたとしよう．そのとき運動エネルギー

$$\frac{1}{2}m\boldsymbol{v}^2 = \frac{1}{2}m\left[\left(\frac{dx}{dt}\right)^2 + \left(\frac{dy}{dt}\right)^2 + \left(\frac{dz}{dt}\right)^2\right] \tag{1.5}$$

が減るべきことはエネルギー保存則から知れるが，しかし，この 3 次元の運動では $(m/2)(dx/dt)^2$ が減るのか，それとも y のほうか z のほうかはわからない．これでは運動の様相を見てとるのに手がかりが不足である．

それでも，エネルギー保存則が得られたのだから，運動方程式の両辺に速度をスカラー的にかけたのは成功であったとすべきか．

なお，一般に t のベクトル値関数 $\boldsymbol{A} = \boldsymbol{A}(t)$，$\boldsymbol{B} = \boldsymbol{B}(t)$ があって，それぞれが微分可能であるものとすれば，**一般公式**

$$\frac{d}{dt}(\boldsymbol{A}\cdot\boldsymbol{B}) = \frac{d\boldsymbol{A}}{dt}\cdot\boldsymbol{B} + \boldsymbol{A}\cdot\frac{d\boldsymbol{B}}{dt} \tag{1.6}$$

がなりたつ．形の上では，普通の '積の微分の公式' とちがわない．これは (1.2) で $\boldsymbol{r} = \boldsymbol{A} + \boldsymbol{B}$ とおいてみれば直ちに得られる．

8.2 ベクトル積の微分

運動方程式 (0.3) の両辺に速度 $d\boldsymbol{r}/dt$ をベクトル的にかけていたら，どうなっただろう？ すなわち

$$m\frac{d^2\boldsymbol{r}}{dt^2}\times\frac{d\boldsymbol{r}}{dt} = -k\boldsymbol{r}\times\frac{d\boldsymbol{r}}{dt} \tag{2.1}$$

から何か保存則が得られるだろうか？ この式の左辺と右辺にあるベクトル積に対しても，スカラー積に対する恒等式 (1.2)，(1.3) のようなものがなりたつだろうか？

なお，念のために注意するのだが，ベクトル積は (2.8.8) が示

すように可換でないから，(2.1)の左辺を $m(d\boldsymbol{r}/dt)\times(d^2\boldsymbol{r}/dt^2)$ などと書き直してはいけない．

さて，一般に t のベクトル値関数 $\boldsymbol{A}=\boldsymbol{A}(t)$, $\boldsymbol{B}=\boldsymbol{B}(t)$ があって，それぞれ微分可能であるとしよう．このとき**一般公式**

$$\frac{d}{dt}[\boldsymbol{A}\times\boldsymbol{B}] = \frac{d\boldsymbol{A}}{dt}\times\boldsymbol{B}+\boldsymbol{A}\times\frac{d\boldsymbol{B}}{dt} \tag{2.2}$$

がなりたつ．これも形の上では普通の'積の微分の公式'とちがわないが，因子の順序が変えられないことを忘れてはいけない．

(2.2)を証明しよう．この式の左辺は

$$\lim_{\Delta t\to 0}\frac{\boldsymbol{A}(t+\Delta t)\times\boldsymbol{B}(t+\Delta t)-\boldsymbol{A}(t)\times\boldsymbol{B}(t)}{\Delta t}$$

の意味であるが，

$$\boldsymbol{A}(t+\Delta t)-\boldsymbol{A}(t)=\Delta\boldsymbol{A}$$

などとおけば，問題 5.4 で確かめたベクトル積の分配則により

$$\boldsymbol{A}(t+\Delta t)\times\boldsymbol{B}(t+\Delta t)-\boldsymbol{A}(t)\times\boldsymbol{B}(t)$$
$$=\Delta\boldsymbol{A}\times\boldsymbol{B}(t)+\boldsymbol{A}(t)\times\Delta\boldsymbol{B}+\Delta\boldsymbol{A}\times\Delta\boldsymbol{B}$$

となるから

$$\frac{d}{dt}[\boldsymbol{A}\times\boldsymbol{B}]$$
$$=\lim_{\Delta t\to 0}\left[\frac{\Delta\boldsymbol{A}}{\Delta t}\times\boldsymbol{B}+\boldsymbol{A}\times\frac{\Delta\boldsymbol{B}}{\Delta t}+\frac{\Delta\boldsymbol{A}}{\Delta t}\times\frac{\Delta\boldsymbol{B}}{\Delta t}\cdot\Delta t\right].$$

ここで，$\boldsymbol{A},\boldsymbol{B}$ ともに微分可能としているから (2.2) が得られる．

この公式 (2.2) からスカラー積の場合の (1.2) に相当するものが得られるとすれば，$\boldsymbol{A}=\boldsymbol{B}=\boldsymbol{r}$ とおいたときだろうか．そのようにおくと，$\boldsymbol{r}\times\boldsymbol{r}=0$ だから

$$0=\frac{d\boldsymbol{r}}{dt}\times\boldsymbol{r}+\boldsymbol{r}\times\frac{d\boldsymbol{r}}{dt}$$

これは如何にも当然の式で（トリヴィアルで），役に立たない．$\boldsymbol{A}=\boldsymbol{B}=d\boldsymbol{r}/dt$ とおいても役に立つ式は出てこない．おやおや！

8.3　角運動量の保存則

おもしろいのは，(2.2) で $\boldsymbol{A}=\boldsymbol{r}, \boldsymbol{B}=d\boldsymbol{r}/dt$ とおいたときである．そのときには

$$\frac{d}{dt}\left[\boldsymbol{r}\times\frac{d\boldsymbol{r}}{dt}\right]=\boldsymbol{r}\times\frac{d^2\boldsymbol{r}}{dt^2} \tag{3.1}$$

が得られる．(2.2) の右辺第1項に当たる項は

$$\frac{d\bm{r}}{dt} \times \frac{d\bm{r}}{dt} = 0$$

となって落ちるからである．(3.1) の右辺は，これに m をかけると，運動方程式 (0.3) の左辺に '左から' $\bm{r}$ をベクトル的にかけた形をしている．そこで，右辺に対しても同様にして

$$\frac{d}{dt}\left[\bm{r} \times m\frac{d\bm{r}}{dt}\right] = -k\bm{r} \times \bm{r} = 0. \tag{3.2}$$

これは保存則だ！ すなわち，**角運動量の保存則**

$$\bm{r} \times \bm{p} = \text{const.} \equiv \bm{l} \tag{3.3}$$

である．ただし

$$\bm{p} = m\frac{d\bm{r}}{dt} \tag{3.4}$$

は**運動量**（momentum）であって，これに対して $\bm{r} \times \bm{p}$ を**角運動量**（angular momentum）とよぶのである（図 8.1）．momentum というのは，もともと '運動' とともに '重要性' をも意味するラテン語で，辞書によれば '運動の量'（quantity of motion）の意味にもちいられたのは 1699 年が最初だというから『プリンキピア』（1686）より後のことになる．

運動の量を '速度に比例する' とすべきか '速度の2乗に比例する' とすべきかで，デカルト派とライプニッツ派が半世紀にわたって論争した[1),2)]．前者が運動量，後者は運動エネルギーにあたる．それぞれが力学のなかに占めるべき位置をもつことを明言して論争を終結させたのはダランベール（Jean Le Rond d'Alembert, 1717-83）の『力学』（1743）である．なお，ライプニッツは mv^2 で運動の量を測ったのであって，これに因子 1/2 をつけたのはコリオリ（G. G. Coriolis）である[2)]．

歴史の上で角運動量という概念を導入したのは，かのオイラー（L. Euler）であるらしい．

角運動量の保存則 (3.3) は，中心力の場における運動に対して一般になりたつ．実際，中心力は常に $\bm{r}$ の方向にはたらくから $\bm{r} \times \bm{力} = 0$ が (3.2) の中辺に見える $\bm{r} \times \bm{r} = 0$ と同じ理由でなりたち，そこの計算がそのまま通用するのである．

角運動量 $\bm{r} \times \bm{p}$ は，運動量の代わりに速度 $\bm{v} = d\bm{r}/dt$ で書けば $m\bm{r} \times \bm{v}$ となる．その大きさは，ベクトルの積の定義から

$$l = mrv \sin \Theta \tag{3.5}$$

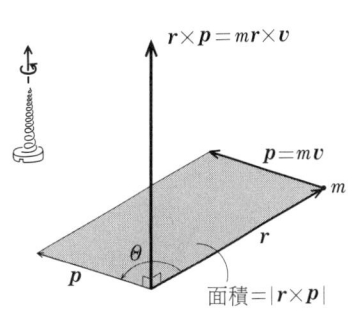

図 8.1 角運動量 $\bm{r} \times \bm{p}$．
$\bm{r}$ と $\bm{p}$ の順序に注意．アルファベットとは逆の順になっている．角運動量の向きは '右ネジの規約' できめるから，積の順序をまちがえると反対向きになってしまう．

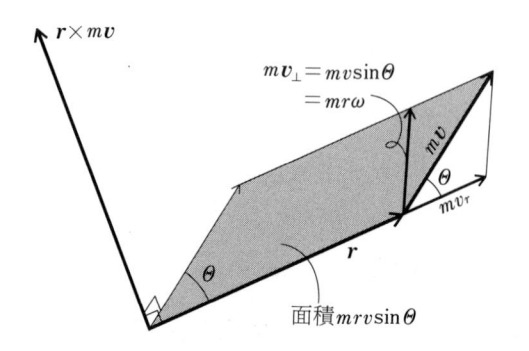

図 8.2 角運動量と面積速度.
面積速度の 2 倍は $rv_\perp$, $r^2\omega$ などと表わされる.

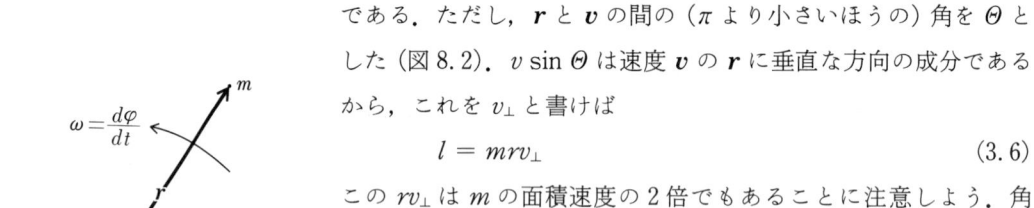

である.ただし,$\boldsymbol{r}$ と $\boldsymbol{v}$ の間の(π より小さいほうの)角を Θ とした(図 8.2).$v\sin\Theta$ は速度 $\boldsymbol{v}$ の $\boldsymbol{r}$ に垂直な方向の成分であるから,これを $v_\perp$ と書けば

$$l = mrv_\perp \tag{3.6}$$

この $rv_\perp$ は m の面積速度の 2 倍でもあることに注意しよう.角運動量といっても,その大きさは面積速度と定数倍($2m$ 倍)しかちがわないのである.

さらにいえば,m の運動にともなって動径 $\boldsymbol{r}$ が回転してゆくその角速度を ω とすれば,$v_\perp = r\omega$ と書けるので(図 8.3),角運動量の大きさは,また

$$l = mr^2\omega \tag{3.7}$$

とも書き表わすことができる.

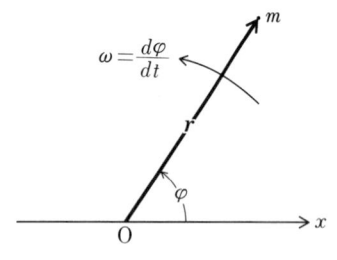

図 8.3 平面極座標.
点 m の位置を定点 O からの距離 r と定直線 Ox からの角 φ とで表わす.

角運動量はベクトルだから,さらに方向と向きとをもつ.ベクトル積 $\boldsymbol{r}\times\boldsymbol{v}$ の定義から

　　方向:　$\boldsymbol{r}$ と $\boldsymbol{v}$ の張る平面に垂直.
　　向き:　$\boldsymbol{r}$ から $\boldsymbol{v}$ のほうへ角 Θ を通ってまわした右ネジの進む向き.

したがって,角運動量の保存は:

(1) 角運動量の向きが変わらないことで,m の運動が一定の平面上でおこることを意味し(角運動量は軌道面に垂直!),その向きが変わらないことで m の運動の向きが一定であることを意味する.

(2) 角運動量の大きさが変わらないことで,面積速度が一定であることを意味する.

8.4 エネルギーの極座標表示

角運動量を (3.6) のように表わしたとき，速度 $\boldsymbol{v}$ の位置ベクトル $\boldsymbol{r}$ に垂直な方向の成分 $v_\perp$ が登場した．それと $\boldsymbol{v}$ の $\boldsymbol{r}$ に平行な方向の成分 v_r とで書けば（図 8.2），m の運動エネルギーは

$$\frac{1}{2}m\boldsymbol{v}^2 = \frac{1}{2}m(v_r{}^2 + v_\perp{}^2) \tag{4.1}$$

となる．ここで，v_r は m の運動にともなって $r = |\boldsymbol{r}(t)|$ の伸びる速さにほかならず

$$v_r = \frac{dr}{dt} \tag{4.2}$$

として計算されることに注意しておこう．

中心力の場における運動では，角運動量が保存され，(3.6) の l が一定なので，$v_\perp$ は r の関数

$$v_\perp = \frac{l}{mr} \tag{4.3}$$

とみることができる．

(4.2) と (4.3) とをもちいて運動エネルギーの式 (4.1) を書き直せば

$$\frac{1}{2}m\boldsymbol{v}^2 = \frac{1}{2}m\left(\frac{dr}{dt}\right)^2 + \frac{l^2}{2mr^2} \tag{4.4}$$

となって，右辺に m の '位置' の関数 $(l^2/2m)(1/r^2)$ が出現する．運動エネルギーの式から '位置のエネルギー' がこぼれ出た！ 実際，この (4.4) の形をもちいて調和振動子のエネルギー保存の式 (1.4) を書いてみると

$$\frac{1}{2}m\left(\frac{dr}{dt}\right)^2 + \left[\frac{l^2}{2mr^2} + \frac{k}{2}r^2\right] = E \tag{4.5}$$

となり，どう見ても $l^2/(2mr^2)$ は $kr^2/2$ と同質で位置エネルギーとしか見えない．いっそ，それらを一緒にして

$$V_{\mathrm{eff}}(r) \equiv \frac{l^2}{2mr^2} + \frac{k}{2}r^2 \tag{4.6}$$

とおき，**有効ポテンシャル**（effective potential）とよぶことにしよう．エネルギー保存則 (4.5) は

$$\frac{1}{2}m\left(\frac{dr}{dt}\right)^2 + V_{\mathrm{eff}}(r) = E \tag{4.7}$$

となる．この式には，m の位置ベクトル $\boldsymbol{r}$ の大きさしか入っていない．$\boldsymbol{r}$ の方向に関わるような変数（図 8.3 の φ）は一切ない．これは変数分離がおこったということだ．これによって距離 r の位置での $v_r = dr/dt$ が知れる．m の運動の様相を見てとる

のにたいへん都合のいい式だ．

なお，$V_{\text{eff}}(r)$ の中の $\dfrac{l^2}{2mr^2}$ を **遠心力ポテンシャル**（centrifugal potential）とよぶ（問題 11.1）．

8.5 調和振動子の運動（極座標）

図 8.4 には，調和振動子に対する有効ポテンシャル (4.6) のグ

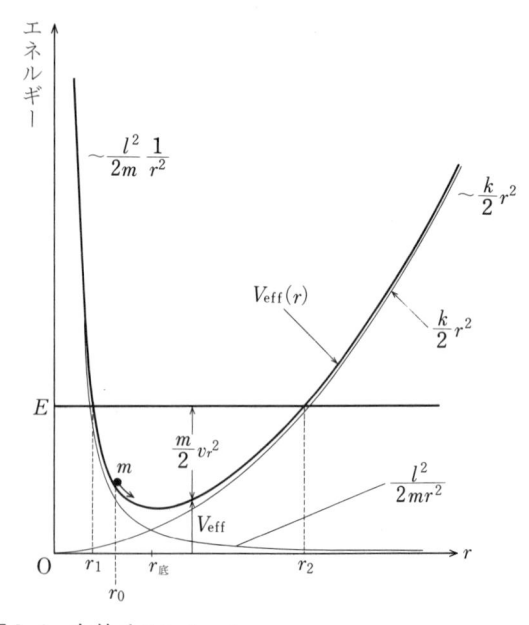

図 8.4 有効ポテンシャル．
$r_{底}$ はポテンシャルの '底' の位置を示す．$l^2/(2mr^2)$ を
'遠心力のポテンシャル' とよぶ．

ラフを描いた．ただし，時刻 $t=0$ に質点 m は力の中心 O から距離 r_0 の点を速度成分 $v_{r_0}, v_{\perp_0}$ をもって出発したものとし，この初期条件から (3.6) によって l の値を，(4.7) によって E の値を算出したものとする．図 8.4 では，その l の値は $r \sim 0$ での V_{eff} の増大のはやさ

$$V_{\text{eff}}(r) \sim \frac{l^2}{2m}\frac{1}{r^2} \qquad (r \to 0) \tag{5.1}$$

に反映され，E の値は水平な直線で表わされている．

m が時刻 $t=0$ に $r=r_0$ の点を $dr/dt = v_{r_0} > 0$ で出発したものとすると，時刻 t とともに $r=r(t)$ は増加をつづけ，m は原点 O からますます遠ざかる．それにともなって，(4.7) から得られる

$$v_r = \sqrt{\frac{2}{m}[E - V_{\text{eff}}(r)]} \tag{5.2}$$

はしばらく増して，やがて r が V_{eff} の極小点 $r_{底}$ を過ぎる時刻から減少に転ずる．それでも r が増えて m が原点から離れてゆくことには変わりがない．こうした運動の様相は，V_{eff} のグラフの'坂道'を質点 m が滑ってゆくかのように想像すれば（玉ころがしモデル）——m が'上下運動'をするわけではないから完全に正確とはいえないが——ある程度まで感覚的につかむことができよう．

m は V_{eff} の坂道をのぼるにつれて足がおそくなり（v_r がだんだん小さくなって），ついに水平線 E に達したところ（$r = r_2$）で

$$v_r = 0 \tag{5.3}$$

となる．

つぎの瞬間，m は V_{eff} の坂道を滑り落ちはじめる．それで r は減ることになるから，これから当分は

$$v_r = -\sqrt{\frac{2}{m}[E - V_{\text{eff}}(r)]} \tag{5.4}$$

である（図 8.5）．こうした $v_r < 0$ の運動は，m が V_{eff} の坂道を滑り落ち，その余勢で $r = r_{底}$ を過ぎてからは駆け上って，ついに水平線 E に達するところ（$r = r_1$）までつづく．力の中心 O の近くにはポテンシャルの壁 (5.1) がそそり立っているので，m は O に達することはできない．$r = r_1$ までくるのが，やっとであって，そこで再び

$$v_r = 0 \tag{5.5}$$

となる．

そして，つぎの瞬間には，m は V_{eff} の坂を r の増す向きに滑り落ちはじめ……．

このようにして，m が力の中心 O から遠ざかったり，近づいたりする距離 r の時間変化は，エネルギー保存の式 (4.7) から読みとることができる．その様相を状態空間 (r, v_r) における代表点の軌跡として総括しておこう（図 8.5）．これは (5.2) と (5.4) をグラフに描いたものである．ただし，有効ポテンシャル $V_{\text{eff}}(r)$ は (4.6) にあたえられている．

わかるのはそれだけではない．刻々の $r = r(t)$ が知れれば (4.3) から刻々の $v_\perp$ が算出できるから，これで m の運動は立体

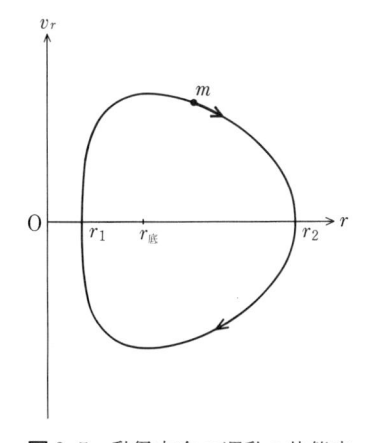

図 8.5 動径方向の運動の状態空間．

的に完全にわかってしまうことになる！　というのも，角運動量保存則により m の運動が一平面上に限られることが，あらかじめわかっているからである．

こうして，エネルギーの保存則だけでは捉えきれなかった3次元的運動の様相も，角運動量の保存則の力をかりれば明らかにできる見通しがついた．保存則の効用は，ここでも著しい．

軌道の大きさ

もちろん，さらに進んで運動の様相を定量的に調べることもできる．

上の考察から，一般に質点 m は力の中心 O から遠ざかっても図8.4の $r=r_2$ まで，近づいても $r=r_1$ までということがわかった．これは'調和振動子の軌道は一般に楕円である'という前回の結論と符合している．その楕円の長半径が r_2，短半径が r_1 になるはずであろう．

その r_1, r_2 の値をもとめてみよう．それらは方程式 (5.3) および (5.5) から，すなわち

$$E-\left(\frac{l^2}{2mr^2}+\frac{k}{2}r^2\right)=0 \qquad (r=r_1, r_2) \tag{5.6}$$

からきまる．

もし $E=0$ だったら，$l=0, r=0$ となるほかない．これは m が力の中心 O に静止している場合である．つまらない．

$E>0$ とすれば，(5.6) の根は 0 にならないから，両辺に $2r^2$ をかけて

$$kr^4-2Er^2+\frac{l^2}{m}=0 \tag{5.7}$$

を解こう．根は，$r_2>r_1$ としているから

$$\left.\begin{array}{r}r_2{}^2 \\ r_1{}^2\end{array}\right\}=\frac{1}{k}\left[E\pm\sqrt{E^2-\frac{kl^2}{m}}\right]. \tag{5.8}$$

さて，これは何を意味しているのだろう？

いま $l=0$ の場合をみれば，これは位置ベクトル $\boldsymbol{r}$ に垂直な速度成分 $v_\perp$ が 0 の場合で，運動は力の中心を通る定直線にそっておこる．このとき (5.8) のあたえる

$$r_2=\sqrt{\frac{2E}{k}}$$

は，前回の直線運動の振幅 (7.1.5) に一致している！（$r_1=0$ のほうは無意味である．）

$l \neq 0$ の場合については，前回の運動 (7.4.1) との比較を試みよう．その運動の軌道は，長半径と短半径が A, B であって，簡単な計算から

$$E = \frac{k}{2}(A^2+B^2), \qquad l = \sqrt{mk}\,AB \tag{5.9}$$

となる（後者については (7.4.3) を参照）．これは根と係数の関係によって見れば，A^2 と B^2 を根とする 2 次方程式がまさしく (5.7) に同値であることを示している．よって，集合として

$$\{r_1, r_2\} = \{A, B\}.$$

'集合として' といった意味は

$$r_1 = A, \qquad r_2 = B$$

かもしれず

$$r_1 = B, \qquad r_2 = A$$

かもしれない，とにかく $\{r_1, r_2\}$ という集合と $\{A, B\}$ という集合とは同じだ，ということ．

軌道の形

もう一歩すすんで，軌道の形までもとめるためには，軌道面にとった極座標系で運動を $r = r(t)$, $\varphi = \varphi(t)$ と表わすとき，(5.2) ないし (5.4) および (3.7) により

$$\frac{dr}{dt} = v_r, \qquad \frac{d\varphi}{dt} = \omega = \frac{l}{mr^2} \tag{5.10}$$

がともに r の関数として知れていることに注意する．そこで，軌道の方程式を

$$\varphi = \varphi(r) \tag{5.11}$$

の形に仮定するのが便利である．ただし，r が最小値 r_1 からはじめて最大値 r_2 まで増加していくような軌道部分を考えよう．そうすれば，角運動量の保存から，1 本の軌道においては r に対して φ が一意的にきまる．

(5.11) の形にしたのは，次の理由による．$\varphi = \varphi(t)$ は，r を通して

$$\varphi = \varphi(r(t))$$

のように定まるとも見られるので，合成関数の微分の公式（問題 3.2）から

$$\frac{d\varphi}{dt} = \frac{d\varphi}{dr}\frac{dr}{dt}$$

の関係があり，いま $dr/dt > 0$ としているから

$$\frac{d\varphi}{dr} = \frac{d\varphi}{dt} \Big/ \frac{dr}{dt} \tag{5.12}$$

と書ける．この右辺は，分母，分子とも (5.10) に r の関数としてあたえられているので，(5.12) の両辺を r で積分して関数 (5.11) を決定することができる．

それを実行しよう．いま r が増加してゆく軌道部分に注目することにしたから $v_r = dr/dt$ には (5.2) をもちいるべきである．よって

$$\frac{d\varphi}{dr} = \frac{l}{mr^2} \Big/ \sqrt{\frac{2}{m}\left[E - \left(\frac{l^2}{2mr^2} + \frac{k}{2}r^2\right)\right]} \tag{5.13}$$

あるいは，さきにもとめた r_1, r_2 をもちいれば

$$\frac{d\varphi}{dr} = \frac{l}{\sqrt{mk}} \frac{1}{r\sqrt{(r^2 - r_1^2)(r_2^2 - r^2)}}$$

したがって

$$\varphi = \frac{l}{\sqrt{mk}} \int \frac{dr}{r\sqrt{(r^2 - r_1^2)(r_2^2 - r^2)}}.$$

$r^2 = u$ とおいて（置換積分法，問題 8.2）

$$\varphi = \frac{l}{2\sqrt{mk}} \int \frac{du}{u\sqrt{(u - r_1^2)(r_2^2 - u)}}$$

と書き直せば積分公式（問題 11.4）[3]

$$\int \frac{du}{u\sqrt{au^2 + bu + c}} = \frac{1}{\sqrt{|c|}} \sin^{-1} \frac{bu + 2c}{\sqrt{D}\, u} \tag{5.14}$$

$$(c < 0,\ \ D \equiv b^2 - 4ac > 0)$$

が使えて

$$2\varphi = \frac{l}{\sqrt{mk}} \frac{1}{r_1 r_2} \sin^{-1} \frac{(r_2^2 + r_1^2)r^2 - 2r_1^2 r_2^2}{r^2(r_2^2 - r_1^2)} + C. \tag{5.15}$$

ただし，C は積分定数である．

(5.7) に対する解と係数の関係によれば，右辺の第 1 因子は

$$\frac{l}{\sqrt{mk}} \frac{1}{r_1 r_2} = 1$$

である．いま $v_r > 0$ としているから，角 φ を測りはじめる方向 ($\varphi = 0$) で $r = r_1$ としよう．そうすると (5.15) は

$$0 = \sin^{-1}(-1) + C$$

となるから

$$C = \frac{\pi}{2}.$$

よって，(5.15) は

$$\cos 2\varphi = \frac{2r_1^2 r_2^2 - (r_2^2 + r_1^2)r^2}{r^2(r_2^2 - r_1^2)}. \tag{5.16}$$

をあたえる．これが軌道の方程式である．

この軌道が，実際に短半径 r_1，長半径 r_2 の楕円
$$\frac{x^2}{r_1^2}+\frac{y^2}{r_2^2}=1 \tag{5.17}$$
であることを確かめよう．図 8.3 からみて
$$x = r\cos\varphi, \qquad y = r\sin\varphi$$
のはずなので，(5.16) から，まず
$$\cos^2\varphi = \frac{1}{2}(1+\cos 2\varphi) = \frac{r_1^2(r_2^2-r^2)}{r^2(r_2^2-r_1^2)}, \quad\Big|\quad \times\frac{r^2}{r_1^2}$$
$$\sin^2\varphi = \frac{1}{2}(1-\cos 2\varphi) = \frac{r_2^2(r^2-r_1^2)}{r^2(r_2^2-r_1^2)} \quad\Big|\quad \times\frac{r^2}{r_2^2}$$
をつくる．そうして，右に記した掛算をして加え合わせると確かに (5.17) のなりたっていることがわかる．

しかし，これで楕円軌道の全体が得られたわけではない．ここまでの計算は，軌道のうちで m の運動にともなって r が増加してゆくような部分に対して行なってきたので，楕円の 4 分の 1 が得られたにすぎない．いや，φ の原点を適当にずらして考えれば 2 分の 1 が得られたとしてもよい．

残りの半分をもとめる計算は，たとえば時間をいったん逆向きに流して上の計算に帰着させることもできる．

●註

1) F. Cajori: *A History of Physics* (Dover, 1962), pp. 58-9.
2) E. マッハ：『マッハ力学——力学の批判的発展史』(伏見 譲 訳，講談社，1969)，pp. 271-6.
3) 森口繁一ほか：『数学公式 I』(岩波全書，1956)，p. 122.

●問題

11.1 3 次元調和振動子の位置エネルギーは，(1.4) に見るとおり
$$V(\boldsymbol{r}) = \frac{k}{2}r^2 \tag{1}$$
であたえられる．これは，(1.1)，(1.2) という導き方からわかるように
$$\frac{d}{dt}V(\boldsymbol{r}) = -\boldsymbol{f}(\boldsymbol{r})\cdot\frac{d\boldsymbol{r}}{dt} \tag{2}$$
という式で振動子にはたらく力 $\boldsymbol{f}(\boldsymbol{r})$ に結びついている．

(4.7) の下で定義した遠心力のポテンシャル

$$V_{遠心力}(r) = \frac{l^2}{2mr^2} \tag{3}$$

も(2)と同じ形の式で m にはたらく遠心力に結びついているだろうか？

11.2 一般に，力の中心からの距離 r だけに依存する関数 $V(r)$ をポテンシャルにもつ力は

$$\left.\begin{aligned}\text{向きつきの大きさ：} & \quad f = -\frac{d}{dr}V(r) \\ \text{方向} & \quad : \text{動径 } r \text{ の方向}\end{aligned}\right\} \tag{1}$$

をもつことを示せ．

11.3 $x = \sin\theta$ とし，θ が増すと x も増すような θ の開区間（たとえば $-\frac{\pi}{2} < \theta < \frac{\pi}{2}$）で考えると，$\theta$ と x は1対1に対応する．$\Delta\theta$ が小さければ $\theta+\Delta\theta$ と $x+\Delta x$ も

$$x + \Delta x = \sin(\theta + \Delta\theta)$$

によって1対1に対応し，$\Delta\theta \to 0$ とともに $\Delta x \to 0$ となって，

$$\lim_{\Delta\theta \to 0}\frac{\Delta x}{\Delta\theta} = \frac{dx}{d\theta} = \cos\theta \tag{1}$$

がなりたつ．これは，また

$$\lim_{\Delta x \to 0}\frac{\Delta\theta}{\Delta x} = \frac{1}{\cos\theta} \tag{2}$$

をも意味する．このことから，逆正弦関数の微分公式

$$\frac{d}{dx}\sin^{-1}x = \frac{1}{\sqrt{1-x^2}} \tag{3}$$

を導け．

一般に $y = f(x)$ が逆に解けて $x = g(y)$ となるとき

$$\frac{dx}{dy} = \frac{1}{\dfrac{dy}{dx}} \tag{4}$$

がなりたつ（逆関数の微分の公式）．

11.4 積分公式 (5.14) を証明せよ．

（a） 前問の公式 (3) をもちいて (5.14) の両辺を微分することによって．

（b） $\dfrac{1}{u} = v$ とおき置換積分法によって．

第9章　運動方程式で惑星の運動を……

第12講
逆2乗法則からの解析

惑星の運動は，運動方程式
$$m\frac{d^2\boldsymbol{r}(t)}{dt^2} = -G\frac{mM}{|\boldsymbol{r}(t)|^3}\boldsymbol{r}(t)$$
にしたがう．この方程式だけから惑星の運動の特徴はすべて導き出せるか？

　この問題を解きたいばかりに，これまで2講にわたってウォーミング・アップを続けてきた．特に前講では，保存則の効用をみた．方程式をエイッとばかりに簡単化して調和振動子の問題を考えたのだが，調和振動子に対してはエネルギーの保存則と角運動量の保存則を証明することができた．そうして，これらの保存則を極座標 (r, θ) で書き表わしたとき，動径 r だけを含む方程式が得られた．このことは，あたかも質点 m が r を座標とする一直線（実は半直線 $r>0$）上を運動するかのように仮想して r の時間変化をきめてゆくことができる，という簡約化をもたらした．すなわち，3次元運動の問題の1次元への簡約！

　調和振動子 m が本当に直線に沿って運動する場合もないではない．しかし，一般には m は角運動量 $l \neq 0$ をもって力の中心のまわりをグルグル——あるいはビュンビュンまわるはずだ．そのことは，もちろん仮想上の1次元運動にも反映されていた．すなわち，遠心力ポテンシャル $l^2/(2mr^2)$ の登場！

同じ方法で惑星の運動もあつかえるだろうか．

第9章——運動方程式で惑星の運動を……

惑星の運動方程式は，もう何度も書いた：

$$m\frac{d^2\boldsymbol{r}}{dt^2} = -G\frac{mM}{|\boldsymbol{r}|^3}\boldsymbol{r} \tag{0.1}$$

ここでも力は中心力だから，**角運動量の保存則**がなりたつ．その証明は，6.5節では図解的に，8.3節では解析的にあたえた．いや，なにも面倒なことではない．角運動量

$$\boldsymbol{l} = m\boldsymbol{r} \times \frac{d\boldsymbol{r}}{dt} \tag{0.2}$$

をtで微分してみれば，ベクトル積に対しても積の微分の定理はなりたつので（第11講の8.2節を参照）

$$\frac{d\boldsymbol{l}}{dt} = m\left[\frac{d\boldsymbol{r}}{dt} \times \frac{d\boldsymbol{r}}{dt} + \boldsymbol{r} \times \frac{d^2\boldsymbol{r}}{dt^2}\right]$$

ところが，右辺で角括弧内の第1項は0である．第2項に運動方程式（0.1）をもちいれば，力が$\boldsymbol{r}$に比例しているために

$$\frac{d\boldsymbol{l}}{dt} = -G\frac{mM}{|\boldsymbol{r}|^3}[\boldsymbol{r} \times \boldsymbol{r}] = 0$$

となる．すなわち

$$\boldsymbol{l} = \text{const.} \tag{0.3}$$

という次第．ここで，const.は定ベクトルを意味する．

エネルギー保存則の証明は，すこし難しい．上と同じ手を使おうとしても，角運動量の(0.2)に相当するエネルギーの表式が万有引力場における運動ではどうなるのか，それがわからない．

9.1 中心力の場におけるエネルギーの保存

エネルギーの保存則は，とにかく

$$\frac{1}{2}m\left(\frac{d\boldsymbol{r}}{dt}\right)^2 + V(\boldsymbol{r}) = \text{const.} \tag{1.1}$$

という形となるにちがいない．いうまでもなく，左辺の第1項は運動エネルギーであり，第2項は位置のエネルギーのつもりである．しかし，位置$\boldsymbol{r}$のこの関数Vがどんな形をしているものか，まだわからない．だから，万有引力の場における運動に対してエネルギー保存則を証明することは，すなわち，この力の場に相応わしい関数Vを見出して(1.1)がなりたつようにすることであ

る.

　そこで，とにもかくにも (1.1) を t で微分してみよう．運動エネルギーの項を微分するとき，ベクトルのスカラー積に対しても積の微分の定理はなりたつことに注意すれば（第 11 講の 8.1 節を参照）

$$m\frac{d\bm{r}}{dt}\cdot\frac{d^2\bm{r}}{dt^2}+\frac{d}{dt}V(\bm{r}(t))=0 \tag{1.2}$$

となる．位置のエネルギー V は 't の関数である $\bm{r}$' のそのまた関数で，$V=V(\bm{r})$ の形を (1.2) がなりたつようにきめること——いや，そもそも，そのようにきめることができるか？——が，われわれの問題である．

　(1.2) は，運動方程式を利用すれば

$$-G\frac{mM}{|\bm{r}|^3}\bm{r}\cdot\frac{d\bm{r}}{dt}+\frac{d}{dt}V(\bm{r}(t))=0 \tag{1.3}$$

のように書きかえられる．この式をなりたたせるような関数 $V=V(\bm{r})$ は，どうしたら見つけられるだろうか？

　前回の調和振動子の場合を思い出してみるのがよいかもしれない．そこでは，

$$\frac{d}{dt}\bm{r}^2=2\bm{r}\cdot\frac{d\bm{r}}{dt} \tag{1.4}$$

という式がものをいった（第 11 講, 8.1 節）．この式の右辺の $-k/2$ 倍が，ちょうど力 $-k\bm{r}$ と速度 $d\bm{r}/dt$ のスカラー積になっていたので，(1.3) に相当する式

$$-k\bm{r}\cdot\frac{d\bm{r}}{dt}+\frac{d}{dt}V_{調和振動子}(\bm{r}(t))=0$$

から $V_{調和振動子}$ の関数形を見出すことができたのだ．

　万有引力場の場合の (1.3) にも (1.4) に通じるところがある．

　いま，(1.4) を $\bm{r}^2=r^2$ により $\bm{r}$ の大きさ r に対する式

$$\frac{d}{dt}r=\frac{\bm{r}}{r}\cdot\frac{d\bm{r}}{dt} \tag{1.5}$$

に書き直しておこう．この公式は物理の計算でしばしば出てくるから，$\bm{r}$ の直角座標成分による表示

$$\frac{d}{dt}r=\frac{x}{r}\frac{dx}{dt}+\frac{y}{r}\frac{dy}{dt}+\frac{z}{r}\frac{dz}{dt}$$

もお目にかけておこう．

　公式 (1.5) を用いて (1.3) の $\bm{r}\cdot\dfrac{d\bm{r}}{dt}$ を書き直し

$$\frac{d}{dt}V(\bm{r}(t))=G\frac{mM}{r^2}\frac{dr}{dt} \tag{1.6}$$

としてみれば，V はベクトル $\boldsymbol{r}$ の '大きさ r のみ' の関数として——$\boldsymbol{r}$ の方向にはよらないとして——その範囲でさがせば十分なことがわかる．実際 r の大きさだけの関数であることを強調するために文字 V を U にかえて

$$V(\boldsymbol{r}) = U(r) \tag{1.7}$$

とおくと，

$$\frac{d}{dt}U(r(t)) = \frac{dU}{dr}\frac{dr}{dt}.$$

この右辺が (1.6) の右辺に等しくなればよいのだから，関数 U は

$$\frac{dU(r)}{dr} = G\frac{mM}{r^2} \tag{1.8}$$

をみたすようにとればよい．したがって

$$U(r) = -G\frac{mM}{r} \tag{1.9}$$

でよい．これが**万有引力の場における位置エネルギー**の表式である．

U は (1.8) の両辺を積分してもとめるのだから，(1.9) の右辺に積分定数を加えておくのが一般だが，いまそれにはおよばない．われわれの問題は (1.3) をみたす V を，とにかく1つ見出すことだったのだから！ むしろ，この種の——$r\to\infty$ で一定値に漸近する種類の——位置エネルギーは，その漸近値を 0 と定めるのが '便利' である．

こうして，われわれは (1.1) をなりたたせる関数 V を見出すことができた．それが (1.9) であって

$$\frac{1}{2}m\left(\frac{d\boldsymbol{r}}{dt}\right)^2 - G\frac{mM}{r} = \text{const.} \equiv E \tag{1.10}$$

が，万有引力の場における運動の**エネルギー保存**を表わす．定数である全エネルギーを E とおいた．

さきに位置エネルギーの $r\to\infty$ での漸近値を 0 と定めたが，それは全エネルギー (1.10) でいえば，無限遠で静止している（あるいは静止するにいたる）m の E を 0 と定めたことに当る．無限遠に行ってもなお有限の運動エネルギーで走りつづける場合には $E>0$ である．$E<0$ の場合もあり得るが，その m は無限遠まで走り抜けることができず，ある有界な領域に留るほかない．

中心力場に対する一般公式

(1.6) の下で 'V はベクトル $\boldsymbol{r}$ の大きさ r のみの関数としてよい' といった．これは (1.3) に

$$\boldsymbol{r}\cdot\frac{d\boldsymbol{r}}{dt}$$

というスカラー積がでてきたからこそ (1.5) によっていえたことで，もとをただせば，m にはたらく力

$$-G\frac{mM}{r^3}\boldsymbol{r}$$

が $\boldsymbol{r}$ に比例していたことによるのである．上の議論をさらに詳しく見れば，m にはたらく力が

$$(r の関数)\cdot\boldsymbol{r}$$

という形をしていたことを利用している．決して，どんな種類の力に対しても (1.10) のような——r だけの関数を位置エネルギーにもつ——エネルギー保存則が導けるわけではない*．

ここまでくれば，話を一般化したほうが事の本質が見やすいだろう．

一般に，'どの場所 P での力も定点 O への方向にあり，その大きさが距離 $\overline{\mathrm{OP}}$ できまるような力の場' を **中心力** (central force) の場というのであった (第 9 講, 6.5 節)．そういう場の力 $\boldsymbol{f}$ は，力の中心 O を原点とする位置ベクトル $\boldsymbol{r}$ をつかえば

$$\boldsymbol{f}(\boldsymbol{r})=f(r)\frac{\boldsymbol{r}}{r} \tag{1.11}$$

と書くことができる．ただし，力が O に向かうところでは $f(r)<0$，反対向きなら $f(r)>0$ とする．この $f(r)$ は，だから力の '向きのついた大きさ' といったところである．

この力の場における運動に対しては，(1.3) に当たる式は

$$f(r)\frac{\boldsymbol{r}}{r}\cdot\frac{d\boldsymbol{r}}{dt}+\frac{d}{dt}V(\boldsymbol{r}(t))=0$$

となり，(1.7) の U をとれば**

$$\frac{dU(r)}{dr}=-f(r). \tag{1.12}$$

したがって

---

* 位置エネルギーが r だけの関数になる，という限定をはずせば，力を $(r の関数)\cdot\boldsymbol{r}$ という形に限る必要もなくなる．だからといって，どんな種類の力に対してもエネルギー保存則が導けるわけではない．位置エネルギーが定義できるのは '渦なし' といわれる型の力の場に限られるのであるが，その説明は割愛する．

** (1.12) は前講の問題 11.2 の (1) 式と同じ内容である．

$$U(r) = -\int_{r_0}^{r} f(r)\,dr + U(r_0). \tag{1.13}$$

ただし，r_0 は基準点で，$U(r_0)$ の値とともに任意に選んでよい．$r \to \infty$ で U が一定値に漸近するような場については，$r_0 \to \infty$ にとり，$U(\infty) = 0$ にとるのが普通である．

9.2　惑星の動径運動

惑星の運動に対してエネルギー保存則 (1.10) がなりたつ．これを動径 $r = r(t)$ だけ含む式に簡約するには運動エネルギーを，まず

$$\frac{1}{2}m\left(\frac{d\boldsymbol{r}}{dt}\right)^2 = \frac{1}{2}m\left[\left(\frac{dr}{dt}\right)^2 + v_\perp^2\right]$$

と書き，$v_\perp$ を角運動量 $\boldsymbol{l}$ と動径 r で書き表わすのだった（第11講，8.4節）．ここに，$v_\perp$ は動径ベクトル $\boldsymbol{r}$ に垂直な速度成分であって，角運動量の大きさ l と

$$l = mrv_\perp$$

の関係にある．

これで，エネルギー保存則 (1.10) は

$$\frac{1}{2}m\left(\frac{dr}{dt}\right)^2 + V_{\text{eff}}(r) = E \tag{2.1}$$

という'動径方向の運動のみを含む形'になる．ただし，位置（ポテンシャル）エネルギーが有効ポテンシャル

$$V_{\text{eff}}(r) = -G\frac{mM}{r} + \frac{l^2}{2mr^2} \tag{2.2}$$

に変わっている．右辺の第2項が遠心力ポテンシャルである．

簡約されたエネルギー保存則 (2.1) をつかえば，惑星の動径方向の運動（動径運動）の様相をあれこれ推測することができる．それには——調和振動子の場合 (8.5節) と同様——まず有効ポテンシャルの振舞いをはっきり把えなければならない．

これからは $l \neq 0$ の場合だけ考える．これは惑星が太陽のまわりを'まわる'場合である．

有効ポテンシャルの振舞い

(2.2) を見てすぐわかることは，力の中心（太陽）の近くと，遠方とにおける有効ポテンシャルの漸近的な振舞いである．

まず，力の中心に近づいて $r \to 0$ となれば (2.2) において

$$\left|\frac{\text{第2項}}{\text{第1項}}\right| = \frac{l^2}{2Gm^2M}\frac{1}{r} \to \infty$$

となり，つまり第2項が絶対値において第1項を圧倒し

$$V_{\text{eff}}(r) \sim \frac{l^2}{2mr^2} \qquad (r \to 0) \tag{2.3}$$

となる．惑星が太陽に近づくと，角運動量保存（あるいは同じことだが，面積速度の一定）のため $v_\perp$ が増大し，その結果として惑星にはたらく遠心力が大きくなるわけだ．もし，これが教室での講義だったら，黒板に図 9.1 の $r \sim 0$ の部分を描いてみせるところだ．いや，その曲線 (2.3) は，いっそ r の大きいところまで伸ばしておこうか．

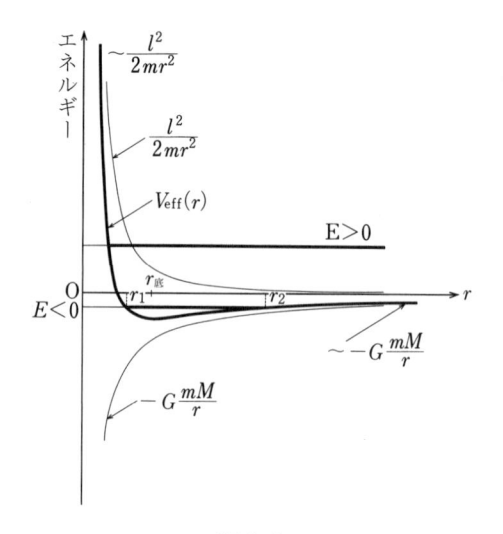

図 9.1

力の中心から遠く離れると $(r \to \infty)$，今度は (2.2) の第1項が優勢になる：

$$V_{\text{eff}}(r) \sim -G\frac{mM}{r} \qquad (r \to \infty) \tag{2.4}$$

優勢とはいっても，$r \to \infty$ では細って消えてゆく——といいながら図 9.1 に曲線を描き加えるべきところだが，とにかく，これは (2.3) と反対に r の増加関数だから両者の中間に，どこか V_{eff} の極小になるところがあるはずだ．それは

$$\frac{d}{dr}V_{\text{eff}} = G\frac{mM}{r^2} - \frac{l^2}{mr^3} = 0 \tag{2.5}$$

から

$$r = r_底 \equiv \frac{l^2}{Gm^2M} \tag{2.6}$$

でおこることがわかる．この点を抑えれば，図 9.1 は完成し，有

効ポテンシャルの定性的な振舞いはわかったことになる．

動径運動の分類

有効ポテンシャルのグラフ（図9.1）ができたから，第11講の8.5節で調和振動子について説明した玉ころがしモデルにより m の運動の様相を次のようにして読みとることができる．

すなわち，図9.1に全エネルギー E を表わす水平線を描きこむと，各 r の位置で有効ポテンシャルの曲線から E の水平線にいたる高さ $E - V_{\text{eff}}(r)$ が，その r の位置で m がもつ動径運動の運動エネルギーをあたえ，したがって，その速さ $|dr/dt|$ が読みとれる．いうまでもなく，m の運動は

$$E - V_{\text{eff}}(r) \geqq 0 \tag{2.7}$$

となる r の範囲にかぎられるのであって，まえにも触れたとおり，E の値に応じて次のように分類される．

1° $E > 0$：
   （無限遠方からきて）いったん太陽に近づき，再び無限遠方に飛び去る．

2° $E = 0$：
   いったん太陽に近づき，やがて飛び去って'無限遠で静止'．

3° $V_{\text{eff}}(r_\text{底}) < E < 0$：
   動径運動としては近日点と遠日点の間を往復．軌道は楕円（次節を見よ）．

4° $E = V_{\text{eff}}(r_\text{底})$：
   動径は $r = r_\text{底}$ で一定．軌道は円．

角運動量 l の値があたえられているとき，4°よりエネルギーの小さい運動はない．

なお，4°の $r = r_\text{底}$ の運動では，(2.5) がなりたつが，この式は，$l = mrv_\perp$ に注意して

$$\frac{mv_\perp^2}{r} = G\frac{mM}{r^2} \qquad (r = r_\text{底})$$

と書き直してみればわかるように，円運動の運動方程式にほかならない．万有引力は動径方向の加速に使いつくされている．つまり，$r = r_\text{底}$ で等速円運動が成立することは既に (2.5) から読みとれたはずなのだ．

3°の場合には，近日点（$r = r_1$）と遠日点（$r = r_2$）において

$dr/dt = 0$ となり, $V_{\text{eff}}(r) = E < 0$ がなりたつ. すなわち

$$Er^2 + GmMr - \frac{l^2}{2m} = 0. \tag{2.8}$$

2次方程式の根と係数の関係から

$$a \equiv \frac{r_1 + r_2}{2} = \frac{GmM}{2|E|}, \qquad r_1 r_2 = \frac{l^2}{2m|E|}, \tag{2.9}$$

a は近日点と遠日点の距離の算術平均で軌道の**平均半径**(mean radius)とよばれる.

この a の式を

$$E = -G\frac{mM}{2a} \tag{2.10}$$

と書けば, 惑星の全エネルギーを平均半径で表わす重要な公式になる(**ヴィリアル定理**).

$E \geqq 0$ となる 1°, 2° の場合にも (2.8) は近日点までの距離

$$r_1 = \frac{1}{2E}\left[\sqrt{(GmM)^2 + \frac{2El^2}{m}} - GmM\right] \tag{2.11}$$

をあたえる. もうひとつの根は負になり動径を表わさない.

動径運動の時間的経過

動径運動のエネルギー保存則 (2.1) から, m が力の中心から距離 r の点でもつ速さが計算される:

$$\frac{dr}{dt} = \pm\sqrt{\frac{2}{m}\left(E + G\frac{mM}{r} - \frac{l^2}{2mr^2}\right)} \tag{2.12}$$

複号は, 力の中心に近づく場合と遠ざかる場合とに対応する.

上の分類の 2° の場合 ($E = 0$), m は**無限遠で静止**する. それまでにどれだけの時間がかかるか計算してみよう. 果して m は, 無限遠まで有限の時間で行けるのか?

この場合, 近日点は (2.11) で $E \to 0$ とした

$$r_1 = \frac{l^2}{2Gm^2M}$$

である. これを用いると, $E = 0$ の (2.12) は

$$\frac{dr}{dt} = \pm\frac{1}{r}\sqrt{2GM(r - r_1)} \tag{2.13}$$

と書ける. いま m が近日点から出発して距離 R までゆく時間を $t(R)$ とすれば

$$t(R) = \frac{1}{\sqrt{2GM}}\int_{r_1}^{R} \frac{r}{\sqrt{r - r_1}} dr.$$

積分をするために
$$\sqrt{r-r_1} = s$$
とおけば
$$\frac{1}{2}\frac{dr}{\sqrt{r-r_1}} = ds, \qquad r = s^2 + r_1$$
となり
$$t(R) = \sqrt{\frac{2}{GM}}\int_0^{\sqrt{R-r_1}}(s^2+r_1)\,ds.$$
したがって
$$t(R) = \sqrt{\frac{2}{GM}(R-r_1)}\,\frac{R+2r_1}{3}. \tag{2.14}$$
特に $R \gg r_1$ では，漸近的に
$$t(R) \sim \frac{1}{3}\sqrt{\frac{2}{GM}R^3}$$
となる．エネルギー $E = 0$ の'彗星'が無限遠 ($R \to \infty$) までゆくには無限の時間が必要なのだった．

惑星の運動は，上の分類の 3° に属し，近日点と遠日点をもつ．(2.12) は
$$\frac{dr}{dt} = \pm\frac{1}{r}\sqrt{\frac{2|E|}{m}(r-r_1)(r_2-r)}. \tag{2.15}$$
特に，惑星の公転周期 T は近日点から遠日点までゆく時間の 2 倍として計算され
$$T = \sqrt{\frac{2m}{|E|}}\int_{r_1}^{r_2}\frac{r}{\sqrt{(r-r_1)(r_2-r)}}\,dr. \tag{2.16}$$

公式集[1]を見ると
$$\int_{r_1}^{r_2}\frac{dr}{\sqrt{(r-r_1)(r_2-r)}} = \pi \tag{2.17}$$
という公式がある（問題 12.3）．(2.16) をこれに帰着させるために
$$\frac{d}{dr}\sqrt{(r-r_1)(r_2-r)} = \frac{-2r+(r_1+r_2)}{\sqrt{(r-r_1)(r_2-r)}}$$
から
$$\frac{r}{\sqrt{(r-r_1)(r_2-r)}}$$
$$= -\frac{1}{2}\frac{d}{dr}\sqrt{(r-r_1)(r_2-r)} + \frac{a}{\sqrt{(r-r_1)(r_2-r)}}$$
をつくろう．a は (2.9) で定義した軌道の平均半径である．

(2.16) に必要な積分は，最早たやすく計算され

$$\int_{r_1}^{r_2} \frac{r}{\sqrt{(r-r_1)(r_2-r)}} dr = \left[-\frac{1}{2}\sqrt{(r-r_1)(r_2-r)} \right]_{r_1}^{r_2} + a\pi$$
$$= a\pi.$$

故に，(2.16) は

$$T = \pi \sqrt{\frac{2ma^2}{|E|}}. \tag{2.18}$$

をあたえる．

　これは何を意味しているのか，すぐには分からないが，ヴィリアル定理に相当する (2.9) を用いて $|E|$ を消去すれば

$$\sqrt{\kappa}\, T = a^{3/2} \quad \left(\kappa \equiv \frac{GM}{4\pi^2} \right) \tag{2.19}$$

がでる．これは**ケプラーの第3法則**[第7講の (4.1.3) 式]にほかならない．それを，いま惑星が楕円軌道を描く場合まで視野に入れて一般的に導くことができたのである．円軌道の場合の軌道半径は，ここでは平均半径 a にとってかわられている．やっと'惑星の運動の特徴'の3つめが得られた！　その1つめは惑星の運動が一面上に限られていること，2つめは面積速度一定である．

　惑星の軌道の計算は――もう今はやめて次講に試みよう．

●註

　1)　森口繁一・宇田川銈久・一松　信：『数学公式 I』（岩波全書, 1956), p. 223

●問題

　12.1　中心力場の位置エネルギーに対する公式 (1.13) をもちいて，3次元等方調和振動子の位置エネルギーの式

$$U_{調和振動子}(r) = \frac{k}{2} r^2$$

[(8.1.2) を参照]を導け．3次元等方調和振動子の運動方程式は (8.0.3) にあたえられている．

　12.2　惑星が楕円軌道を1周する間の，ポテンシャル・エネルギー $-V$ の時間平均

$$\langle V \rangle_{平均} = \frac{1}{T} \int_0^T -\frac{GmM}{r(t)} dt \tag{1}$$

を計算せよ．T はこの惑星の公転周期である．運動エネルギー K の時間平均との間に

$$2 \langle K \rangle_{平均} = -\langle V \rangle_{平均} \tag{2}$$

の関係があることを示せ（ヴィリアル定理）．

12.3 積分公式 (2.17) を証明せよ．

12.4 質量 m_S の物体 S を静止衛星の軌道にのせたい．地球の半径 a と自転角速度 ω，地表での重力加速度 g は与えられているものとして以下の問に答えよ．地球の公転運動は無視し，また自転からくる g への補正も無視する．

（a） 静止衛星の軌道半径 R_S と速さ v_S を求めよ．

静止衛星の軌道にのせるため，S を質量 m_C の母船に搭載して赤道上から真東に水平に発射する．そのときの速さは，地球の自転による分も含めて v_0 とする．

（b） 「母船＋S」が地表でもつ位置エネルギーを m_S, m_C, a と g で表わせ．ただし，位置エネルギーは無限遠で 0 とする．

「母船＋S」は，推進力なしに，地球からの万有引力だけを受けて運動する．

（c） この「母船＋S」が地球から最も遠ざかる点 A で地球の中心からの距離が問題 (a) の R_S に等しくなるのは，初速 v_0 をいくらにしたときか．また，点 A で「母船＋S」の速さ v_1 はいくらになるか．ここでは，R_S も与えられているものとする．

（d） 「母船＋S」の軌道のおよその形を図 9.2 に書きこめ．
母船は，点 A で S を打ち出して静止衛星の軌道にのせる．

（e） その打ち出しに必要なエネルギー E を求めよ．ここでは，v_S, v_1 も与えられているものとする．また，打ち出しに使う燃料の質量は無視する．

図 9.2

第10章　軌道の形

第13講
軌道は楕円か

惑星の運動は，運動方程式

$$m\frac{d^2\boldsymbol{r}(t)}{dt^2} = -G\frac{mM}{|\boldsymbol{r}(t)|^3}\boldsymbol{r}(t) \qquad (*)$$

にしたがう．この方程式だけから惑星の運動の特徴はすべて導き出せるか？　——同じセリフが，これで4度め．もう聞きあきた，と言われそうだ．

それでも，前進していないわけではない．前々講では上の運動方程式の右辺にある力が中心力であることから**惑星の角運動量が保存されること**を導いた．これは惑星が常に一定の平面上を運行することを意味し，さらに惑星の面積速度が常に一定であること（ケプラーの第2法則）を意味していた（第11講，8.3節）．

そして，前講は運動方程式から**惑星のエネルギーが保存されること**を証明し（9.1節），これと角運動量の保存則とを利用してケプラーの第3法則を導くことができた（9.2節）．この法則は，惑星たちの間で比べると'公転周期が平均半径（9.2.9）の3/2乗に比例している'ことをいう．

われわれは，だから，ケプラーの第2法則と第3法則とを運動方程式から既に導き出している．

あと第1法則さえ導き出せば，われわれの課題は果されたことになるではないか．その第1法則というのは，'惑星たちの軌道

が，どれも太陽を1つの焦点とする楕円であること'を述べている．

これを運動方程式から導き出すには，どうしたらよいか？

第10章——軌道の形

これまでは惑星の運動に注目してきた．すなわち，惑星の位置が刻々にどう変っていくかを問題にしてきたのである．

各時刻 t における惑星 m の位置を，m の軌道面上にとった極座標 $(r(t), \varphi(t))$ で表わすなら，極角 φ の時間変化は角運動量保存の式 (8.3.7)，すなわち

$$mr^2 \frac{d\varphi}{dt} = \text{const.} \equiv l \tag{0.1}$$

にしたがう．それを加味したエネルギー保存 (9.2.1)，すなわち

$$\frac{1}{2}m\left(\frac{dr}{dt}\right)^2 + \frac{l^2}{2mr^2} - G\frac{mM}{r} = \text{const.} \equiv E \tag{0.2}$$

から動径の時間変化

$$r = r(t) \tag{0.3}$$

がきまるので，これを上の (0.1) 式に代入して極角 φ の時間変化

$$\varphi = \varphi(t) \tag{0.4}$$

もきめることができるはずである．

実際に (0.3) の $r = r(t)$ をきめる手続きは，前回に示した (9.2 節)．そこから，公転運動の周期に関わるケプラーの第3法則も得られたのだった．

(0.3) と (0.4) の関係が知れれば，それで惑星の軌道の形も知れる．

実際，角運動量 l が正（負）の場合には (0.1) から φ は t の単調増大（減少）関数であることがわかり，したがって，φ には (0.4) により時刻 t の価が一意に対応する：

$$\varphi \longmapsto t$$

この t には (0.3) により r の価が一意に対応するので

$$\varphi \longmapsto t \longmapsto r \tag{0.5}$$

という連鎖が生じ，つまり各 φ にそれぞれ1つの r が対応することになる：

$$r = r(\varphi). \tag{0.6}$$

これが**軌道の形**を記述する関数だ．しかし，軌道の形だけなら，

10.1 軌道の微分方程式

これからは角運動量 $l \neq 0$ の場合に限って考えよう.

上の (0.5) の φ を $\Delta\varphi$ だけ増したら t が Δt 増し, r が Δr だけ増すだろう. すなわち

$$\varphi + \Delta\varphi \longmapsto t + \Delta t \longmapsto r + \Delta r.$$

ここで, '減少' が負の増分で表わされることは言うまでもない.

このとき

$$\frac{d\varphi}{dt} = \lim_{\Delta t \to 0} \frac{\Delta\varphi}{\Delta t}, \qquad \frac{dr}{dt} = \lim_{\Delta t \to 0} \frac{\Delta r}{\Delta t}$$

の極限値がそれぞれ確定で, いま $l \neq 0$ としているので $d\varphi/dt$ は 0 でないから

$$\frac{\Delta r}{\Delta\varphi} = \frac{\dfrac{\Delta r}{\Delta t}}{\dfrac{\Delta\varphi}{\Delta t}}$$

において右辺の $\Delta t \to 0$ の極限値が確定する. こうして r を φ の関数 (0.6) と見るときの導関数が

$$\frac{dr(\varphi)}{d\varphi} = \frac{\dfrac{dr(t)}{dt}}{\dfrac{d\varphi(t)}{dt}} \tag{1.1}$$

のようにして (0.3), (0.4) の導関数から計算されることがわかる.

ところが, われわれの場合には (0.1) から $d\varphi/dt$ が r の値に応じて定まってしまう:

$$\frac{d\varphi}{dt} = \frac{l}{mr^2}. \tag{1.2}$$

同様に dr/dt も (0.2) から定まる——と言いたいところだが, 実は符号までは定まらない. いっそ (0.2) のまま (1.2) の 2 乗で割ることにしよう. (0.2) のなかで $(dr/dt)^2$ の項は (1.2) の左辺の 2 乗で, それ以外の項は (1.2) の右辺の 2 乗で割ってやるのだ. そうすると

$$\frac{1}{2}\left(\frac{dr}{d\varphi}\right)^2 + \frac{1}{2}r^2 - \frac{Gm^2M}{l^2}r^3 = \frac{mE}{l^2}r^4 \tag{1.3}$$

が得られる. ただし, すべての項に共通に現われた因子 m を落してある.

この (1.3) は，極角 φ の変化につれて動径 r がどう変わってゆくかを規定する．まさしく軌道の微分方程式が得られたのである．

10.2　動径の変化する範囲

微分方程式 (1.3) は，仮に φ が時間変数だったらと想像してみると，r 軸上 $(r \geqq 0)$ のポテンシャルの場

$$V(r) = -\frac{m}{l^2} r^2 \left[Er^2 + GmMr - \frac{l^2}{2m} \right] \tag{2.1}$$

のなかを走る質量 1，エネルギー 0 の粒子に対するエネルギー保存の式

$$\frac{1}{2}\left(\frac{dr}{d\varphi}\right)^2 + V(r) = 0 \tag{2.2}$$

に見える．

この見方によって関数 $r = r(\varphi)$ の振舞いを見当づけることができるはずだ．

それには，まずポテンシャル $V(r)$ のグラフを描いてみなければならない．

r が十分に小さいところでは，(2.1) で r^3, r^4 の項は r^2 の項に比べて無視できるはずで，

$$V(r) \sim \frac{1}{2} r^2 \quad (r \to 0)$$

となる．反対に r が十分に大きいところでは，$E \neq 0$ なら r^4 の項が優勢になり

$$V(r) \sim -\frac{mE}{l^2} r^4 \quad (r \to \infty)$$

ここでの V の振舞いは E の符号による．

$E > 0$ なら V は減少関数であり，$E < 0$ なら増加関数である．

$E = 0$ の場合には

$$V(r) \sim -\frac{Gm^2M}{l^2} r^3 \quad (r \to \infty)$$

となり，これは r の増加につれて減少する．

V の振舞いをもっと詳しく見るために，(2.1) の右辺の角括弧の 2 次式が (9.2.8) と同じであることに注意しよう．その零点が次のようになることは第 12 講の 9.2 節で既に調べてある．そこの記号をもちいて

$$E = E_{\min} : \text{等根} = r_底.$$
$$0 > E > E_{\min} : \text{異なる2正根}, \ 0 < r_1 < r_2.$$
$$E \geqq 0 \quad : \ 1\text{正根} = r_1 \quad (\text{他の根は負}).$$

ただし，
$$E_{\min} = -\frac{m}{2}\left(\frac{GmM}{l}\right)^2$$

で，これは9.2節で $V_{\text{eff}}(r_底)$ と書いたものである．

以上を考慮して $V(r)$ のグラフを描けば図10.1のようになる．エネルギー保存の式が (2.2) である粒子は $V(r) \leqq 0$ となる r の範囲のみを運動する．その範囲は9.2節で得たものと同じである．一見，$r = 0$ もその範囲に入るかにみえるが，これは $l = 0$ にするので，いまの考察の範囲外である．

さて，(2.2) をエネルギー保存の式とみる見方を一歩すすめれば，9.2節で動径運動の時間的経過を調べたのと同じ方法で $r = r(\varphi)$ をもとめることになろう．

しかし，ここでは別の方法を試みよう．

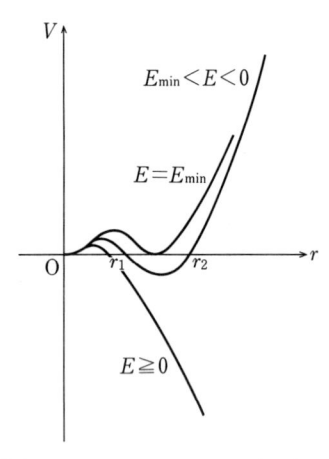

図10.1 'ポテンシャル' (2.1)

10.3 方程式を解く

(2.1) の 'ポテンシャル' は未知関数 r の4次式である．その次数は，つぎのようにして下げることができる．すなわち，
$$\frac{d}{d\varphi}\frac{1}{r} = -\frac{1}{r^2}\frac{dr}{d\varphi}$$

に注意し，かつ，いまの場合 r は0にならないことを思い出して，(2.2) の両辺を r^4 で割る．そうすると，
$$\frac{1}{r} = u \tag{3.1}$$

とおいて
$$\frac{1}{2}\left(\frac{du}{d\varphi}\right)^2 + \frac{1}{2}u^2 - \frac{Gm^2M}{l^2}u - \frac{mE}{l^2} = 0$$

を得る．r の4次式に代わって u の2次式が現われた．これを完全平方に直すために
$$u - \frac{Gm^2M}{l^2} \equiv w \tag{3.2}$$

とおけば
$$\frac{1}{2}\left(\frac{dw}{d\varphi}\right)^2 + \frac{1}{2}w^2 = \frac{m}{l^2}(E - E_{\min}). \tag{3.3}$$

となる．これは第10講で見た '調和振動子に対するエネルギーの保存の式' (7.1.1) と同じ形ではないか！

そこで 7.1 節，7.2 節の解析を思い出せば

$$w = \sqrt{\frac{2m}{l^2}(E - E_{\min})} \cos \varphi$$

が解になることがわかる．もちろん，任意定数 α を入れてコサインを $\cos(\varphi + \alpha)$ としても解になるが，これは極角 φ の測りはじめ ($\varphi = 0$) の方向を変えることにしかならない．無用の長物 α は入れないことにしよう．

(3.2)，(3.1) によって r にもどれば，

$$r = \frac{L}{1 + \varepsilon \cos \varphi} \tag{3.4}$$

ここに

$$\varepsilon = \sqrt{\frac{2}{m}\left(\frac{l}{GmM}\right)^2 (E - E_{\min})} = \sqrt{1 + \frac{2E}{m}\left(\frac{l}{GmM}\right)^2},$$

$$L = \frac{l^2}{Gm^2 M}. \tag{3.5}$$

さて，極座標で (3.4) のように表わされる曲線は，どんな形だろうか？——極角 φ が 0 から 2π まで変わってゆくと，それにつれて (3.4) の動径が変わり，その先端が曲線を描き出す．その曲線は，どんな形になるだろうか？ いうまでもなく，その曲線が**惑星の軌道**である．

10.4　楕円，双曲線そして放物線

方程式 (3.4) を

$$r = \varepsilon\left(\frac{L}{\varepsilon} - r \cos \varphi\right) \tag{4.1}$$

と書けば，これには簡単な幾何学的意味がつく．

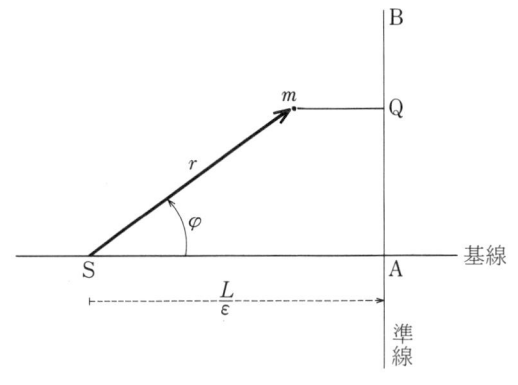

図 10.2　方程式 (4.1) を幾何学的に解釈して視覚化する．

図10.2のように，極座標の原点Sから基線に沿って距離 L/ε の点をAとし，ここで基線に垂線ABをたてる．この垂線を準線 (directrix) という．そして，極座標が (r, φ) の点 m からABにおろした垂線の足をQとすれば

$$\overline{mQ} = \frac{L}{\varepsilon} - r\cos\varphi$$

だから，(4.1) は

$$r = \overline{Sm} = \varepsilon \overline{mQ} \tag{4.2}$$

の関係があることを意味している．

この関係を直角座標系で書き表わしてみよう．そうすると，方程式 (3.4) の表わす曲線の形がわかるだろう．ε の大小によって場合を分けたほうがわかりやすい．

$0 < \varepsilon < 1$ の場合

(3.5) でいえば，$E_{\min} < E < 0$ の場合である．

極座標系の基線を x 軸にとり，理由はやがてわかるということにして，極座標の原点Sが x 座標

$$x_\mathrm{S} = \frac{\varepsilon L}{1-\varepsilon^2} \tag{4.3}$$

をもつように直角座標系の原点Oをきめる．そこに y 軸を立て

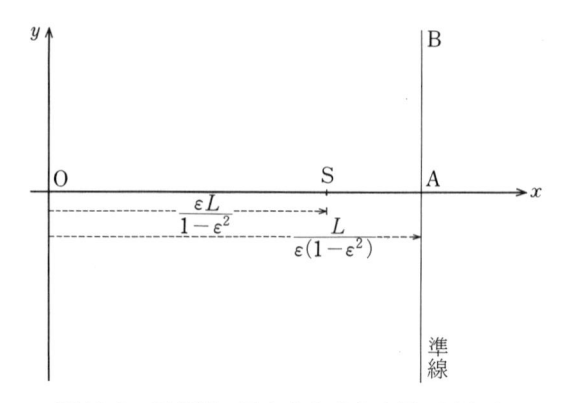

図10.3 極座標の原点Sと直角座標の原点O．

ることは言うまでもない（図10.3）．点AはSから L/ε だけ行ったところだから，その x 座標は

$$x_\mathrm{A} = \frac{\varepsilon L}{1-\varepsilon^2} + \frac{L}{\varepsilon} = \frac{L}{\varepsilon(1-\varepsilon^2)}. \tag{4.4}$$

これからは

$$\frac{L}{1-\varepsilon^2} \equiv a \tag{4.5}$$

と書いておくのが便利である．こうすると

$$x_S = \varepsilon a, \qquad x_A = \frac{a}{\varepsilon}. \tag{4.6}$$

さて，われわれの直角座標系で m の座標を (x, y) とすれば，(4.2) は

$$\sqrt{(x-\varepsilon a)^2 + y^2} = \varepsilon\left(\frac{a}{\varepsilon} - x\right) \tag{4.7}$$

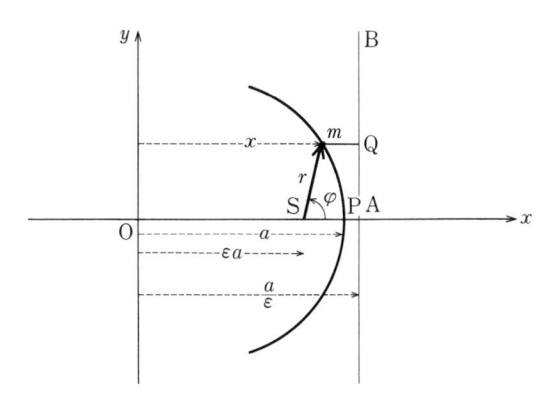

図 10.4 方程式 (4.2) の直角座標表示

となる（図 10.4）．両辺を 2 乗すると，x の 1 次の項は落ちることがわかり，

$$\frac{x^2}{a^2} + \frac{y^2}{(1-\varepsilon^2)a^2} = 1 \tag{4.8}$$

を得る．これは楕円の方程式である（第 7 講，4.4 節）．この楕円の

長半径 a は x 軸方向にあり，
短半径 $b = \sqrt{1-\varepsilon^2}\,a$ は y 軸方向にある．
そして $\dfrac{\sqrt{a^2-b^2}}{a}$ で定義される離心率が ε にほかならない．

ここで 1 つ注意が必要だ．

なるほど，軌道の方程式 (3.4) から (4.2)，(4.7) を経て楕円の方程式 (4.8) が導かれたけれども，その途中で (4.7) の両辺を 2 乗しているから，(4.7) のほかに

$$\sqrt{(x-\varepsilon a)^2 + y^2} = -\varepsilon\left(\frac{a}{\varepsilon} - x\right) \tag{4.9}$$

をみたす点 (x, y) が (4.8) には混りこんでいるかもしれない．そうだとしたら，軌道の方程式 (3.4) の表わす曲線は楕円の一部だということになりかねない．

いや，その心配はないのである．楕円の方程式 (4.8) をみたす x は，$x \leqq a$ なので，いま $0 < \varepsilon < 1$ であることを考慮すれば (4.9) の右辺は負であることがわかる．ところが左辺は決して負にならないから，そもそも (4.9) は成立することがない．

こうして，$E < 0$ の場合，惑星の軌道 (3.4) は楕円であることがわかった．

以前に見たとおり，$E \geqq 0$ の場合には m の軌道は太陽Sから離れて無限の彼方まで延びてゆくので，このような運動をする m は'惑星'ではない．

だから，上の結果は **惑星の軌道は楕円である** ことを示している．

太陽Sは，その楕円の焦点の位置にあるだろうか？ 以前に4.4節でみたとおり，焦点Fの x 座標は，$x > 0$ の方をとれば

$$x_\mathrm{F} = \sqrt{a^2 - b^2}$$

で計算されるのだから，(4.4) などより

$$x_\mathrm{F} = \frac{L}{1-\varepsilon^2}\sqrt{1-(1-\varepsilon^2)} = \frac{\varepsilon L}{1-\varepsilon^2} \qquad (4.10)$$

したがって，(4.3) から

$$x_\mathrm{F} = x_\mathrm{S}.$$

すなわち，**楕円軌道の焦点の1つは，まさしく太陽の位置にある**．こうして，ケプラーの第1法則も証明された！

楕円軌道の長，短の半径は (3.5) と (4.5) から

$$a = -\frac{GmM}{2E}, \qquad b = \sqrt{-\frac{1}{2mE}}\,l$$

となる．これらは初期条件からきまるのだ．これらを用いて楕円の面積を計算し，(0.1) から得られる面積速度を用いれば惑星の公転周期が算出できる．こうしてケプラーの第3法則が再び証明される．

なお，念のために言葉にしておけば，(3.4) が表わす楕円の焦点（の1つ）が極座標の原点になっているのだ．直角座標の原点もひとまずそこにとって (4.1) の両辺の2乗を書き表わす，というふうにしたほうがわかりやすかったかもしれない．そうして得られた2次式を完全平方に直すための原点の移動が (4.3) ——これが種明し！

ことのついでに $\varepsilon \geqq 1$ の場合も調べておこう．

$\varepsilon > 1$ の場合

(3.5) でいえば $E > 0$ の場合である．

太陽 S を (4.3) の x_S の位置におき，点 A を (4.4) の x_A の位置におくと，$\varepsilon > 1$ では，これらはいずれも負で，しかも $|x_\text{S}| > |x_\text{A}|$ だから，$0 < \varepsilon < 1$ の場合の図10.4に相当するものは，図

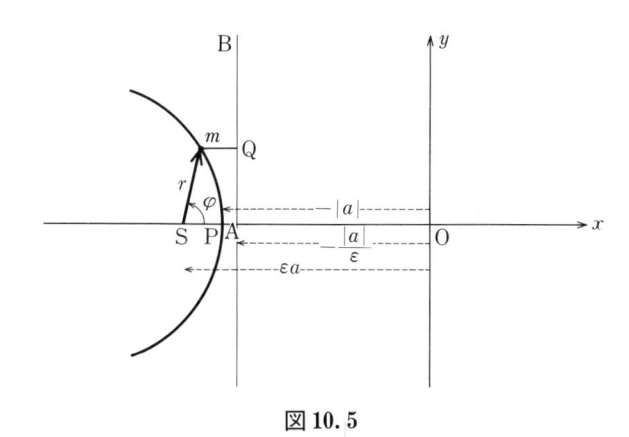

図 10.5

10.5のように変わる．しかし，(4.7) 以下の計算は同じでよく，(4.8) が得られるけれども，$\varepsilon > 1$ なので

$$\frac{x^2}{a^2} - \frac{y^2}{(\varepsilon^2-1)a^2} = 1 \tag{4.11}$$

と書くほうがよい．これは**双曲線**の方程式である．双曲線は一対の分枝からなるが，軌道方程式 (3.4) で極角 φ を $-\pi$ から π まで変えるとき描き出されるのは一方の分枝だけである．その分枝は，漸近線

$$y = \pm\sqrt{\varepsilon^2-1}\,x \qquad (x \leqq 0) \tag{4.12}$$

をもつ．

$\varepsilon = 1$ の場合

(3.5) でいえば $E = 0$ の場合で，流星群にはこれに非常に近いものがある．

この $\varepsilon = 1$ の場合の軌道は，$\varepsilon < 1$ あるいは $\varepsilon > 1$ の場合からの極限として把えればよかろう．いや，それは簡単ではない．楕円の方程式 (4.8) も双曲線の方程式 (4.11) も $\varepsilon \to 1$ にすると無限大になる項を含んでいるからである．

極限をとるには，次のようにすればよい．

楕円からの極限 ($\varepsilon \uparrow 1$) をとるには，(4.8) の a を

$$a = \frac{c}{1-\varepsilon} \tag{4.13}$$

でおきかえる．その心は，図10.4では $\varepsilon \uparrow 1$ でくっついてしまう太陽 S と近日点 P とを引き離すところにある．実際，(4.13) によれば (4.6) の x_S と近日点の $x_P = a$ は

$$x_S = \frac{\varepsilon}{1-\varepsilon} c, \qquad x_P = \frac{1}{1-\varepsilon} c$$

となり

$$x_P - x_S = c \tag{4.14}$$

は ε によらない．

さらに，直角座標系の原点を近日点 P に移し，新しい x 座標を x' と書けば，古い座標は

$$x = x' + \frac{c}{1-\varepsilon}$$

だから，楕円の方程式 (4.8) は

$$\frac{\left(x' + \dfrac{c}{1-\varepsilon}\right)^2}{\left(\dfrac{c}{1-\varepsilon}\right)^2} + \frac{y^2}{\dfrac{1+\varepsilon}{1-\varepsilon} c^2} = 1$$

となる．分母をはらって整理すれば

$$(1-\varepsilon^2) x'^2 + 2(1+\varepsilon) c x' + y^2 = 0.$$

$\varepsilon \uparrow 1$ の極限で，これは

$$y^2 = -4cx' \tag{4.15}$$

という**放物線**の方程式になる．

双曲線からの極限 ($\varepsilon \downarrow 1$) も同様にしてとることができる．

実は，この $\varepsilon = 1$ の場合も，(4.1) までもどり，極座標系の原点をそのまま原点とする直角座標系で (4.1) の両辺の2乗を書き表わすほうが簡単である．そうすれば (4.15) がすぐに出てくる．

●問題

13.1 方程式 (4.1) を，極座標系 (r, φ) と原点を共有する直角座標系 (x, y) の式に直し，$0 < \varepsilon < 1$ の場合にこれが楕円を表わすことを示せ．

13.2 10.4節で，太陽の引力を受けて運動する質量 m の質点は，その全エネルギーが $E > 0$ なら双曲線を描くことを述べた．その方程式は (3.4)，すなわち

$$r = \frac{L}{1+\varepsilon\cos\varphi} \qquad (1)$$

であって，L と離心率 ε は m のエネルギー E と角運動量 l から (3.5) によって定まる．

（a） m が遠方から太陽に近づき，また遠方に去ってゆくとき，その進行方向は

$$\cot\frac{\chi}{2} = \frac{v_\infty^2 b}{GM}$$

から定まる角 χ だけ変わることを示せ．ここに v_∞ と b は

$$l = mv_\infty b, \qquad E = \frac{1}{2}mv_\infty^2$$

によって定義される．v_∞ は無限遠方での m の速さであり，b は無限遠方における軌道の延長線と太陽との距離であって m の**衝突径**

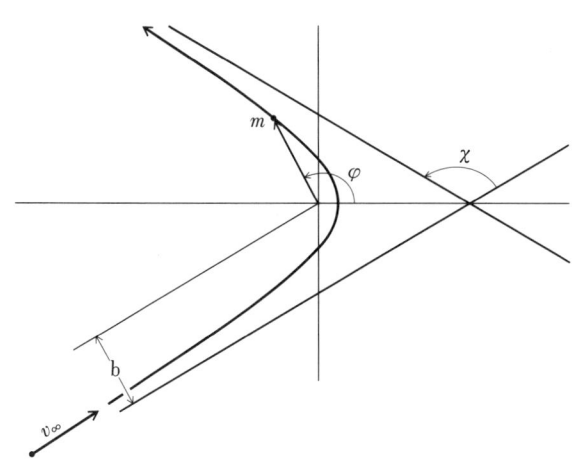

図 10.6 双曲線軌道．

数（impact parameter）とよばれる（図 10.6 を参照）．

（b） 1977 年 8 月 20 日にアメリカが打ち上げた惑星探査衛星ヴォイジャー（Voyager）2 号は，日本時間 1989 年 8 月 25 日に海王星に最接近した（図 10.7）．その瞬間の

海王星の中心からの距離は　2.92×10^4 km

速さは　2.73×10^4 m/s

であった．海王星のそばを通ることでヴォイジャー 2 号の進行方向はどれだけ変わったか？

海王星の質量は，太陽の質量 $M_\odot = 1.989\times10^{30}$ kg の 5.18×10^{-5} 倍である――『理科年表』国立天文台編，（丸善，1990），p. 88 による．

13.3 極座標系 (r, φ) において

$$r = \frac{L}{1+\varepsilon\cos\varphi} \qquad (\varepsilon>1, L>0 \text{ は定数})$$

によって表わされる双曲線の漸近線の方程式をもとめよ．ここで，

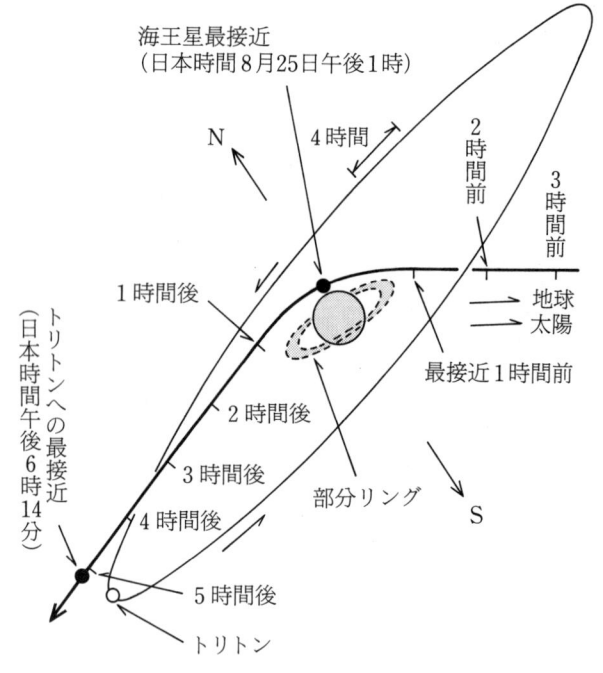

図10.7 ヴォイジャー2号の海王星最接近.

漸近線とは，双曲線の無限に伸びる腕がかぎりなく接近してゆく直線をいう．

この問題は，図10.6をパソコンに描かせるために考えることになったもの．

第11章　軌道のベクトル方程式

第14講
レンツ・ベクトル

惑星の運動 $r = r(t)$ は，微分方程式

$$m\frac{d^2 r}{dt^2} = -G\frac{mM}{r^3} r$$

にしたがう．前講では，この方程式から惑星の軌道が楕円であることを導きだした．

その導き方は，しかし，そんなに見通しのよいものであったとはいえない．実際，惑星の軌道が楕円であることは計算の途中では見通せなかった．楕円は，計算が終ったときに，やっと姿を現わしたのである．

もっと見通しのきく視点はないものか．軌道の形が自ら'眼にとびこんでくる'ような，そういう見方はできないものだろうか？

それには，運動方程式からなるべく離れないように，軌道の形を位置ベクトルや速度ベクトルをつかって表わすのがよさそうだ．

第11章――軌道のベクトル方程式

楕円軌道からはじめよう．楕円を，その上を走る質点 m の位置ベクトル r や速度ベクトル v をもちいて表現したい．

軌道の形をはじめから楕円ときめてかかるのは，目的地から出発することで論理の逆行だ，といわれるかもしれない．ごもっとも．

しかし，道をさがすなら，目的地から出発点をめざして歩いてみるのもいいではないか．

11.1 楕円軌道の場合

楕円というのは，2つの焦点 S, S′ への距離の和が一定の点 m の軌跡であった：

$$\overrightarrow{Sm} + \overrightarrow{S'm} = \text{const.} \equiv 2a \tag{1.1}$$

このことは，また，軌道上のあらゆる点 m で

$$(\angle SmS' の 2 等分線) \parallel (m で軌道にたてた法線) \tag{1.2}$$

となること，といってもよい（第7講，4.4節．特に図4.8を参照）．

ここにいう $\angle SmS'$ の2等分線の方向は

$$\frac{\overrightarrow{Sm}}{Sm} + \frac{\overrightarrow{S'm}}{S'm} \tag{1.3}$$

で表わされる（図 11.1, a）．つまり，$\overrightarrow{Sm}$ の方向にある単位ベクトルと $\overrightarrow{S'm}$ の方向にある単位ベクトルの和．同様のベクトルを以前 (4.4.7) で定義した．

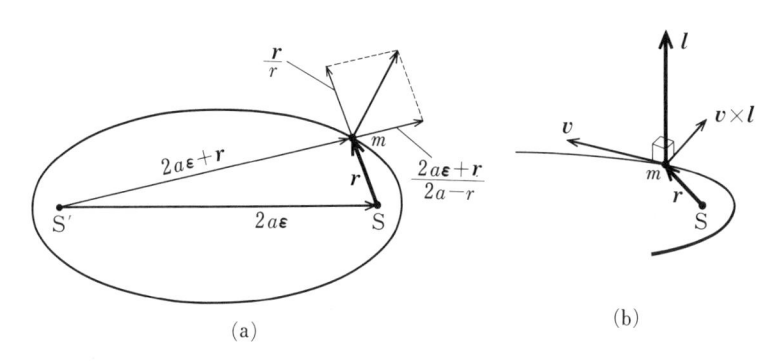

図 11.1 楕円軌道の法線，2つの表わし方．

いま，m の位置ベクトル r の原点は一方の焦点 S にとろう．そうすると

$$\overrightarrow{Sm} = r$$

他方の焦点 S′ から S にいたるベクトルを長半径 $2a$ で割って

$$\boldsymbol{\varepsilon} = \frac{\overrightarrow{S'S}}{2a} \tag{1.4}$$

を定義すれば
$$\overrightarrow{S'm} = 2a\boldsymbol{\varepsilon} + \boldsymbol{r}$$
となる．また，(1.1) から
$$\overline{S'm} = 2a - r$$
でもあるから，(1.3) により
$$(\angle SmS' \text{ の2等分線}) /\!/ \frac{\boldsymbol{r}}{r} + \frac{2a\boldsymbol{\varepsilon} + \boldsymbol{r}}{2a - r} \tag{1.5}$$
が得られる．

急いで付け加えるが，(1.4) で定義したベクトル $\boldsymbol{\varepsilon}$ の大きさは当の楕円の離心率にほかならず（図 10.3 および (10.4.5) を参照），範囲 $0 < \varepsilon < 1$ にある．$\boldsymbol{\varepsilon}$ を**離心ベクトル** (eccentricity vector) とよぶ．

さて，われわれは軌道が楕円であることを (1.2) によって表現したい．

m の位置で軌道にたてた法線の方向は，どのようにして表現すべきか？ 法線でなくて，接線の方向なら，m の速度ベクトル $\boldsymbol{v}$ に平行であることがわかっている．法線は，それに垂直だ．また，法線は軌道面内にあることから m の角運動量ベクトル $\boldsymbol{l} = m\boldsymbol{r} \times \boldsymbol{v}$ にも垂直である．こうして，m の位置で軌道にたてた法線の方向は $\boldsymbol{v}$ と $\boldsymbol{l}$ の両方に垂直だから
$$(m \text{ で軌道にたてた法線の方向}) /\!/ \boldsymbol{v} \times \boldsymbol{l} \tag{1.6}$$
となっている（図 11.1, b）．

(1.5) と (1.6) をもちいると，軌道の特徴づけ (1.2) は
$$\frac{\boldsymbol{r}}{r} + \frac{\boldsymbol{r} + 2a\boldsymbol{\varepsilon}}{2a - r} = \alpha(\boldsymbol{r})[\boldsymbol{v} \times \boldsymbol{l}]$$
と書ける．ただし，(1.2) は2本のベクトルが互いに平行であることをいうのみで，大きさの関係に及んでいないから，ここで比例係数 α を導入した．α の値は軌道上の位置によって変化するかもしれないので，$\boldsymbol{r}$ を添えて $\alpha(\boldsymbol{r})$ としたのである．α は $\boldsymbol{v}$ にもよるかもしれない．しかし，ひとつの軌道の上では $\boldsymbol{v}$ は $\boldsymbol{r}$ に応じてきまっているはずだ．

上の式の両辺に $r(2a - r)$ をかけて整理すれば
$$2a(\boldsymbol{r} + r\boldsymbol{\varepsilon}) = r(2a - r)\alpha(\boldsymbol{r})[\boldsymbol{v} \times \boldsymbol{l}].$$
これは，
$$\frac{2a - r}{2a}\alpha(\boldsymbol{r}) \equiv \beta(\boldsymbol{r})$$
とおけば

$$\boldsymbol{\varepsilon} = \beta[\boldsymbol{v}\times\boldsymbol{l}] - \frac{\boldsymbol{r}}{r} \tag{1.7}$$

という単純な形になる．しかし，このβが$\boldsymbol{r}$のどんな関数であるかは，わからない．

βの関数形をきめるのに，$\boldsymbol{\varepsilon}$が定ベクトルであることは役立たないだろうか？(1.7)の両辺をそれぞれ2乗してみると，左辺の$\boldsymbol{\varepsilon}^2$は定数．しかし，右辺には$\boldsymbol{v}$と$\boldsymbol{r}$があって，それらの関係を知らないかぎり$\beta$に対する条件は得られそうにない．

$\boldsymbol{v}$と$\boldsymbol{r}$の関係が問題になるのであれば，そろそろ本来の出発点——運動方程式——に立ち戻って出直すべきであろう．

11.2 離心ベクトルの保存

離心ベクトル(1.7)は定数であるべきもの——すなわち保存量であるべきものである．そこで，βをどのようにとれば$\boldsymbol{\varepsilon}$が保存量になるか，運動方程式をもちいて調べてみることにしよう．

(1.7)の$\boldsymbol{r}, \boldsymbol{v}, \boldsymbol{l}$は，運動方程式

$$m\frac{d^2\boldsymbol{r}}{dt^2} = -G\frac{mM}{r^3}\boldsymbol{r} \tag{2.1}$$

にしたがう運動の位置ベクトル$\boldsymbol{r} = \boldsymbol{r}(t)$，速度ベクトルおよび角運動量ベクトルであるとする．こうした量の時間変化を通して(1.7)のβも時間tの関数になると考えられる．

そこで，(1.7)の両辺をそれぞれ時間tで微分すると，左辺の$\boldsymbol{\varepsilon}$が保存するための必要・十分条件として

$$\frac{d\beta}{dt}[\boldsymbol{v}\times\boldsymbol{l}] + \beta\left[\frac{d\boldsymbol{v}}{dt}\times\boldsymbol{l}\right] - \frac{d}{dt}\frac{\boldsymbol{r}}{r} = 0 \tag{2.2}$$

が得られる．ここで，角運動量$\boldsymbol{l}$の保存をもちいた．

この式の第2項に見える$d\boldsymbol{v}/dt$は加速度だから，運動方程式(2.1)をもちいて消去することができる．すなわち

$$\beta\left[\frac{d\boldsymbol{v}}{dt}\times\boldsymbol{l}\right] = -GM\beta\frac{\boldsymbol{r}}{r^3}\times\boldsymbol{l}. \tag{2.3}$$

これを(2.2)に代入し，さらに角運動量の定義

$$\boldsymbol{l} = m[\boldsymbol{r}\times\boldsymbol{v}]$$

をもちいれば，(2.2)は$\boldsymbol{r}$と$\boldsymbol{v}$との式になる．多少わずらわしいが，これからの計算の要になる式だから，やや図式的に書き下しておこう：

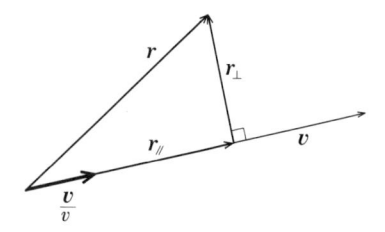

図11.2 ベクトル r の v 方向への正射影 $r_{/\!/}$ をつくるには，v 方向の単位ベクトル v/v を利用する．

正射影 $r_{/\!/}$ の長さはスカラー積 $\left(r\cdot\dfrac{v}{v}\right)$ であたえられる．これに $\dfrac{v}{v}$ をかけると $r_{/\!/}$ になる．

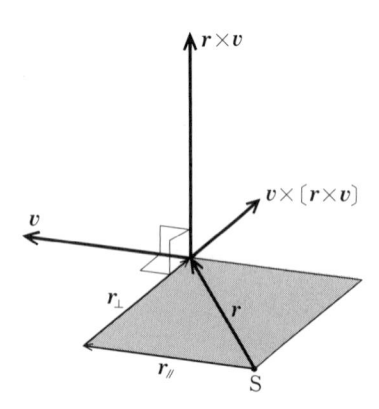

図11.3 ベクトル3重積
まず $r\times v$ をつくり，次に $v\times[r\times v]$ をつくる．

$$
\begin{array}{r|c}
m\dfrac{d\beta}{dt}\times & v\times[r\times v] \\
-GmM\beta\dfrac{1}{r^3}\times & r\times[r\times v] \\
(-1)\times & \dfrac{1}{r}v-\dfrac{(r\cdot v)}{r^3}r \\
\hline
& 0
\end{array}(+ \tag{2.4}
$$

この第1項に現われるベクトル3重積 $v\times[r\times v]$ を計算するには，r を v に平行な

$$r_{/\!/}=\frac{1}{v^2}(v\cdot r)v$$

と v に垂直な

$$r_{\perp}=r-r_{/\!/}=\frac{1}{v^2}\{v^2 r-(v\cdot r)v\}$$

とに分解しておくのがよい（図11.2）．そうすると，$r\times v$ は大きさが $r_{\perp}v$ と書けて，もちろん v に垂直なので

$$|v\times[r\times v]|=r_{\perp}v^2$$

となることがわかる．この3重積は，図11.3から知れるとおり $r_{\perp}$ に平行（向きも含めて）となるから[1]

$$\begin{aligned}v\times[r\times v]&=v^2 r_{\perp}\\&=v^2 r-(v\cdot r)v.\end{aligned} \tag{2.5}$$

この式で v と r を入れ替えれば (2.4) の第2項にあるベクトル3重積が得られる：

$$\begin{aligned}r\times[r\times v]&=-r\times[v\times r]\\&=-r^2 v+(r\cdot v)r.\end{aligned} \tag{2.6}$$

これらの結果をもちいれば，(2.4) は次のように書きかえられる：

$$
\begin{array}{r|cc}
m\dfrac{d\beta}{dt}\times & v^2 r-(v\cdot r)v & \\
-GmM\beta\times & \dfrac{(r\cdot v)}{r^3}r & -\dfrac{1}{r}v \\
1\times & \dfrac{(r\cdot v)}{r^3}r & -\dfrac{1}{r}v \\
\hline
& 0 &
\end{array}(+ \tag{2.7}
$$

さて，この和がゼロであることから β について何がわかるか？

いま $l\neq 0$ としよう．この場合 r と v とは決して平行になることがない．これらは1次独立なのだ．したがって，(2.7) の r と v の係数は別々にゼロである：

$$\left.\begin{aligned}m\frac{d\beta}{dt}v^2-(GmM\beta-1)\frac{(\boldsymbol{r}\cdot\boldsymbol{v})}{r^3}=0\\-m\frac{d\beta}{dt}(\boldsymbol{r}\cdot\boldsymbol{v})+(GmM\beta-1)\frac{1}{r}=0\end{aligned}\right\} \quad (2.8)$$

この第2式に $(\boldsymbol{r}\cdot\boldsymbol{v})/r^2$ をかけて第1式に加えれば

$$\left\{v^2-\frac{(\boldsymbol{r}\cdot\boldsymbol{v})^2}{r^2}\right\}\frac{d\beta}{dt}=0.$$

ところが,$\boldsymbol{r}$ と $\boldsymbol{v}$ が決して平行にならないこと,上に見たとおりなので $r^2v^2>(\boldsymbol{r}\cdot\boldsymbol{v})^2$.したがって

$$\frac{d\beta}{dt}=0. \quad (2.9)$$

すると,(2.8) から

$$\beta=\frac{1}{GmM}. \quad (2.10)$$

こうして β は定数であることがわかり,その値も決定された.それをもちいて,離心ベクトル (1.7) は

$$\boldsymbol{\varepsilon}=\frac{1}{GmM}[\boldsymbol{v}\times\boldsymbol{l}]-\frac{\boldsymbol{r}}{r} \quad (2.11)$$

と定まる.

この保存量は,1924年にレンツ (W. Lenz) が発見したので,**レンツ・ベクトル**ともよばれる[2]. パウリが行列力学で水素原子のエネルギー準位をきめるのに利用したので一躍有名になった.行列力学は量子力学の母体となったもので,ハイゼンベルク (W. Heisenberg) らによって 1925 年 9 月に提出されたのだが,翌年の 1 月にパウリが――独立にディラック (P. A. M. Dirac) も――これを水素原子に適用して,実験から要求されるエネル

W. パウリ (スイス,1900-58)
行列力学で水素原子の線スペクトルを導出,実験に合うことを示し,行列力学の正しさの証拠をあたえた.パウリの排他律の発見など,基本的な業績が多い.

(右) W. ハイゼンベルク
　　　(ドイツ,1901-76)
ニュートン力学に代わる原子世界の力学として 1925 年に行列力学を発見,これが 1926 年に発見されたシュレーディンガーの波動力学と合流して量子力学に結実した.
(左) P. A. M. ディラック
　　　(イギリス,1902-84)
行列力学を水素原子に適用,この原子の線スペクトルが正しく得られることを示し,行列力学の正しさの証拠をあたえた.行列力学と波動力学を統一する「変換理論」をつくりあげた.
1929 年に来日したとき東大で撮影.

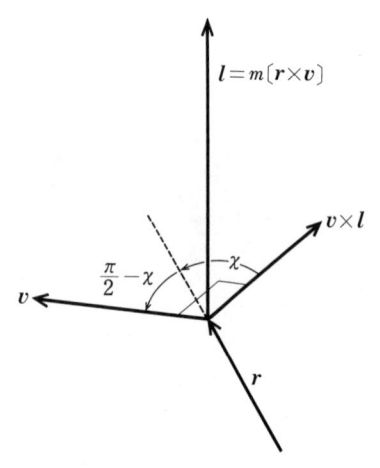

準位が正しく出てくることを示したのである．行列力学は，これによって人びとの信頼を得たのだという．

11.3 エネルギーの保存

離心ベクトル $\boldsymbol{\varepsilon}$ の表式 (2.11) は，なかなか含意の多い式である．いま，その両辺をそれぞれ2乗すると，$\boldsymbol{v}$ と $\boldsymbol{r}$ の関係がでてくる．これがエネルギー保存の式にほかならないことを示そう．

(2.11) の右辺の2乗を計算するため次の準備をする．まず
$$|\boldsymbol{v}\times\boldsymbol{l}| = vl. \tag{3.1}$$
これは $\boldsymbol{v}$ と $\boldsymbol{l}$ とが互いに垂直であることから明らか．つぎに[3)]
$$[\boldsymbol{v}\times\boldsymbol{l}]\cdot\boldsymbol{r} = \frac{l^2}{m}. \tag{3.2}$$

図11.4 $[\boldsymbol{v}\times\boldsymbol{l}]\cdot\boldsymbol{r} = |\boldsymbol{v}\times\boldsymbol{l}|r\cos\chi$
$= rv\sin\left(\frac{\pi}{2}-\chi\right)\cdot l$
$= [\boldsymbol{r}\times\boldsymbol{v}]\cdot\boldsymbol{l}$

これを見るには，左辺の内積が $vl\cdot r\cos\chi$ に等しいことに注意する．ここに χ は $\boldsymbol{v}\times\boldsymbol{l}$ と $\boldsymbol{r}$ のなす角であるが，図11.4から明らかなように，$\frac{\pi}{2}-\chi$ とすれば $\boldsymbol{v}$ と $\boldsymbol{r}$ のなす角になるから，これによって cos を sin に直せば

$$rv\cos\chi = rv\sin\left(\frac{\pi}{2}-\chi\right)$$
$$= |\boldsymbol{r}\times\boldsymbol{v}|$$

となる．これは角運動量の大きさ l の $(1/m)$ 倍に等しい．こうして (3.2) が確かめられた．

さて，(3.1), (3.2) をもちいれば (2.11) の右辺の2乗は直ちに計算され
$$\boldsymbol{\varepsilon}^2 = \left(\frac{vl}{GmM}\right)^2 - \frac{2l^2}{Gm^2M}\frac{1}{r}+1.$$
両辺に
$$\frac{m}{2}\left(\frac{GmM}{l}\right)^2$$
をかけて，整理すると
$$\frac{m}{2}v^2 - G\frac{mM}{r} = \text{const.} \equiv E \tag{3.3}$$
を得る．これは確かにエネルギー保存則 (9.1.10) になっている．ただし
$$E = -(1-\boldsymbol{\varepsilon}^2)\frac{m}{2}\left(\frac{GmM}{l}\right)^2 \tag{3.4}$$
とおいた．惑星 m の全エネルギーをあたえるこの式も，姿こそ変えてはいるが，すでに (10.3.5) に登場している．

こうして，**離心ベクトル (2.11) の保存はエネルギーの保存を**

含んでいることが示された．

11.4 軌道の形

離心ベクトルの表式 (2.11) の両辺に，こんどは $\bm{r}$ をスカラー的にかけてみよう．$\bm{\varepsilon}$ と $\bm{r}$ のなす角を φ とする．これが図 10.2 における極角にあたる．(3.2) を利用して

$$r\varepsilon\cos\varphi = \frac{l^2}{Gm^2M} - r$$

すなわち

$$r = \frac{L}{1+\varepsilon\cos\varphi}. \tag{4.1}$$

これは軌道の形をあたえる方程式 (10.3.4) である．ただし

$$L = \frac{l^2}{Gm^2M}$$

とおいたが，この量にも，すでに (10.3.5) で出会っている．

こうして，**離心ベクトルの式には軌道の形や大きさの情報も含まれている**ことがわかった．

これまでの話では，惑星の運動を頭において軌道は楕円であるかのように言ってきたが，軌道の方程式 (4.1) は $\varepsilon > 0$ が 1 より小さいか，大きいか，それとも 1 に等しいかにより楕円，双曲線，放物線を表わすのだった．そして，これまでの計算には，実は ε の大きさを限定したところがない．どの式も任意の ε の場合に通用するのである．

こうして，論理の逆行を敢てして楕円から出発したわれわれの解析も，結局あらゆる場合をつくすことになったようだ．それを確かめるには，(2.11) のパラメタ $\bm{\varepsilon}$ と $\bm{l}$ を適当に選ぶことにより任意の初期条件に応ずる運動が構成できることをチェックすればよい．

11.5 速度ベクトルの挙動

離心ベクトルの表式 (2.11) の両辺に $\bm{r}$ をスカラー的にかけたら軌道の方程式 (4.1) がでた．$\bm{r}$ の代わりに $\bm{v}$ をかけてみると

$$(\bm{v}\cdot\bm{\varepsilon}) + \frac{(\bm{v}\cdot\bm{r})}{r} = 0 \tag{5.1}$$

を得る．ここで，

$$\frac{(\bm{v}\cdot\bm{r})}{r} \equiv v_r, \qquad \frac{(\bm{v}\cdot\bm{\varepsilon})}{\varepsilon} \equiv v_x$$

は，それぞれ動径方向と極軸（楕円でいえば長軸）方向の速度成分であって，(5.1)は

$$v_r + \varepsilon v_x = 0 \tag{5.2}$$

とも書ける．これはおもしろい．

　速度ベクトルについては，おもしろい関係式がもうひとつ引き出せる．いま，(2.11)を成分で書くのに，εの（極軸の）方向にx軸，lの方向にz軸をとれば（図11.5），vもrもx, y成分のみで

$$\varepsilon = \frac{1}{GmM} v_y l - \frac{x}{r},$$
$$0 = -\frac{1}{GmM} v_x l - \frac{y}{r}.$$

これをもちいて $(x^2+y^2)/r^2 = 1$ を書けば

$$\left(\varepsilon - \frac{l}{GmM} v_y\right)^2 + \left(\frac{l}{GmM} v_x\right)^2 = 1.$$

すなわち

$$v_x^2 + \left(v_y - \frac{GmM}{l}\varepsilon\right)^2 = \left(\frac{GmM}{l}\right)^2. \tag{5.3}$$

これは，速度ベクトルの先端が，(v_x, v_y)平面上で極軸に垂直の方向にずれた円形の軌跡を描くことを示している（図11.6）．(5.3)の関係を証明する問題が某大学の1988年の入試にでたそうな．

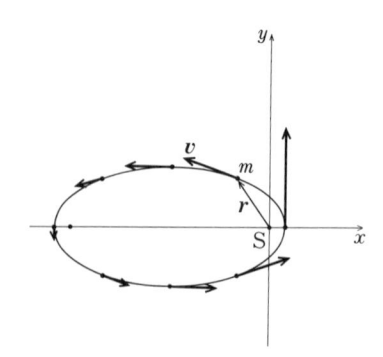

図11.5　惑星の速度．

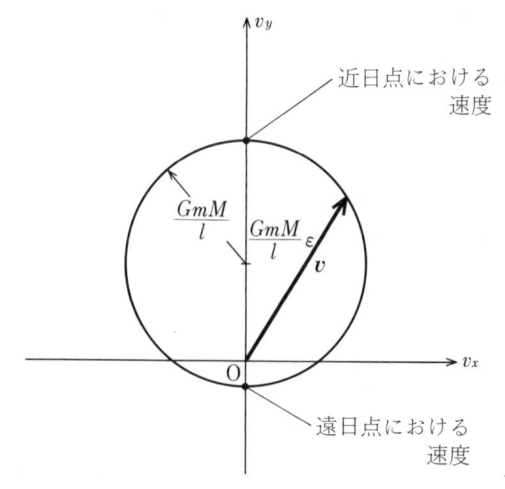

図11.6　速度空間．

　(5.3)によれば，惑星の楕円軌道上の速度は長軸に関してy成分が非対称になっている．一見これは意外に思われるが，軌道の各点に——面積速度の一定を考慮しながら——速度ベクトルを描

いてみれば納得がいく．いや近日点と遠日点における速度を比べてみるだけでも十分かもしれない（図11.5）．

念のために付け加えるが，(5.3) の円の中心が v_y 軸の方向に原点からずれているからといって，速度の時間平均が 0 でないということにはならない．実際，速度の時間平均は 0 である．さもないと，惑星の軌道が時間とともに y 軸方向にドリフトしてゆくことになる．惑星は (5.3) の円周上で——あるいは楕円軌道上で——v_y の大きいところは短時間で通り過ぎ，v_y が負のところで長時間を費す．このことは面積速度の一定から見てとれるとおりであって，その結果，速度の時間平均が 0 になるわけである．

11.6 とりこぼした特徴

惑星のしたがう運動方程式から惑星の運動の特徴はすべて導き出せるか——これが，われわれのテーマであった．

われわれは，運動方程式からケプラーの 3 つの法則がすべて導き出せることを見た．しかし，それが惑星の運動の特徴のすべてだろうか？

否．

たとえば，太陽系の惑星たちは，すべて，ほとんど同一の平面上を運動している（第 7 講の図 4.2 を見よ）．しかも，どれも同じ向きに，円に極めて近い軌道の上を！ 実際，惑星の軌道は楕円だといっても，その離心率は，水星の 0.20 と冥王星の 0.25 を別とすれば，いやもうひとつ火星の 0.09 も別とするなら，どれも土星の 0.06 よりは小さいのだ．こうした特徴は，運動方程式からではなく，**初期条件から理解さるべきこと**であろう．

もっとも，水星と冥王星が小さくない離心率をもっているのは，これらの質量が小さいために他の惑星たちからの'万有'引力に大きく影響されたせいだという．そうだとすれば，これは運動方程式の領分といわなければならない．われわれの解析は，惑星同士が互に及ぼしあう万有引力を考えに入れるところまでは踏みこめなかった．

太陽に近い水星と金星には衛星がなく，その数が地球の 1 個からはじまって太陽から離れるにつれて土星の > 20 個まで急激に増えるのも（表 4.1 を見よ）太陽からの引力の影響下での**安定性の問題**とすべきだろう．

惑星の運動の初期条件を問うなら，太陽系の起源にさかのぼる

必要がある．惑星たちが初めから存在して，それを誰かがある時刻に突き動かしたわけではないからである．

太陽系の惑星たちを見渡すと，それらの軌道の長半径 a が
$$4+3\times 2^n, \qquad n=-\infty, 0, 1, \cdots, 8$$
に非常に近い比をなしているという事実もある（**ボーデの法則**，Bode's law）．$n=-\infty$ は水星で，$n=0$ から金星，地球，……と続き，$n=3$ は火星と木星の間に 2000 個もあるという小惑星のベルトに当たる．

この法則を額面どおりに受けとれば
$$\frac{a_{土星}}{a_{木星}} = \frac{4+3\times 2^5}{4+3\times 2^4} = \frac{100}{52} = 1.92$$
となる．これをケプラーの第 3 法則によって公転周期 T の比に直せば
$$\frac{T_{土星}}{T_{木星}} = \left(\frac{a_{土星}}{a_{木星}}\right)^{3/2} = 1.92^{3/2} = 2.66$$
となる．これらの比の実際の値を表 4.1 から計算すると
$$\frac{a_{土星}}{a_{木星}} = 1.83, \qquad \frac{T_{土星}}{T_{木星}} = 2.48.$$
これで見ると
$$T_{木星} : T_{土星} = 2 : 4.96$$
という整数比 2:5 らしき意味ありげな関係があり，このほうがボーデの法則より精度もよく単純だから，より基本的かもしれないと思いたくもなる．つまり，公転周期が何かの事情で簡単な整数比におちついたためケプラーの法則から長半径の比が特別な値になったのではなかろうか？

天体の公転周期が簡単な整数比（に近い比）をなす事実は**尽数関係**（commensurability）とよばれ，
$$T_{天王星} : T_{海王星} : T_{冥王星} = 1 : 1.96 : 2.96$$
もその例である．他にも小惑星や惑星の衛星たちまで含めると多くの例が知られている．これも太陽系の形成史から理解さるべきことであろう[4]．

物理は狭い教科書のなかに閉じこもっていることはできない．

●註
1) 一般公式
$$A \times [B \times C] = (A \cdot C)B - (A \cdot B)C$$
の特別な場合である．

2) W. Lenz : Z. Phys. **24** (1924), 117.
3) 一般公式
$$[A\times B]\cdot C = [C\times A]\cdot B$$
によれば，つぎのように計算される：
$$[v\times l]\cdot r = [r\times v]\cdot l = \frac{1}{m}l\cdot l$$
ここで，角運動量の定義
$$m[r\times v] = l$$
をもちいた．

4) 太陽系の形成史を含む物理については，
「特集・太陽系の物理」，日本物理学会誌，第35巻8号 (1980)．

●問題

14.1 位置 r において質点 m にはたらく力が
$$f(r)r$$
であたえられる中心力の場がある．この場において m が運動するとき，本文の (2.11) を拡張した
$$\boldsymbol{\varepsilon} = \beta(r)[v\times l]+\alpha(r)r$$
が保存量であるとする．ただし，m の速度を v，角運動量を l とした．

（a） α と β の間には
$$\frac{l^2}{m}\frac{d\beta(r)}{dr}+r\frac{d}{dr}\{r\alpha(r)\} = 0$$
の関係があることを示せ．

（b） $\beta(r) = $ const. のとき，力の場は逆2乗法則にしたがうものに限られることを示せ．$r\alpha(r) = $ const. とすれば，どうか？

14.2 次の式を導け：
$$A\times[B\times C] = (A\cdot C)B-(A\cdot B)C.$$
この公式によれば，本文の (11.2.5), (11.2.6) は直ちに得られる：
$$v\times[r\times v] = (v\cdot v)r-(v\cdot r)v,$$
$$r\times[r\times v] = (r\cdot v)r-(r\cdot r)v.$$

14.3 次式を証明せよ：
$$A\times[B\times C]+B\times[C\times A]+C\times[A\times B] = 0.$$

14.4 （a） 次式を証明せよ：
$$A\cdot[B\times C] = B\cdot[C\times A] = C\cdot[A\times B].$$
この式の幾何学的意味はなにか．

（b） この式を使えば，本文の (3.2) は
$$r\cdot[v\times l] = l\cdot[r\times v] = l\cdot\frac{l}{m}$$
として直ちに得られる．

14.5 次の公式を導け：
$$[A \times B] \cdot [C \times D] = (A \cdot C)(B \cdot D) - (A \cdot D)(B \cdot C)$$
また，
$$[A \times B] \cdot [C \times D] = A \cdot [B \times (C \times D)] \quad \text{etc.}$$

読者からの手紙 ＊ 著者の返事

　この『物理は自由だ1. 力学』には，御覧のとおり「読者からの手紙＊著者の返事」を収録しました．お手紙は，この本の原型が『数学セミナー』に連載されていたときいただいたものに本書初版の後この版の出版までにいただいたものが加えてあります．お手紙が多いので抄録にさせていただき，お返事も短くなりました．また，2つ以上の問題にわたるお手紙は，分割したものもあります．お手紙の各筆者に見ていただき，この形で出すことをお許しいただきました．さらに，2つの書評も転載させていただきました．皆様の御海容に感謝いたします．

　お返事は身勝手な想いを述べることになってしまい恐縮です．

　『物理は自由だ』を，この本をタタキ台にした物理教育の討論の場にしてゆけたらと思います．討論といっても，やりとりが活字になるまでに大変な時間がかかりますが，それもいそがしい今の社会に対するアンチテーゼだくらいに考えていただけたら幸いです．こんど活字になった意見への反論，賛成論も含めて，これからもお返事をいただきたく，お願い致します．

　なお，以下では『物理は自由だ1. 力学』を『自由1』と略記します．**E.** としたのが，お返事です．読者の所属・身分は，お手紙をいただいた当時のものであることをお断りしておきます．

> **●読者からの手紙　1**
>
> 　この第6講「運動と力の法則」のなかに理解しにくいところがあります．説明してください．それは'質点'のことで，大きさがないのに質量だけあるというのは考えにくいのです．
>
> 　これまでの'速度'のところは，説明もくわしくて，極限の意味もたいへんよくわかりました．しかし，大きさのない質量というのは，どうもよくわからない．実は，私は中学1年生なので，予備知識が少ないせいかもしれませんが……．
>
> 　　　　　　　　　　　　　　　　　　　　　　　　　　　島田　延枝（豊中市）

　質点のことを，よく'質量だけあって大きさがない'といいますが，そういう物体があるというわけではありません．

　質点の概念は何通りかの仕方で使われます．

　その第1は，おおまかな近似としての使い方です．たとえば，太陽をまわる公転運動をあつかうとき，おおまかな話としてなら地球を点とみなすことができるでしょう．なにしろ，太陽から地球までの距離が，楕円軌道の長半径でいって

$$149\ 597\ 900 \pm 100 \text{ km}$$

もあるのに対して，地球の半径は，赤道半径でいって

$$6\ 378.164 \pm 0.003 \text{ km}$$

しかありません．ですから，地球の位置を太陽からの距離にして5桁の精度まで問題にするとしても，地球の半径を無視してさしつかえないと言えそうです．

　しかし，これだけではちょっと心配が残るのです．それは，地球が公転運動をつづけている長い時間のあいだに自転がだんだん速くなって，それに公転運動のエネルギーがくわれていく，というようなことは起らないだろうか，ということ．また，最初に地球の半径くらいの誤差を大目にみたため，それが原因となって地球の運動の計算誤差が，はじめは小さくても，長い時間のあいだに成長し目に見えて大きくなるということはないだろうか，というようなこと，等々．

　実は，こうした点は，詳しく議論することができるのです．それは，地球の運動を(1)地球の重心（これは文字どおり大きさのない点です！）の運動と(2)その重心まわりの地球の回転との2つに分けて計算してよいことが証明されるからです．特に，重心のほうは，そこに地球の全質量が集まった'質点'が地球に他の物体からはたらくあらゆる力を一身に（いや1点に！）うけて運動する場合と同じ運動をすることが証明されます．これが'質点'の第2の使い方で，近似としてでない質点の働き場所がここにあるわけです．

　上の証明をするには，地球を細かく切り分けたと考えて，その細片のそれぞれに質点の力学を適用するので，ここに質点の第3の使い方があるわけです．それについては，なにか力学の本を参照して勉強してください．自分の本で恐縮ですが『わかる力学』（東京図書，1991）など手頃でしょう．

●読者からの手紙　2

　第8講「力の法則」のなかで「……地球についてニュートンは因子2だけ計算をまちがえたらしい」(p.123) というのが気になり，私なりに検算してみました．

　計算式としては (3.4) 式，数値としてはニュートンの与えた値を用いると，地球の質量は $(1/194\,124)\cdot M_s$ となり，河辺六男訳本の値 $(1/169\,282)\cdot M_s$ と大きく異なります．この $(1/194\,124)\cdot M_s$ を用いて，地球表面上での重力加速度を求めると，太陽表面上での重力加速度 10 000 に対して 434 となり，ニュートンの与えた値 435 と非常に近くなりました．$(1/169\,282)\cdot M_s$ を用いると 497 となり，かけはなれすぎてしまいます．$(1/169\,282)\cdot M_s$ は，もしかすると訳本における誤植（6 と 9 の順序が逆）かもしれないと思い $(1/196\,282)\cdot M_s$ として計算をすると，429 となります．これらのことを考えると，$(1/169\,282)\cdot M_s$ は訳本における誤植，もしかすると原書における誤植の可能性がつよいのではないかと思います．（以下略）

木下　宙（東京天文台）

　ありそうなことだと思います．『プリンキピア』の原書が見られないのでチェックはできませんが——．どうもありがとうございました．

●読者からの手紙　3

　「ニュートンは地球と太陽の質量比 $m_地/M_s$ をだす計算をまちがえたらしい」とあることに対する木下宙氏の「ミスプリントかもしれない」という指摘（読者からの手紙 2）がおもしろくて，いろいろの翻訳や解説にある $m_地/M_s$ の値をあたってみました．その結果は下表のとおりです．ほとんどの人が，自分では計算せずにいたようです：

　1.　*Principia*, 1 st ed.（Culture et Civilization, facsimili copy）

　　　1/28 700

　2.　*Principia*, 3 rd ed.（Harvard U. P., facsimili copy）

　　　1/169 282

　この点についてニュートンは，第2版を出すときに，コーツに対して，Book 3・現象1 の表9の数値を（第3版にある通りに）改め，それに応じて，この値も計算し直すべきことを指示しています（1711/12, Feb. 12 Cotes 宛——Correspondence, Vol. V, No. 891）．もしかしたら，計算はコーツがしたのかも知れません．

　3.　*Principia*, Mott tr. Cajori rev.

　4.　*A Demonstration of Some of the Principal Sections of Sir Isaac Newton's Principles of Natural Philosophy*, 1730 by John Clark（Johnson Rep., facsimili copy）.

　5.　*Account of Sir Isaac Newton's Philosophical Discovery*, 1748 by C. Maclaurin（Johnson Rep., facsimili copy）.

6. *Analytical View of Sir Isaac Newton's Principia*, 1855 by Brougham & Routh (Johnson Rep., facsimili copy).

以上 3-6 はすべて河辺六男訳の本と同じ

$1/169\,282$.

なお，おもしろいことに，邦訳では，

岡邦雄訳（春秋社）では，木下氏がニュートンのデータから算出した値に近い

$1/196\,282$,

岡邦雄・市場泰男訳（河出書房新社）では（この部分，岡訳），

系1. $1/196\,282$, 系2. $1/169\,282$

となっています．岡氏は，自分で数値計算して，木下氏のように考えたのかもしれません．

1983年1月16日

第2信 その後の調べで次のことがわかりました．

『プリンキピア』の初版の $m_地/M_s$ の値が大きすぎるのは，月の日心最大離角（図5.5の $\Theta_{QS}, Q=月$）を $20'$ としていたためです．

『プリンキピア』の中野猿人訳（講談社）では，訳者註に，ニュートンの第3版のデータ $\Theta_{月S} = 10'33''$ で計算すると

$$m_地/M_s = 1/193\,380 \tag{1}$$

になること，それに対して，現在わかっている正確な値 $\Theta_{月S} = 8'50''$ をもちいると

$$m_地/M_s = 1/329\,983 \tag{2}$$

となること，を記しています．そして，ニュートンが何を根拠に $\Theta_{月S}=10'33''$ としたのかは不明である，と述べています．中野氏の (1) は，木下氏の計算値とほぼ合っています．

なお，先便でお知らせした 1711/12 Feb. のニュートンからコーツあての手紙では，木星の衛星についての数値をわずかに訂正しているだけです．ニュートンが，いつ何を根拠に $\Theta_{月S}$ を $10'33''$ に改めたのかは，だいぶ調べたのですが，やはり，わかりませんでした．

上の 1711/12 Feb. というのは，当時のイギリスでは春分の日から新年としたので，1月1日から春分の日の前日までを前年に併せてこのように表わしたのです．したがって，現代風にいえば 1712年の2月になります．念のため．

1983年2月7日
山本 義隆

● 読者からの手紙 4

　私は中学・高校を通じて物理が大キライでした（数学は大スキだったんです）．その理由は自分でも分かりませんでした．

　国立大学に入学して初めて，物理の美しさと強力さ，一貫性と実用性に気づくとともに，自分が苦手になった理由がはっきり分かりました．その理由の1つは，いまの物理の教育システムにあります．いま家庭教師をして小／中／高生に物理（あるいは理科）を教えてみて，ますますその念を強くしています．

　いくつかの問題点を書き出してみます：

　A1．導入に配慮が足りない．たとえば──

　小学校で『重さ』を「kg」ではかると教えておいて，中学では，それは『力』であって「kg重」と書かねばならず，それから「重」をとったものが『質量』だといって質量を導入する．なんとも紛らわしいし，便宜的すぎます．

　⟹ 質量は，「加速度は加えた力に比例する」という感覚的に受けとりやすいことを認めさせた上で，力を固定したときの反比例的な変数として導入すべきです．「重いと動きにくいでしょ？」というぐあいに．

　A2．条件設定が非日常的すぎる．たとえば──

　中学の物理では，いきなり「物理台車」と「ドット・スタンパー」といった見たことも聞いたこともないようなものが出てきて，これで加速度を理解せよと言われる．（しかも，「加加速度」など，当然連想される上のレベルのことには一言も触れない．）

　⟹ 加速度は，それまでしっかり叩き込まれている時間と速さの関係のアナロジーとして教えるべきです．そうすれば，より高い微分のレベル（たとえば加加速度）へのふくみも自然に残せますし，子供の思考のスペキュレーションを無理に妨げることもありません．

　A3．問題設定が特殊的すぎる．たとえば──

　力学の合力，分力の問題は，小学校では，ほとんど 3-4-5 の場合のみ．中学校では，これと 60°-30°，45°-45° の3つのみ．ピタゴラスの定理が教えられているか，いないかくらいのときに，これでは酷です．子供たちも，これでは使いものになるという気がしないでしょう．

　⟹ ベクトル的な「抽象的な」概念を「初等的に」ムリに小／中学生に押し込むことに，どんな実用的な理由があるのでしょうか？　高校で三角関数とベクトルをやってからにすれば，何の苦もなくスッキリ導入できるのです．

　A4．最後に，私が大学に入って「なーんだ，こんなにきれいに教えてもらえるのにィ」と，くやしいほどに思ったすてきな物理の本（今でも「宝物」です）を（バークレー・シリーズとかの，いいけどデカイのは除いて）良い順に4冊あげておきます：

　園田 久『初等力学』，廣川書店．

> ――よくまとまっているし，演習問題がよい．
> V. D. バージャー・M. G. オルソン『力学――新しい視点にたって』，培風館．
> 　　ブーメランのところが秀逸．
> M. チェン『バークレー 物理学演習』，培風館．
> 甲木伸一『初等力学演習150題』，九州大学出版会．
> こんなのを，かみくだいた，高校生用のテキストがあれば，ぜったい量子物理に専攻をかえていたのに，と思うくらいです．
>
> 　　　　　　　　　　　　　　　　　　　　　　　　　　佐伯ひとみ（京都市）

　(A1)「重」をとったものが質量だという教え方があるときいて，中学時代に「分子量」にgをつけた量が「1モル」だといわれて，なんとも飲みこみにくい想いがしたことを思いだしました．

　重さが力の概念に進化するのは，子供にも受け入れやすいことだと思います．人が物を持って重いと感じるのは，その物を地球と引っぱりっこして自分がだしているその力を感じているわけですから．

　その力，すなわち物の重さが，同じ物を2つ一緒に持てば2倍になり，3つ一緒に持てば3倍になり，……ということも受け入れやすいでしょう（本当をいえば，その前に力の大きさの測り方を定めておく必要があるのですが）．そうだとすれば，ものの量は重さで測ると約束することができます．これは，八百屋さんなど多くのお店で普通にしていることです．

　しかし，いまは宇宙時代．八百屋さんが月に出張するかもしれない時代です．同じスイカでも，月に行くと軽くなります．物の量が減ったわけでもないでしょうに，軽くなるのです．だから，重さスナワチ物の量と約束するのは宇宙時代にはぐあいがわるい．それでも，月に行ったからといって

　　　　重さは物の量に比例する

ということまで間違いになるというわけではありません．ただ比例定数が地球と月とで違うのです．すなわち

　　　　（地球上での重さ）＝（地球上での比例定数）・（物の量）
　　　　（月面上での重さ）＝（月面上での比例定数）・（物の量）

というところまで考えを変える必要があります．こうして，宇宙時代には物の量と重さを区別することが必要になるのです．重さとは，地球ないし月が物を引く力にほかならないのですから，上の関係式は，いいかえれば

　　　　（地球が物を引く力）＝（地球上での比例定数）・（物の量）
　　　　（月が物を引く力）　＝（月面上での比例定数）・（物の量）

ということです．

　ここまでくれば，「重いと動かしにくいでしょ？」の原理で比例定数を「重力の加速度」に結びつけることができるでしょう．こうして，地球上でも月面上でも通用する「物の量」の定義が得られ

たことになります．これが「質量」です．——こんな教え方は，いかがですか？

（A2）　速度は位置の変化のはやさ，加速度は速度の変化のはやさ，ということですね．ぼくも同じ考えです．

ドット・スタンパーというのは，台車が走って引っぱる紙テープに（たとえば）1秒ごとにドットを打って「走る距離と時間の関係」を見やすくする装置ですね．昔の話をすれば，それはアメリカ産の「PSSC物理」の一部として輸入されたものです．PSSC物理は，その教科書が岩波書店から翻訳で出ていますから（『PSSC物理』，山内恭彦ほか監訳，1967）御存知かもしれませんが，アメリカで1956年から始められた物理教育改革運動の成果の1つで，教科書，副読本，実験の器具と指導書，デモンストレーション用の映画などからなる壮大な体系でした．その実験器具の1つとしてドット・スタンパー（当時は「電鈴式タイマー」といった）が日本に入ってきたときには，新鮮な工夫に見えて歓迎されたものですが，それも習い性となって形骸化したということでしょうか．

（A3）　「初等的に」ムリに，は困りますし，問題設定が特殊に流れるのも困りますが，だからといって分力や合力を扱うのに三角関数が必要とは，ぼくは思いません．角度がどうあろうと，定規と分度器で三角形を描いて辺の長さを測ればすむことです．そういった原始的な体験が今の教育には不足あるいは欠落しています．教育の方針を決める場所に誰か頭デッカチな人がいるのでしょう．これこそ困ったことです．

（A4）　中学生あるいは高校生が，それぞれ少し背伸びすれば手が届くような物理の本ができるとよいのだがと，ぼくも思います．ハシゴで上るのもいい気分なのですが．

●読者からの手紙　5

小学校から中学，高校へと理科教育の縦のつながりを明確にすべきです．高校において，物理が嫌われているのは事実です．受験のために渋々勉強している人がほとんどで，興味や好奇心のかけらも感じられません．

B1．新しい知識を身につける最良の方法は，自分の過去の経験との接点を見つけることですが，いまの高校の教科書は，その助けになりません．高校生ともなれば，学ぶことと結びつけるべき体験の種類は一致していることが望ましく，そのためには，授業の内容を，身の回りのことよりは，むしろ小学校，中学校で学んだことに結びつけるほうがよいと思われます．

小学校でさまざまな現象を紹介し，中学校では現象の仕組みを計算抜きで解説し（したがって理科の高校入試は作文になります），高校で物理を選択した者のみが公式に触れるようにしてはどうでしょう．

B2．こうなれば，高校で物理と数学を分ける必要もなくなります．数学で微積を習っておきながら物理で使えないという不合理もなくなり，数学の授業は役に立たないという苦情もなくなります．

木村　誠二（松山市　学生）

(B1)　おもしろい考えです．「現象の仕組みを計算抜きで解説し」というところは日本の教育の盲点を突いています．学生時代に中国人の高校生の家庭教師をして力学を教えたことがありますが，彼が使っていたイギリスの教科書の問題に計算でなく言葉で答える型のものがあって，非常に新鮮に感じたことを思いだします．いまでも憶えているのは，たとえば

　　「湖の底にいる魚にかかる圧力をきめる要因をあげよ」

というもの．(A2)で触れた『PSSC物理』にも，この型の問題があります．

　ただし，御意見を読んで気になることが2つあります．

　その第1は，「公式に触れる」というところ．「高校で物理を選択した者」ときたら「物理の原理から考えて理解する」と続いてほしいものだと思いました．さらに言えば，現象の理解を高校まで待つというのも不自然です．小学生には小学生なりの，中学生には中学生なりの，というよりは，人によってさまざまな理解の仕方があるのではないでしょうか？

　確かに，いまの高校物理が公式の集まりになり下がっていることは，今度いただいた多くのお手紙が述べていました．ぼく自身も，ある時期，高校物理の教科書の編集に参画して「あまり説明をしないほうが教育の現場に喜ばれる」といわれ，やりきれない想いをしたことがあります．困ったことです．

　第2に，御意見を読んで，物理の勉強が学校という枠の中でのみ捉えられているように見えることが気になります．学校での教育を論じたものだから自然とそうなったというだけのことかもしれませんが．

　しかし，「教科書さえよく勉強していればよいのだ」という声が上のほうからしばしば聞こえてくることが思い合わされて，そんなに学校に縛られなくても，といいたくなるのです．中学生だろうと高校生だろうと，物理に触れる機会は雑誌や本など学校の外にもたくさんあって，学校での授業など待っていられないほど物理はおもしろいから——だから学校の外での勉強とも遊びともつかない物理との関わり合いの比重が大きくなる，ということがあったっていい．いや，なかったら不思議……．

　(B2)　微積分を，せっかく数学で習ったのだから，物理にも使ってみよう．この『物理は自由だ』は，そんな気分で書きました．え，まだ習ってない？　それでも，わかれば，いいわけです．

●読者からの手紙　6

　物理の教育の核心は物理のおもしろさを伝えてゆくことだと思います．

　C1.　経験や実験，観測から出発することが必要と思います．

　もちろん，実際の重力の大きさの測定がどれほどの意味があるかといわれると答えようがありませんが，重力の大きさを測定によって知るのと，知識として $g = 9.8\,\mathrm{m/s^2}$ を知るのとでは大きな違いがあると思うのです．あるいは，望遠鏡を通して見る木星の衛星たちの動きの神秘さは，万有引力の法則を直接に知ることのできる舞台だと思います．

　C2.　独学の習慣を身につけられるような教育が必要です．

　この観点から今の物理教育を見ると，自分の問題意識でもって学習してゆく方向を閉ざ

し，もっぱら与えられた問題を相手の求めるやり方でこなせるようにすることに主力が注がれています．

C3． 物理の研究の最前線の状況を教育のなかで不断に紹介してゆくことが必要と思います．

なんといっても，物理のおもしろさは最前線の研究にあるわけですが，これはマスコミでトピック的に扱われるだけで，学校で紹介されることは，まずありません．

C4． 物理の歴史をもっと扱うべきだと思います．

学校で扱われる物理の歴史は，ほとんどエピソード的なことで，物理がどのように発展し今日に至っているかということは，まったく無視されてしまっています．

物理の発展が人間の認識の発展過程に照応していることを考えれば，歴史をもっと重視すべきです．しかも，物理の発展は，平穏無事に行なわれたわけではなく社会の発展や政治の変動と不可分の関係にあったのです．物理の歴史を学ぶことによって，今日に至る研究成果への認識を深めると同時に，社会の中における物理の位置を知り，社会的責任を自覚することが必要です．

植垣 孝博（東京都）

(C1) 同感です．でも同時に，経験は実験や観察にかぎらない，と言い添えたい気がします．おおげさに言えば，理論的な経験というものもある．ぼくは，力学的エネルギーの保存の証明を『基礎科学』という雑誌で学びました．運動方程式の両辺に dx/dt をかけて積分するという，いまにして思えば何の変哲もないことですが，藤岡由夫という先生の「保存ということ」という解説を読んで，なるほどと思い，強い印象を受けたのです．その頃どういう筋道をたどってエネルギーの保存をつかまえていたのか，もう思い出せませんが，きっと，証明を，と考えていたときに，この解説に出会ったのでしょう．その上に，これが「保存ということ」の解説で，エネルギーの保存則を電磁気，相対論，量子力学まで広く網をかけて論じていたことが印象を強めたのかもしれません．

(C2) 独学の習慣を，といわれるところ，鋭く今日の問題を突いています．ただし，「……を身につけられるような教育が必要」という部分は「身につけさせる教育」ではない，注意深い言い回しであるとして受けとりたいと思います．

勉強すること，すなわち教わること，という時代になってきているようです．受験勉強も，かつては1人でするものでしたが，いまは塾に行って先生の話を聞くことに変わったかに見えます．あるいは，ぼくの眼に触れる東京だけの現象かもしれませんが．

かつて塾無用論を唱える先生方が「学校の勉強さえ十分にしていれば……」というのを聞いて，そんなことがあるものか，塾だって学校で遠慮して教えない深いことを教えている所もあるのだし，と言ったりしてきましたが，最近は，勉強の概念を変えてしまうのだとしたら困るな，と思うようになりました．

でも，お手紙に「独学の習慣を身につけられるような教育」とあって「身につけさせる」でない

ように，これは教育の問題であるよりは，教育を国鉄などと同じく商売に変えてしまった社会の問題なのでしょう．最近の新聞で，こんな論説を読みました：

　　土地も水も，アートも遊びも専門知識も同じように情報＝貨幣のネットワークに組織され交換される．あらゆるものが，これほどたやすく商品として流通したことは，かつてなかったのではないか．毎日がお祭り騒ぎの過剰消費都市が実現した．
　　　　──柏木 博：国鉄，電子情報資本主義の都市戦略の動きと連動
　　　　　　　　　　　　　　　朝日新聞1990年8月9日 夕刊

（C3）　最前線のことを学校で紹介するのも結構ですが，しかし，何から何まで学校で引き受ける必要があるでしょうか？　学校もあり，科学雑誌もあり，本もある，書評もある，先生もいれば，先輩もいる，町の科学マニアもいるという立体的な構図が望ましいと，ぼくは思っています．

「物理のおもしろさは最前線の研究にある」という説にも，疑問をもっています．最前線の研究は受け身で聞くほかないでしょう．簡単な力学の問題でも，これなら深く理解できるわけで，その気になって考えれば，自分の力で物理を詮索し，発展させることができる．おもしろいですよ．

（C4）　物理の歴史についても，（C3）と同じことを考えます．

●読者からの手紙　7

　学生時代，前原昭二先生から「光の速さはどうして測るか，知ってるかい？」と訊ねられた．また，赤 攝也先生が，どこかに「微分積分は，なぜ物理に役立つのか？」と書いておられた．この2つの言葉が，ずっと心の片隅に残っている．

　私の場合，数学的に整理された特殊相対論の本を読むのは，それほど難しいことではないが，腹の底からわかったという気持ちになれないのである．微分積分が力学に役立つといっても，『プリンキピア』には微分積分は登場しないではないかといわれれば，言葉につまってしまう．

　要するに，物理と数学の感覚には違っている点があるということだろう．

　数学科に入ったので，物理や化学の実験は一度もせずに終わってしまった．これだけが原因ではないだろうが，私は物理の感覚の訓練ができていないと思うようになった．これに気づいてから，物理の感覚に溢れた本をもとめている．

　　　　　　　　　　　　　　　　　　　　　　　　　　納城 孝史（生駒市）

何年か前から，日本でも，物理と数学の重なり合ったところで仕事をする研究者が増えてきています．

もう1つ思うこと──科学の本や雑誌が町の本屋さんにも並び，新聞や週刊誌の書評でもとりあげられるようになるといいですね．

───●読者からの手紙 8─────────────────────────────
　物理の自由さは，数学のそれに比べると少ないと思いますが，いかがでしょうか．物理学では具体的な運動や変化の様子が与えられているわけですから．それらを，種々の公式からイメージとしてとらえることが事象の根源をさぐることにつながるのではないでしょうか？

片野 洋一（一宮市　時間研究家＆ノッティスト）
──

　また公式様のご登場ですね．物理では現象に合わない理論はつくらない約束ですから，それだけ束縛があることは確かですが，なにしろ要素的な機構は眼に見えない場合が多いので，あたえられた現象の理解に達するまでには自由な発想が不可欠です．また，理解ができた後でも，同じ1つの現象が多くの異なった見方を許すものです．理解の前にも後にも自由があることは，物理学者にさまざまの個性が見られることからもわかります．

　量子力学に経路積分という新しい表現を加えたファインマンは「物理の正しい法則にかぎって何故べらぼうに多様な表現ができるのか」といい，「よりよい法則をさがすときに異なった表現は異なった手がかりを与える」ことを注意しています．「だから，1つの現象に5つ6つの表現ができないようでは理論物理学者とはいえない」と彼はいうのです（『物理法則はいかにして発見されたか』，拙訳，ダイヤモンド社）．

───●読者からの手紙 9─────────────────────────────
　基礎解析で力学を（ほんの少し）教えてみました．
　私は，大学院を修了後，高校で数学を教えています．大学院では関数環を専攻しましたが，いまは理論物理学に興味をもち勉強しております．
　常々，物理は高校でも微積分を使って教えるべきだと考えています．というのは，現在のような公式を暗記して問題を解くという教え方では，物理学本来の「基本原理から出発して，すべてを数学的に演繹する」という論理的な側面がまったく欠落してしまうからです．
　数学の教員である私は，
　　微積分の授業のなかに逐次，物理の話を盛り込む
ことに挑戦してみることにしました．
　基礎解析の微積分のなかに「座標・速度・加速度」というセクションがあります．ここで，

$$\text{座標} \underset{\text{積分}}{\overset{\text{微分}}{\rightleftarrows}} \text{速度} \underset{\text{積分}}{\overset{\text{微分}}{\rightleftarrows}} \text{加速度}$$

> という図式が成り立つことを示し，時々刻々の座標を求めるためには，なんらかの仕方で加速度を求め，それを積分してゆけばよい，ということを強調しました．そして，加速度を求めるためには運動方程式というものがあり，
>
> $$ 力 \xleftrightarrow{\text{運動方程式}} 加速度 $$
>
> という図式になることも話しました．
> 　時間の制約もあり，運動量やエネルギーの話まではできませんでしたが，それでも訳も分からず公式を丸暗記していた生徒たちも，多少とも力学の論理性を感じとってくれたのではないかと思っています．
> 　今回の授業は理科系の生徒に対して行なったので，興味をもって聞いてくれましたが，一般には「物理」と聞いただけで拒絶反応をおこす生徒が多いのです．高校の物理に微積分をもちこむには，まずこの物理アレルギー対策から始めなければならないのかもしれません．
>
> 　　　　　　　　　　　　　　　　　　　　新藤隆夫（所沢市　日大鶴ヶ丘高校）

　授業のプリントも拝見しました．生徒さんたちが熱心に聞き入っている姿が眼に浮かぶようです．物理の計算は，数学にしたがって正確に行なうと結果が物理的に美事に解釈できるようになる．これが物理の醍醐味です．

　時間が足りなかったとのこと．もっともです．授業時間数を減らすことが'ゆとり'を生むという考えが出されているようですが，ゆとりは理解が行き届いたときに生まれるものですよね．ここに，大正時代半ばの東京大学理学部の物理学科1年生が聴いた講義の話があります：

　　坂井英太郎先生の微積分が週5回あり（60分単位），同演習2回（1回とは午後全部），田丸卓郎先生の質点・剛体の力学が3回，同演習1回，物理実験が2回，寺田寅彦先生の一般物理が3回あり，ほかに幾何学や球面天文，最小自乗法，化学通論など欲張って聴きました．
　　　　──鈴木　昭：思い出の記　『日本の物理学史（下）資料編』
　　　　　　　　　　　　日本物理学会編　東海大学出版会(1978)

●読者からの手紙　10

　最近，本を読んで知ったことですが，密封した容器の中を鳥が飛んでいるときも底に止まっているときも，容器ごとハカリにかけた重さは等しいそうです．なぜでしょうか？

　　　　　　　　　　　　　　　　　　　　　　　　　　　　鈴木 崇（尼崎市 中学生）

　鳥が空中にいるときも鳥の重さを空気が支え，鳥に上から押された空気を容器の底が支える，というわけで，容器の底には空気の重さと鳥の重さがかかることになります．これに容器の重さを加えた合計の重さをハカリは支え，つまり鳥の重さを含んだ重さをハカリの指針は示すことになるのです．

　そこで，1つ問題をだしましょう．空気の——一般に，気体の——分子は空間を飛び回っているという話を聞いたことがあるでしょう．容器のなかを飛び回っている分子たちの——つまり，気体の——重さが，容器をはかりにかけることで，どうして測れるのでしょうか？

[p.258 の続き]

　ペンで線を描くことは，仮にペン先が紙の一点にしか触れないくらいシャープであったとしたら，不可能だったかもしれず，もし描けたとしても見えないでしょうが，目に見える線が描けるのは，一点を描いたつもりが，ペン先に幅があり，ペン先から流れ出したインクが滲むということもあって実は大きさのある印を描いているからでしょう．

　ボウルに牛乳を入れて揺すった場合も，ほぼ同様で，牛乳の達した最高点から跡がついたように見えても，実は最高点付近の付着量ゼロから始まって，そこから下がるにつれて付着量が増え，いずれほぼ一定の付着量になるということだろうと思います．

　「時刻 t におけるボールの位置 $x(t)$」の話に戻りますが，根本的にはあいまいさを含む離散的な測定値 $x(t_i)$ から速度

$$v\left(\frac{t_i + t_j}{2}\right) = \frac{x(t_i) - x(t_j)}{t_i - t_j}$$

を計算したりもするわけで，速度の定義からいえば $t_i - t_j \to 0$ の極限をとるべきところですから，$t_i - t_j$ は十分に短くとれなければなりません．この計算では右辺の速度を左辺で時刻 $(t_i + t_j)/2$ のものとしましたが，これは半ば勝手にそうしたので，そのあいまいさを減らすためにも $t_i - t_j$ は短い必要があります．しかし，時間の測定値が含むあいまいさを考えれば $t_i - t_j$ を「十分に短く」といっても限界があります．

　力学では，さらに加速度までもとめる必要が生ずるでしょうから，問題は深刻さを増します．

[改訂版での増補]

1 学習指導要領について

●『自由1』巻頭の高校指導要領，教科書検定についてのご高見に大そう共感いたしました．私も中学・高校で数学を教えてまいりましたが，数学の中にできるだけ物理の話題を入れるべきだと考える一人でした．

ただ，現実には物理と数学の授業内容の連絡をとることが，なかなか困難で，思うことの何パーセントが行えたかと恥ずかしい思いです．

読ませていただいた後，生徒の役に立つところに置きたいと存じます．

大坪秀二（元武蔵中学・高校 ［数学］）

E．物理と数学の連絡には確かに難しいところがあります．たとえば，落体の時間 t の間の落下距離 x は，重力の加速度を g として $x = (1/2)gt^2$ で与えられますが，さて $t = 2\,\mathrm{s}$（s は「秒」です）のときの x はというと $x = 2g$ とするわけにはいきません．これでは次元が合わないからです．$x = (1/2)g \cdot (2\,\mathrm{s})^2$ ですから $x = 2g \cdot (1\,\mathrm{s})^2$ とでも書かねばならない羽目になります．

数学では，これは無用の煩雑でしょうから，x も t も g も次元を剥奪して単に数値を表わすとしたくなります．しかし，$dx/dt = gt$ とするときなどには，やはり次元のある式と見たいのです．特に，dx/dt を速度の定義にしようという場合などには，どうしても次元が欲しい．

こうして，首尾一貫することが困難になります．教師の側は数学と物理と別なのが普通ですから，問題は少ないのですが，生徒は両方を一つにしなければならないので大変です．大学でも同じ問題があります．

先生は，この種の問題をどう処理してこられましたか？

大坪　この点もまことに恥ずかしいことですが，同僚に良い物理の先生方がおられましたので，数学教師の立場としては「次元の問題があること」だけを指摘して，あとは物理にまかせることができました．その程度の無責任さでも，数学の中に「直観的な理解」を持ちこむための，物理の援用は有益であったと思っています．

●指導要領のことは，私も，慣性モーメントとは余りに唐突なので，力のモーメントの誤りではないかと思い，文部省の説明会で聞いてもらったのですが「力のモーメントはやる，例えば重心は扱う」という返事だったそうです．

藤崎達雄（元武蔵中学・高校 ［物理］）

E．慣性モーメントは回転運動の変化に抗する慣性のこと．それが1994年度から施行される指導要領では，動きがないはずの「力のつりあい」のところに出てくるのですから唐突を通り越しています（『自由だ1』，p. ii）．説明官は，質問に答えず，質問していないことに答えています．

●指導要領が改訂されるたびに物理の基礎にある自然観がバラバラにされ，物理を選択する生徒の

減少傾向が強まってきました．

何とかしなければと考える教師も増えているのですが，教科書に解決を求めることは不可能です．一般的な読み物の形で教師や高校生に訴えるしかないのが現状です．本書のように一貫性をもって平易に物理学の思想(考え方)を説明した本が必要と思っておりました．「力」→「運動方程式」→「現象の具体的な記述」というプログラムを天体の運動に適用する本書の基本姿勢は，大賛成です．

豊田博慈(駿台予備学校 [物理])

E．先日，友人が科学史の資料しらべをする中で1950年代の高校物理の教科書を見つけたといって，わざわざ電話をかけてきて「あの頃の教科書は実によく説明の努力をしている」と感心していました．ぼくも，そのころ説明の努力を楽しんだ一人です．いまは「説明を書いた教科書は歓迎されないのだ」と教科書の出版社に言われてしまいました．

2　微積分をつかうことは……

●高校の物理に積極的に微積分を使おうという先生の方針に私も大いに共感を覚えます．

等加速度運動でも単振動でも，いまの教科書の扱い方ではみんな公式になってしまいます．大学の入試に向けて如何にそれらを組み合わせるかの技量を磨くことに精力のすべてを使い果たしているのが高校の物理の現状だと思います．

これでは，少数の基本法則からすべての現象を導き出そうという物理の本来の志が見失われてしまいます．

矢崎裕二(都立高校 [物理])

E．お考えには，同感です．説明なし納得なしの公式であるところが困る．ただ，生徒たちが公式の位置づけを誤るといけないので一言つけくわえさせてください．

問題を解くとき公式を組み合わせるのは，多かれ少なかれ誰でも何時でもすることです．決して「入試」のときだけではありません．それが自然になされるのではなく，「技量を磨く」というほど大げさなことになるのが問題ですが，それは組合せを暗闇のなかでしようとする姿勢からくることではないでしょうか？

早川幸男先生のエッセイ集『素粒子から宇宙へ』(名古屋大学出版会，1994)に，よい言葉があります：物理を使いこなすには「いくつかの基本的な数値は記憶しておかねばならない．ただし，この記憶は歩いて道をおぼえるような体験による記憶である」数値を公式に置き換えても同じことがいえます．物理がどれだけ使えるかは，歩いてつまづいた回数に比例すると学生に言っています．

●最初のところを拝見して，昔の自分の授業のことを思いだしました．速度の定義に1時間をかけて，x-t グラフの割線の傾きから接線の傾きに移行する話，接線はちゃんと傾きをもっている話，Δt は限りなく小さく，0.000……とアメリカまで0をつないでも最後に1をつければ0でない話，etc．

武蔵では力学を高1の最初からやるのですが，生徒はまだ微分を習っていないのです．大坪さんたちのお蔭で武蔵の数学のテキストには豊富に物理の問題が取り入れられていますが，物理の授業に間に合うように進度を上げることまでは無理らしく，結局その場その場で必要な数学を授業に織り込む方針を採ってきたのでした．

藤崎達雄（前出）

E．「その場その場」で不都合はないのでしょう？　それをしておけば，関係の深いことが後で数学の授業に出てきたとき理解の助けになるでしょうし，数学で深められたことを物理にフィードバックすることもできようというものです．要は，一人一人の生徒の中で物理と数学と……とが一つのまとまりに育ってゆくようにすることだと思います．

●最近，高校で授業をしていて，微分などに触れた展開をすると生徒の反応がしらじらしくなるような気がしています．以前は，もっと手ごたえがあったのですが．プロセスよりも結論に集中してしまう近年の勉強傾向に関係があるのかもしれません．この傾向と小学校高学年からの塾通いとは無関係ではないと思っています．

　その一方で，微分方程式を立てることが物理のすべてだと考える者も少数いて，個々の量の意味にさっぱり興味を示しません．

　数学の教員の話によると，小・中・高を通して算数・数学の式や量の例として物理現象などを多用すると，その教科書は売れなくなるといいます．2次式の例として $y = 4.9t^2$ を用いると，その係数が何故4.9なのか説明しなければならず，それを面倒と思うといったことらしいのです．こんなこともあって，小・中・高の数学は物理ばなれをおこしているようです．

　物理も，ある人たちは，工学ばなれしていて，さっぱりおもしろくない，と言っています．

広井　禎（筑波大学附属高校［物理］）

E．量の意味に興味をもたずに微分方程式が立てられたとしても，それは，やさしい問題の場合だけでしょう．まもなく痛い目にあって，それを思い知ると思います．それまで待ってやっては？？

　もう一方の極端の生徒さんたちは，「微分に触れた展開」は入試に出ないから要らないと言うのでしょうか？「入試には教科書にあることだけ勉強しておけば足りる」と言われ始めてから何年になるでしょう？

　もう何十年も前のことですが，ぼくらが高校にいたころは，そんな話はなかったし，仮に言われたとしても問題にしなかったでしょう．教科書にあろうがあるまいが，自分に分からないことは分からないこと．何とか分かるようにするしかない．あの頃は，教員もそう考えていたでしょう．化学の先生にある質問をしたら，母校の大学の教授のところに連れていって質問させてくれました．その質問ですか？　こうです：磁場は電子に仕事をしないはずなのに，ゼーマン効果ではどうして電子のエネルギーが変わるのですか？

　その後，だんだんに代がわりが進みました．

　「入試にでないから」という考えは，「教科書だけ」が言われつづけ半可通の入試批判が繰り返さ

れて，ようやく現われてきた効果の一つではないでしょうか？　教育の世界では，原因が結果として現われるまでに長い時間がかかります．ですから用心しなければなりません．

　もう一つ生徒たちの環境を考えます．いまの日本の社会は騒々しすぎます．テレヴィが時間を細切れにしています．入試や塾が，辛うじて子供を勉強に引き留めていると見てはいけないでしょうか？(2004年追記：最近では塾の役割が見直されてきましたが，振子が反対の向きに振れたのはよいとして，振れすぎではないかと思うときもあります．)

　もう一つは，先生も暗に言われている教員の専門化．数学は大学の数学科を出た人が教える，物理は物理学科，……という意味での教員の「専門化」が進みました．その結果，一人の生徒がバラバラの諸人格に教わるようなことになっているのではないでしょうか．たとえば，物理の先生は変数の次元をやかましく言うのに，数学の先生は無頓着……．10年前の指導要領改訂からでしょうか，数学では積分を微分の逆演算と教える(原始関数から入る)ようになりましたが，物理では区分求積の考えで使い，両者の結び合う機会がない．最近，そのチグハグが大学生に現われるようになりました．繰り返しになりますが，教育路線変更の効果が目に見えて現われるまでには時間がかかります．見えたときには取り返しがつかなくなっています．

　何年か前から，教員免許の条件が厳しくなって，物理学科の学生には数学の免許がとりにくくなっています．数学科の学生には物理の免許がもっととりにくいでしょう．困った傾向が重なります．

　数学の教員が次元に無頓着，と書きましたが，無頓着というより扱いが難しい．気をつけようとすると『自由1』，p.13のような不様なことになるのです．このことは，大坪先生へのお返事(p.232)にも書きました．

●高校生に読ませる本として書かれているようですね．これが読める高校生は日本全国で1,000人くらいはいるでしょうか．その他の百数十万人はどうしたらよいのでしょう．

　それに，なぜ運動の法則が成り立つのかは『自由1』を読んでも，よくわからないのでは？

中山正敏(九州大学 [物理])

E.1. 1種類の本で百数十万人を満足させねばならぬという考えは，ぼくにはありません．仮にですが1,000人という推定が正しいとして，1,000人の本も必要なのではありませんか？　百数十万人を見てでしょうか，「日本の」全体を一からげにして物理教育を論ずる論客ばかり多いように，ぼくには見えます．

E.2. 「なぜ運動の法則が成り立つのか」わかるのだったら量子力学は不要になるでしょう．

●「わからないことは物理の宝だ」などのキャッチフレーズ，とてもいいですね．でも，以前からずっと付いてまわっている疑問があります．

　この本の以前の版には巻末についていた座談会の記録で，江沢さんは小沢さんたちとは絡んだ議論になるのに，西岡さんとはかみ合わないところが多く出てきます．江沢さんにとっては数学をどんどん使いこなしてということになるのに，西岡さん(に代表される多くの高校教師)は数学を使わないで(算術の段階くらいで)語れる物理が国民教養レヴェルと捉えています．

また，小沢さんが「中学生向けに書いてくれるといい」と言い，関沢さんが「数式がでてくるとソッケナイ」と言っていること．江沢さんも手紙への答では「イギリスの計算抜きの問題が新鮮だった」としていること，などなど．

　一方で，物理で微積をどんどん使うところまで国民教養に入れるということの大切さを思い，他方，数式に非常に抵抗を示す生徒が多いという現状でも物理の(考え方の)楽しさを感じさせてくれる著書が必要だということも考えます．

　国民教養からいうと，江沢さんが「いまの高校の教育はおおらかだ(本当はそんなに一般化できないのに，平気でしてしまう)」と言うあたりに庶民の平均感覚があって，このレヴェルで，しかも生徒の興味を科学的なものに向け，彼等が自分で読み始めるように激励するような本ができないか，などと思ってしまいます．

　ホーキングが50万部も売れている等，お話し科学論への共鳴をどう見るかも問題ですが．

　　　　　　　　　小島昌夫(元都立高校教諭［物理］，元工学院大学講師［理科教育法］)

E.1. 上の中山さんも，実は，先生と同じことを考えているのだと思います．「数学をどんどん使いこなして」と表現すると，ぼくの考えていることより強くなりすぎます．

　『自由1』は，ところによって「どんどん」という感じを与えるかもしれませんが，本はどこで投げ出してもよく，スキップしてもよい．元気になったら再び読む，ということもできます．世の中の書評が，本のこの特質を無視して一概に難しい，易しいの二分法で割り切るのが不満です．生徒さんたちにも，本とは，そういうものだ，と言ってやったら，気が楽になるのではないでしょうか．

　ぼくの中学・高校の時代には時間がゆっくり進んでいました．学校の授業もそうでした．教科書を最後まで終えた例はなく，そもそも教科書に従ってはいなかった．自由でした．

　平均感覚としては pp.12-14 に引用した速度，加速度の説明あたりを考えます．これが高校物理に入るといいな，と思います．このあたりが納得されると，かなり先まで分かるのだ，と秘かに考えながら……．

E.2. イギリスのあの本で感心したのは(『自由1』，p.246)，あのような問題の出し方があるという点でした．それだけでよい，というつもりはありません．事実，あの本にも，日本の本のものと同じような問題も沢山のっていました．

3　おもしろかった……

●数学利用の自己規制から"自由"でありたい，学習指導要領や教科書の拘束から"自由"でありたい，詰め込みや性急さから"自由"でありたいというのが本書の題名の由来である．

　最近，手軽に実験に親しもうという趣旨から実験の啓蒙書がいろいろ刊行されている．これはたいへん喜ばしいことであり，大いにPRしているところであるが，じっくり物理を楽しみながら勉強するという趣旨の本書のようなテキストが刊行されたことも歓迎したい．多様性は，いつもよい刺激になるのだから．

　　　　　竹沢攻一(新潟県教育庁高等学校教育課書評：『物理教育学会・会誌』，40巻3号，1992年)

E． ぼくも，教育くらい要求も意見も様々に分かれるものはないと思っています．それがよいのです．

●球体の引力についてのニュートンの論証法や，時間の単位の定義などの挿話は私にとっても啓発的で，たいへん興味をもって読みました．

矢崎裕二（前出）

E． ニュートンが，おそらく1666年に地上の重力と月にはたらく力を比べて逆二乗法則に思いいたっていながら（『自由1』，p. 118），『プリンキピア』の1687年まで発表しなかったのは，球体の引力についての論証（『自由1』，pp. 112-117）ができなかったのが一つの理由だったといわれています．論証も啓発的ですが，その背後にある時間の長さもそうです．

●高校生に難しいといっても，本当に内容が難しいところもあれば，平均的な高校生があまりよく知らない方法をつかっているとか，よくひっかかる論理がでてくるとかのために難しく感じられる個所もあります．このレポートでは，特に後者について重点的に書きます．

1. 加加速度 私も，前任校では，運動方程式にでてくるのは加速度であり，速度でも加加速度でもないということを強調しておりました．このように言うと，運動方程式のもつ意味を生徒がそれほど天下りでなく受けとめてくれるからです．

ただ，人間工学的な見地からは，人間の反応が力よりも力の変化に関わることがあるため，加加速度が関係してきます．たとえば，電車の出発や停止のとき，慣性力と逆向きに倒れることがよくあります．停止のときなら，それまで電車の減速にともなう慣性力に対抗する姿勢でいたのが，急に加速度がゼロになって慣性力が消えても姿勢が急には変えられず倒れてしまうという説明をしていました．

2. スカラー積とベクトル積 共変性の議論から内積と外積を導き出す過程はすばらしいと思いました．この前におじゃましたとき伺った力学のラグランジュ形式のことを思いだしました．

しかし，生徒たちは行列は苦手です．加えて教える側の教員にも苦手な人がいます．行列が指導要領に入ったのは最近のことで，私が高校生の頃は習いませんでした．大学では，もっと抽象的に議論されていたので，教員養成学科や理学部の数学科，物理科をでた先生でも，特に年輩の方には苦手の方が多いと思います．そこで，行列を使わない方法を考えてみました．まず，スカラー積ですが，恒等式

$$A_x B_x + A_y B_y = \frac{1}{2}[(A_x^2 + A_y^2) + (B_x^2 + B_y^2) - (B_x - A_x)^2 - (B_y - A_y)^2]$$

の右辺を，生徒がよく知っている余弦定理を図（238ページ）の3角形に適用して書き直せば

$$A_x B_x + A_y B_y = \sqrt{A_x^2 + A_y^2}\sqrt{B_x^2 + B_y^2}\cos\theta \tag{1}$$

となり，p. 57の(6.12)式（の2次元版）が得られます．この右辺は3角形の2辺の長さと，それらが挟む角とで書かれているので，座標変換には無関係であり，したがって左辺の形も変わりません．

ベクトル積については，恒等式

を

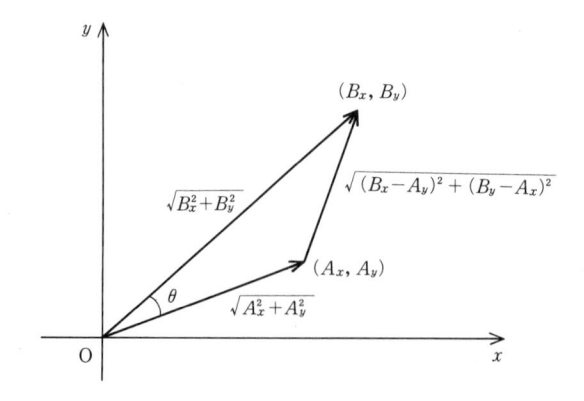

$$(A_x{}^2+A_y{}^2)(B_x{}^2+B_y{}^2) = (A_xB_x+A_yB_y)^2+(A_xB_y-A_yB_x)^2$$

$$\left(\frac{A_xB_x+A_yB_y}{\sqrt{A_x{}^2+A_y{}^2}\sqrt{B_x{}^2+B_y{}^2}}\right)^2+\left(\frac{A_xB_y-A_yB_x}{\sqrt{A_x{}^2+A_y{}^2}\sqrt{B_x{}^2+B_y{}^2}}\right)^2 = 1$$

と変形して(1)を参照すれば

$$\frac{A_xB_y-A_yB_x}{\sqrt{A_x{}^2+A_y{}^2}\sqrt{B_x{}^2+B_y{}^2}} = \pm\sin\theta$$

が得られ，右辺は座標系によりません．そこで特に $B_x = 0$, $B_y > 0$ となる座標系をとれば $\pm$ は A_x の符号と同じ方を選ぶべきことが分かります．この結果は，本文の p.65 に書かれているものに一致しています．

3. pp. 92-95 の議論 私なら，優秀な生徒には次のような教え方をしたいと思います．円軌道の場合 $x^2+y^2 = a^2$ を微分して $xv_x+yv_y = 0$．もう一度，微分して $x\alpha_x+v_x{}^2+y\alpha_y+v_y{}^2 = 0$．すなわち

$$\boldsymbol{\alpha}\cdot\frac{\boldsymbol{r}}{r} = -\frac{v^2}{r} \qquad \boldsymbol{r} = (x, y), \quad \boldsymbol{\alpha} = (\alpha_x, \alpha_y).$$

これは，円運動の加速度の中心向きの成分が v^2/r であることを示します．重力場で鉛直面内にある円に沿う運動を扱うときなどに必要になります．たいていの教科書では，等速円運動に対して出した加速度の式を，不等速円運動の場合にも断わりなしに使っています！

楕円軌道の場合の計算(割愛)．

4. p. 115 の (1.3) 式 この式は，高校生にはよく理解できないかも知れません．私は次のように理解しました．

∠KPL, ∠kpl → 0 とするので $\overline{HK}$ と $\overline{hk}$ は殆ど平行，他方 $\overline{HK} = \overline{hk}$, $\overline{IL} = \overline{il}$ であることから $\overline{OD} = \overline{od}$, $\overline{OE} = \overline{oe}$．よって，

$$\overline{DF} = \overline{OD}-\overline{OE} = \overline{od}-\overline{oe} = \overline{df}.$$

省略算や近似計算は生徒が最も苦手とするところなので，くどすぎるくらいの説明が肝心です．

5. エネルギーの保存 私は，p.150, (1.1)式のこの導出方法は前任校では3年の後期に「今はわからないだろうが，いずれ……」と言ってプリントにして配っておりました．

実際には $(d/dt)x^2 = 2x(dx/dt)$ ができずに，右辺を $2x$ としてしまう生徒が多く，(1.1)式を理解させるのに大変な時間がかかってしまうのです．他にも教えるべきことがあるので，これを授業

中にやるわけにはいきません．

以下に，私が保存則を説明している仕方を紹介します．生徒はよく理解したと自負しています．
（1） まず，教科書に従って，簡単な現象を通して運動量，力積，運動エネルギー，仕事という量の概略を話す．関連した演示実験も行なう．

それでも，ほとんどの生徒は呑み込めない．「なぜこんな面倒くさいことをやらなければならないのか．覚えなければならないことが増えるだけではないか」という．
（2） ファインマンの『物理法則はいかにして発見されたか』(岩波現代文庫，2001)の pp. 86-88 および pp. 100-104 をコピーして生徒に配る．そして，次のことを強調する．
　（a） チェスの話．運動方程式を解かなくても，時間的に不変なものに着目することで得ることのできる情報がある．
　（b） 積木の話．抽象的な量の保存とはどのようなものか，理解する．
（3） 等加速度直線運動の式
$$v = v_0 + at, \quad x = v_0 t + \frac{1}{2} at^2, \quad v^2 - v_0^2 = 2ax$$
のうち，独立なものは2つだけなので，第1式と第3式を選び次の変形をする：
$$v - v_0 = at \iff mv - mv_0 = mat = Ft, \tag{a}$$
$$v^2 - v_0^2 = 2ax \iff \frac{1}{2}mv^2 - \frac{1}{2}mv_0^2 = max = Fx. \tag{b}$$

この(1)は運動量の原理，(2)はエネルギーの原理です．いずれも力を一定とした特別の場合の形ですが，この場合には運動量の原理は速度と時刻の関係式にほかならず，エネルギーの原理は移動距離と速度の関係式にほかなりません．

これにより，生徒は仕事という量がなぜ力学で必要になるのか理解できます．生徒は，日常よく使う「仕事」という言葉にとらわれて，自分のもっている知識だけで何とか理解しようと無駄な努力をしているのです．運動エネルギー等も素直に理解できます．
（4） 前項(a), (b)の式をベクトルの関係式に拡張する．
（5） 次に，直線運動の場合について，F-s グラフ，F-t グラフに区分求積法を適用して(a), (b)の式を力が一定でない場合に拡張する．ただし，積分という言葉は使わない．数学で挫折した生徒が，物理でもそうなってしまうからです．
（6） 最後に曲線に沿う，力も一定でない場合に拡張する．
（7） 曲面を滑り降りる質点など，いくつかの簡単な例をとりあげて保存則の効用を示し，ファインマンのチェスの話をくりかえす．
（8） 歴史的な視点から運動量，運動エネルギーの概念の発生について話す．
（9） ここまで生徒が理解すると「では，位置エネルギーはどこにあるのか」という質問が出て苦労します．

6. 生徒は，力の作用点が物体にあることから位置エネルギーも運動エネルギーとともに物体に備わったものと考えます(ほとんどの教科書にも，そう書かれています)．そこから連結物体のバネの

エネルギー，場のエネルギーに話を移すとき，どうすれば飛躍なしに論理的な展開ができるか考えてしまいます．p.151 の「エネルギーがゴムの中にかくれた」という個所でも疑問を感じる生徒がでてくるかもしれません．

小野義仁（都立高校［物理］）

E．説明法の工夫を教えて下さりありがとうございました．

2について．ぼくは，2つのベクトルの積で座標系を回転しても形が変わらないものはスカラー積とベクトル積の2種類に限ることを『自由1』で注意したのです．

3について．等速円運動の場合には $v_x^2 + v_y^2 = $ 一定，を微分すれば加速度が中心方向にあることがわかります．

5-(5)について．10年前の指導要領の改訂からか，積分を数学では微分の逆演算として（原始関数から）教えるようになったので，区分求積と結びつかない生徒も出てきているようです．大学生にも，物理の計算に複雑な手続きを踏む者が現われるようになりました．

6について．バネの力による位置のエネルギーがバネの中に蓄えられていることは，バネの針金がねじれていることから納得されると思うのですが？ ねじれの弾性エネルギーが位置のエネルギーに等しいことを計算によって確かめたくなるかもしれません．

　バネの端につけた質点に力を加えてバネを引きのばすときには（バネ＋質点）の系に対して仕事をしているのです（何にエネルギーを注入しているのかに注意することは，いつでも大切です）．この意味では位置のエネルギーが質点に属するか，バネに属するかはわかりません．しかし，バネはのびているのですから明らかに変化しています．

●人物と書物の紹介があるのがよいと思います．というのも，私が現在，物理の歴史を教材にすることに興味をもっているからです．歴史上の書物の重要な部分を原典から抜きだし，現代的な説明を加え，実験で確認をして高校の授業で使える形にすることです．

　この立場から知りあいの物理の先生に本の紹介をするのですが，重要な本が入手できない現状は困ったものです．特にガリレオの『新科学対話』，マッハの『力学』がないのが残念です．電気の方面でも重要な本が絶版になっています．

高見 寿（岡山県立倉敷青陵高校［物理］）

E．絶版になっている本も，もし出たら買うという人の署名が500も集まれば，出版社によっては重刷してくれるのではないでしょうか？ 署名までいかなくとも，欲しい本は欲しいと出版社に手紙を出す習慣ができるといいですね．

4　読者は誰？

●『数学セミナー』連載中に，コピーを使って物理部の生徒と読んで，いろいろ説明したことを思い出しています．『自由1』に物理教員のサークル「岡山物理を語る会」で，じっくりと読んでゆく

ことにしました．その成果を授業でいかに実践し，生徒がどう反応し理解したかレポートしたいと話し合っています．

田中初四郎（岡山県立岡山朝日高校［物理］）

E. ぜひ，お願いします．

● 『自由1』で扱われた惑星の運動は，高校生にとっては読みこなすのに骨が折れるとは思いますが，入試問題を解く不毛な努力に比べれば，こういうことに努力を注ぐ方がどれほどやりがいがあるか知れません．

おそらく，高校生の中でも物理や数学に志を寄せるグループのセミナーなどでは使えるのではないでしょうか？　このように骨の折りがいのある本にめぐり会って我が意を得た思いのする高校生が一人でも多く出てくることを願ってやみません．

矢崎裕二（前出）

E. 入試問題を解くことが不毛だとは思いません．

問題は，解けたあと，いろいろに発展させることができます．大学では，真の演習は，問題が解けたところから始まると学生たちに言ってきました．

● 高校への進学率が高まった結果，著者の主張は大多数の高校生には過激に映るに違いない．ともあれ，ゆとりを目指した新学習指導要領のもとでは，探究活動や課題研究の参考書として，本書はたいへん適していると思っている．

竹沢攻一（前出／書評）

● 高3で微積分を学習した生徒で物理学に興味をもつ者には，本書の内容は教科書を越えた教科書としても役立つであろう．

豊田博慈（前出／書評：『高校通信・東書物理』，1992年12月）

● 「物理ばなれ」と聞く度に「中学の理科は好きだったが，高校の物理で嫌いになった．物理とは，公式を覚えて代入して解くものだから」という高校生の言葉を思いだします．この現実を改めるために，『自由1』が，高校生だけでなく教職にある方々にも読まれることを期待しております．

高田正保（富山能力開発短期大学［一般教育］）

E. 本1冊の力は知れています．物理への興味を呼び起こすために「もっと実験を」という人もいますが，本を読むにも実験をするにも「時間をかけて，じっくりと」という風潮をつくらなければ物理の面白さは生まれないでしょう．教育を論ずる人が学校の中ばかりみて，社会に目を向けないのは不思議です．

● 読者層を限定して書かれた方がよいと思います．内容からすると，高校の数学・物理の教師，大学初年級の学生，一部の極めて優秀な高校生には役立つでしょう．「高校生でも読める」ということを強調し過ぎると，大学生はプライドがあるので読まなくなるのではないかと心配です．

極めて優秀な高校生は，たとえば私が高校生のときの同級生でも中には『解析概論』などに目を通している人もおりました．この種の生徒たちに特に気を使う必要はないと思います．

　まあまあ優秀といった生徒は，少しでもよい大学に合格することを常に考えておりますので，受験に直接に関係しない本はあまり読まないと思います．

　もしも高校生を対象に考えられるならば，内容をもう少しソフトかつシンプルにした「高校生版」をつくり，それを読了した生徒が『自由1』を（大学に合格した後の）余裕のある時期に読めるようにしたらよいのではないでしょうか．

　とは言うものの，入試問題が慣習的な型から一歩でるという場合もないわけではなく，たとえば1991年の埼玉大入試がそうでした．それは「一定の角速度で回転する円板上を動径方向に運動する質点」の問題でした．『自由1』のような考え方に慣れておけば，すぐ解けるでしょう．

小野義仁（前出）

E．入学試験について，いろんな人が丸暗記だのテクニックだのと言いますが，大部分の人は入試問題など見たこともないのではないかと思っています．物理を使うには，ある程度の考え方，公式に慣れている必要があります．入試のためであっても，なくても同じです．入試を批判する勢いがあまって勉強することまで否定してしまっては，湯水とともに赤ん坊を流すことになります．

　入試がなければ，公式も定数も，暗記している必要はない，使うとき適当な本を見ればよいという人もいます．ぼくは，そうは思いません．学校に行くとき地図を見ながら歩きますか？　作文するとき一字，一字，辞書を引きますか？

　実際には，公式は意味を考えながら使っているうちに，いつのまにか頭に入ってしまうのではないかと思いますが？（距離）＝（速さ）×（時間）のように，よく公式というけれど，実は定義式であるものもあります．これなど，ただ距離とか時間とかいうからいけないので，物が動いて行く様子を思い浮かべ，これだけの時間のあいだに走った距離という意味を捉えて考えれば，なんのことはないということになるでしょう．また，$x(t) = (1/2)at^2$ なら v-t グラフの三角形をいつも考える．$x = (1/2)at^2 + v_0 t$ なら，三角形の下に長方形がつくのです．これをテクニックというなら，言わせておくほかありません．三角形は加速度の定義にほかならず，長方形は速さ一定の表現にほかならないからです．

　高校生のために内容をソフトかつシンプルにというのは，なかなか難しい注文です．『自由1』のpp. 12-14に引用した湯川秀樹先生の『理論物理学講話』はソフトかつシンプルで，それでいて，その後のぼくの勉強の枠組になったように思っていますが，それは戦後の何もない静かな空気の中で時間をかけて読んだからかもしれません．たくさん本をもっている先生がいて，枠組に肉付けする本も読んだのです．いまの中学生，高校生が『理論物理学講話』を読んで何というか，知りたいと思います．

●『自由1』は，小沢さんが本書の旧版の巻末についていた座談会で言っているとおり，教師の心を動かし，その教師が自分の言葉で物理を話すようになるために，たいへん貴重です．また，あるレヴェルの学校の生徒たちには輪読などのキッカケがあれば熱中する場合も多々でてくると思いま

す．ですから，各中・高の図書館にはぜひ数冊づつそろえて欲しい．

　ぼくが最後に教えた定時制の生徒で理科大の物理を落ちて，1日4時間くらい働きながら哲学と科学の勉強をしている者があり，いま『PSSC物理』を読んでいます．『自由1』を，彼に紹介するつもりです．

小島昌夫（前出）

E．学校の外で勉強している人の読後感もぜひ聞きたいと思います．いま，学校は進路指導をはじめ多くを取り込みすぎているのではないでしょうか？

●『自由1』のレヴェルですが，物理の教師にちょうどよいのではないかと思いました．私は現在，駿台予備校で教えていますが，東大受験をめざすクラスでは微積分がどんどん使われています．この程度の予備校生には，この本は数学的説明もたいへん丁寧なので，充分に読みこなせると思います．

　ただ，彼らは受験問題の解答に追われていて，一般書を読む時間的余裕がないかもしれません．それでも，教師がテスト問題の中に本書のような物理的考察を必要とするものを入れることはできると思います．

豊田博慈（前出）

E．本は，いろいろに読めるものですし，特に成長の速い若者の本の場合，レヴェルという固定的な見方はしたくないのですが，これは著者の願望としておくべきことでしょうか．

5　気になるところ……

●1．『自由1』が質量を重力に比例する量として定義していること．重力と質量は本質的に別の概念で，質量には「慣性の大きさ」という意味があることを含めた視点が欲しい．
2．エネルギーが一つの保存量として持ち込まれるのみで，「仕事をする能力」という意味づけが与えられていないこと．これは，すでに学習ずみの読者を対象にしている，ということなら問題ないと思いますが．

矢崎裕二（前出）

E.1．『自由1』では，質量を重力を借りて定義し，それが「慣性の大きさ」という意味をもつことは法則であるとしてみたのです．こうしなければならない理由があるわけではありません．
E.2．おっしゃるとおり「仕事をする能力」という意味づけは落ちてしまいました．惑星の運動に集中したからです．強いていえば，p.160の屋根瓦の話がその能力からくる悲劇を暗示しています．

●30数年前のことになりますが，私が東京書籍の『物理A，B』を編集することになったとき，それまでの教科書で不統一であった単位の記述を次のようにすることを主張し，採用されました．この教科書が出版されて以来，他社の教科書もほとんどこの方式に統一されています．

1. 数字の後の単位は [ ] に入れない．『自由1』もいうように，物理量は単位を含んだ量だからです．

2. しかし，単位系を，たとえば MKSA 系に統一しているとき，距離 $L = 50$ m を時間 $t = 10$ s で進む速さを求めるといった計算には，単位は分かりきっているので省いてもよいとし，次のようにします：

$$v = \frac{L}{t} = \frac{50}{10} = 5 \,[\text{m/s}], \quad 答 \quad 5 \,\text{m/s}. \tag{1}$$

3. 計算の途中でも物理量に単位をつける場合には，最後の答の単位は [ ] に入れません：

$$v = \frac{L}{t} = \frac{50 \,\text{m}}{10 \,\text{s}} = 5 \,\text{m/s}. \tag{2}$$

4. 単位が国際単位系でないときには，『自由1』p.10 の説明のように単位をつけて計算します．その説明では，距離 L を速さ 200 km/h で進む時間を求めるのに

$$T = \frac{L/\text{km}}{200} \text{h} \tag{3}$$

と計算を書いていますが，板書するときイタリックとローマンの区別をして，

$$T = \frac{L}{200 \,\text{km/h}} = \frac{L}{200} \,\text{h/km} \tag{4}$$

と書く方が自然に思われます．

　生徒のイタリックとローマンの写し間違いを避けるためには

$$T = \frac{L}{200 \,\text{km/h}} = \frac{L}{200} \,[\text{h/km}]$$

のように [ ] をつけた方が，物理量と単位が生徒に区別しやすいという教育的な利点もあります．

　また，文字で示された物理量は，それ自体が単位を含んでいるので L km などとしては不自然ですが，[ ] は L が含む単位を便宜的に示したものと考えれば $L\,[\text{m}] = 5{,}000$ m, $L\,[\text{km}] = 5$ km となり，数値を与えなくても L の単位を予め定めておくことが可能です．

　以上は，便宜を考えた意見にすぎません．F_x, F_y の x, y のような添字も F と同じ大きさに写して Fx, Fy と書く生徒が多い現場で，間違いを少なくするのは大変であるという教育の現実によるものです．

豊田博慈（前出）

E.1. ぼくの考えは少し違います．

E.2. 単位は，わかりきっているときでも，生徒は勉強中の身ですから書くようにしたほうがよいと思います．次元の感覚を育てることにも寄与するでしょう．

E.3. (1)と(2)で同じ量が異なる表記になるのは困ります．いくつかの計算を続けてするとき混乱がおこり得ます．それに，あの場合は，この場合は，といって本質的でない規則をもちこむのは教育的でありません．『自由1』の初版では p.12 で x [センチ] のような書き方をしていましたが，直しました．

E.4. (3)について『自由1』の説明は舌足らずでした．計算は，もちろん(4)のようにして，その結

果を(3)のように書こうというのです：

$$T = \frac{L}{200 \text{ km/h}} = \frac{L/\text{km}}{200} \text{h}. \tag{5}$$

こうしておけば $L = 100$ km が与えられたとき

$$T = \frac{100 \text{ km/km}}{200} \text{h} = 5 \text{h}$$

のように答 5 h が得られます．先生の(4)ですと答の単位が h であることが一目瞭然でないうらみがあります．

　権威に頼るつもりはありませんが，国際純粋・応用物理学連合(IUPAP)と同・化学連合(IUPAC)は L を km で表わした［数値］を L/km と書くように定めています．下の山本先生の意見は，それに基づいているのだと思います．

　たしかに，板書でイタリックとローマンを区別するのは容易ではありませんが，これも物理のうちではないでしょうか？　物理を将来つかわない人が，物理を勉強する理由の一つは，ものの考え方，扱い方の基本を学ぶことにあると考えています．

　添字ですが，ぼくも大学で F_x の x は小さく，半分は F の下端から下にはみだすように書けとやかましく言っています．近頃は印刷屋さんがサボッテ F と x の下端をそろえて印刷するので，それが正しいと思いこんでいる学生が多いのです．教育の場面では，単に計算が間違いなくできればよいのではない，細かいところにも気を配る訓練も併せてするものだと，ぼくは考えています．

● p. 10 の右下のように $T = (L/\text{km})/200$ h とするのでしたら，図 4.3 の縦，横軸には $a/\text{A.U.}$, $T/(太陽年)$ としたいものです．

山本彬也（千葉工業大学［工業経営］）

E. ごもっとも．IUPAP, IUPAC のこの勧告に化学の人はよく従っているようですが，物理の方はまだまだです．

山本 首尾一貫していませんね．ついでですが，著者の微・積分記号 d は従来どおりイタリックですし，自然対数の底 e もローマンをお使いになるのを好まれないようですね．残念です．

● 『自由1』の初版 p. 109 の(12)と(13)では明らかに 1 恒星年の方が長いのに，それを秒数に換算した(14)と(15)では逆に短いですね．不思議です．ご参考までに『めぐる地球ひろがる宇宙』(共立出版)をご参照ください．

林　憲二（北里大学教養部［物理］）

E. 間違いでした．訂正しました．

● **1. マッハによる質量の定義**(『自由1』，pp. 76-77)　私は，富山小太郎先生の『現代物理学の論理』やランダウ-キタイゴロツキーの『万人の物理学』で大学時代にこの話を知り非常に面白いと思ったのですが，普通の高校生には難しいと思います．学部 4 年生のとき，友人が教育実習でマッハ

の説を，かなり進学率の高い高校で紹介したのですが，評判はあまりよくないようでした．

このことに限らず，専門家の立場からみて極めて重要なことでも，それを何時，どのような状況で教えるかによって，効果の期待できないことがあると思います．

2. p.149について 「単振動」という言葉は高校生は知っておりますが，「調和振動」は知りません．初学者は，説明なしに別の言葉で書かれると，何か特別の意味があるように考えてしまいます．

小野義仁(前出)

E.1. 難しいところは宿題として記憶にとどめて先に進んでくれるとよいのですが．そして，ときどき戻ってくる．行ったり戻ったり自在にできるのが本のよいところです．それをしているうちに，いろんな話題の相互の位置づけも見えてきて，宿題が大切なものか，副次的なものかも分かってくるでしょう．

E.2. そのp.149には「調和振動子という名前がついている」と書いてあります．ここで，そう名付けたのですから御勘弁ねがえないでしょうか．

「この種の力によっておこる運動は単振動であるが，この運動をする質点には調和振動子という名前がついている」に直そうかと思いましたが，『自由1』には単振動という言葉がでてこない．それは単純調和振動とよぶことにしています(p.155)．ここまでくると調和振動子という命名の由来がわかる仕掛になっています．

英語には単振動という言葉はないようです．それはsimple harmonic motion, つまり単純調和振動とよばれます．単振動は，その省略形ということでしょうか？

実は，simple oscillationという言葉が，単振動の原語として山内恭彦『一般力学』(岩波書店，初版1941)等いくつかの本に見られますが外国の本には見あたらないのです．

小野 ベルリン刊の四カ国語対照辞典 *Technik-Wörterbuch* (VEB Verlag Technik, Berlin…)には，simple oscillator が載っています．しかし，一緒に載っているロシア語の простой осциллятор は見たことがないので，めったにない用法だと思います．

6　続編を……

●現在，高校では電磁気学は力学にも増して支離滅裂で，何が基本法則なのかわからないような形になっています．

矢崎裕二(前出)

●数学の方では，数学者が中学・高校で扱う内容を，教科書とちがった自由な立場から書いた本が出ています．それを物理にも．

高田正保(前出)

＊　　　＊

吉埜和雄さんは東京都立・小山台高校の物理の先生である．課外に生徒さんたちと『物理は自由だ』の読書会を続けてくれています．以下は，彼とのメールのやりとりの記録です．途中に生徒さんの感想文もはさまれています．

吉埜(2001年3月17日)
　『物理は自由だ』の読書会であったことの御報告です．
（1）　この本のp.48に「球面上では，ベクトル演算ができない」ことを考えさせる問題がありました．「経線との角度を変えない」で移動するやつです．
　あの問題で，経線を乗り移る場合が問題になりました．
　たとえば，経線に平行なつまり経線と重なったベクトルを考え，始点は赤道上であったとします．まず北極まで平行移動します．次に，北極点でその経線に直角な経線に沿って，再び赤道まで移動したとします．このときに，ある生徒が「経線との角度を変えないということは，赤道まで移動する経線に平行にすることではないか」と考えました．つまり，北極点で，矢印を回転させるのです．
　その生徒の考えは「地球を長方形に表わすと，極点は直線になる．他の経線に乗り移るということは，その直線上を平行移動させるということだと考える．実際の地球上ではベクトルを回転させることになる」というわけです．
　彼の方法だと，足し算は定義できそうです．
　問題文に，はじめにベクトルが載っていた経線に対する角度という部分があったので平行移動の定義が，問題文と異なるということで話は終わりましたが，だいぶ悩みました．これでいいのでしょうか？
（2）　行列が入ってきて，だいぶてこずっております．行列とはなんなのか，行列を考える必然性はどこにあるのか？
　行列のイメージが，今ひとつはっきりしないのが原因ではないかと思います．江沢先生の，指でたどるお話も，なんだか，慣れろと言われているようで….
　生徒にする，何かよい話はないでしょうか？

江沢(2001年3月19日)
（1）　そのとおりです．
　でも，別に，どれが正しいということはないので，問題を楽しんでいただけばよいのですが．
　ぼくが考えていたのは，極点でもベクトルを回転しないで，新しい経線に沿って移動するときも，その経線とベクトルとが極点でなしていた角をそのまま保つことです．
　問題が分かりにくかったようなので，今度，改訂版の機会に書き直し図も追加しました．
　まえの文章がないと質問の生まれた理由がわからないでしょうから，次に記しておきます．
　「2本のベクトルは，その根もとを通る経線となす角を変えないような移動（平行移動）により一方が他方を含むように重ね合わせるとき，両者の向きが同じなら平行，反対なら反平行という約束をする．」
（2）　行列がいやなら，たとえばp.47の(4.1)は

$$A_{x'} = A_x\cos\phi + A_y\sin\phi$$
$$A_{y'} = -A_x\sin\phi + A_y\cos\phi$$

のように一々書いて計算すればよいのです．pp. 44-45 の計算なら，これでもできます．でも，そうしているうちに係数の行列が特別の性質をもつこと(p.58 の(7.6)など)がわかって，行列のありがたみがわかるでしょう．いわば方程式の係数が一人歩きをはじめるのです！

「指でたどるお話も，なんだか，慣れろと言われているようで…」ということですが，演算の規則ですから，慣れていただかないと．

「生徒にする，何かよい話はないでしょうか」という点は，やはり，上のように行列なしで計算をくりかえして，それから行列を使ってみるということではないでしょうか？ 行列を発見した人も，きっとそうしたにちがいありません．

吉埜(2001年6月22日)

先日，新潟大学の小林先生から，江沢先生が，物理学会で，小学校の指導要領のひどさについて発言をされたというお話を伺いました．あれは，本当にひどいのですが…．あれを，科学者の目から見てということで，『理科教室』にお書きいただくわけにはいかないでしょうか？

『物理は自由だ』の読書会は少しずつですが，やっています．数学が難解で，だいぶ足踏みをしましたが，物理の部分に入りました．

―――

『物理は自由だ』は，一緒に読んでいるのが三年生で夏くらいが限界かなぁと思っています．それ以降要求すると，負担かなぁ…と．そうすると，また始めから，やりなおしです．

吉埜(2002年3月13日)

『自由1』を読んだ生徒の感想です．

来年度からは，卒業生も交えながら，細々とですが続けていこうと思います．新しいメンバーが増えるといいのですが……．

●**横瀬史拓**(大学1年，東京都立小山台高校卒業)――『物理は自由だ』を読んで

初めて読んだときは今までにない物理の見方だなと思いました．その見方になれていなかったのと，初めての知識も多かったので，とても難しく感じました．しかし大学に入学し1年経ってみると，その見方はごく自然になりました．

「わからないことは物理の宝だ」という言葉には大変共感します．僕もわからないことや知らないことについて，調べたり読んだり考えたりするのが好きです．この本にはわからないことがたくさん書いてありとても面白かったです．大学に入ってみれば当たり前のように出てくるが，高校生にとっては少々難しい，それぐらいの内容が適度な量の説明で書いてあり，難しさが面白さであるとすれば，高校生の時に読むには最適だと思います．高校の授業ではこの本のように進むのは無理なのでしょうが，そのことはとても残念だと思います．

あと，この前の(吉埜)先生の質問への返事です．

Q 横瀬君は，受験の直前でも平然とやっていました．横瀬君は，受験をどう考えていたのです

か？

　A　僕は考え方が楽天的なので，受かったら受かったでよいし，浪人して1年勉強するのもよいかな，なんて思っていただけです．それと，勉強は好きなことを好きなようにやるのが一番だと思っているので，好きな勉強を優先していただけです．

　Q　『物理は自由だ』をなぜ受験のときも読みたいと思ったのですか？

　A　僕は分野をわけて考えるということをしないので，特に『物理は自由だ』だけというわけではなく，なにかを考えているのが好きなので，わからないこと知らないことが出てくる本を読みたかっただけです．

　Q　何が面白かったですか．

　A　いきなりベクトルがでてくるところなど，新鮮で面白かったです．

　以上が横瀬君の感想です．つけたし——吉埜の思い出：

　横瀬君が高校三年の時に二年生3人とともに『自由1』を読むことにしました．私が読みたかったので，物理班の彼らを誘ったのです．

　前任校でも，ファイマンの物理や，岩波文庫の『アインシュタインの相対性原理』などを生徒達と一緒に読みました．一人で読むのはちょっとおっくうでも，高校生と議論しながら読むと楽しく読めます．

　本を読む方法として，高校生を誘って読むというのはいい方法だと思っています．ずっと昔，大学の時，大学の先生や先輩と一緒に，成績とは無関係の自主ゼミを楽しくやった記憶がありますが，そのイメージです．

　『自由1』は，私にとっても難しく，出てくる数学も物理も横瀬君たちの議論をききながら，楽しく理解をしていっているという感じです．まだ途中ですが，今後も誰かを誘って最後まで読めるといいなぁと思います．さいわい，横瀬君も，まだ付き合ってくれそうですので，細々でもこの楽しみを共有する仲間を募っていくつもりです．

吉埜(2002年12月8日)

　『物理は自由だ』の読書会で，誤植を見つけました．

　11月30日に，軌道の形と面積速度が一定であることから物体の受けている力を導出するところを読みました．

　試験が近いためか，1年生の参加が2人，卒業生と3年生がそれぞれ1人．微分などをやったので，あっという間に進みました．なかなかおもしろい風景でした．

　そのときに，横瀬君たちが誤植を見つけました．p.92の図4.4の説明に

$$\Delta \mathrm{OPP}' = \left(x \frac{dy}{dt} - y \frac{dx}{dt} \right) \Delta t$$

とありますが，左辺は$2\Delta \mathrm{OPP}'$だと思います．

　読書会は，カタツムリのように歩みは遅いのですが，卒業したあとも来てくれて，相変わらず楽しくやっています．

江沢(2002年12月8日)

　誤植の御指摘，ありがとうございました．たしかに2が落ちています．横瀬君たちに，ぼくからの「ごめんなさい」を伝えてください．

　『物理は自由だ』を読む会を続けていただいて感激です．卒業してからも会に参加してくれるというのもありがたいことです．皆さんからこの本の書き方について御意見なり御感想なりがいただければ幸いです．

吉埜(2003年1月26日)

　『自由1』は，ケプラーの法則から加速度を出すところの「楕円の幾何学」にやっといきました．

　そのなかで，座標軸を，楕円の中心から，ひとつの焦点に移したあと焦点からの距離の和が一定であるということを出すときに(pp. 96-97)，条件として $|x+a|<a$ と書いてあります．

　これが正しいことは，図からもわかるのですが，この意味がよくわかりません．楕円であることの条件と関係があるのか…？　$|x+c|$ ではないかとか，いろいろ議論をしましたが，それだとすると，虚数にならないということなのか？　次までの宿題と言うことで終わりました．

　先生にお聞きするのは，ちょっと，ずるいと思うのですが…．教えていただけないでしょうか．

江沢(2003年1月26日)

　『自由1』を丁寧に読んでくださり，ありがとうございます．以下，質問に対する答えです．

　お察しのとおり

$$|x+c| \leq a \tag{1}$$

のミスプリントでした．この式を使うところは次のとおりです．

　(4.5)の次の式は

$$\overline{FP}^2 = \frac{1}{a^2}(c^2x^2 - 2b^2cx + b^4)$$

と書けますから

$$\overline{FP}^2 = \frac{1}{a^2}(cx - b^2)^2$$

を与えます．したがって

$$\overline{FP} = \pm(b^2 - cx)/a \tag{2}$$

となります．不等式(1)は，この式の $\pm$ のどちらをとるべきかきめるときに使うのです．もちろん，$\overline{FP} \geq 0$ ですから，$\pm$ は(右辺)≥ 0 となるようにきめるのです．

　不等式(1)から，$x+c \geq 0$ のときには

$$x+c \leq a \quad \text{すなわち} \quad a-(x+c) \geq 0$$

となりますから，$a^2 \geq ac$ に注意して

$$b^2 - cx = (a^2 - c^2) - cx = a^2 - c(x+c) \geq c\{a-(x+c)\} \geq 0 \tag{3}$$

すなわち

$$b^2 - cx \geq 0. \tag{4}$$

$x+c < 0$ のときには(3)が成り立ち，やはり(4)がなりたちます．よって，$x+c$ の正負にかかわらず(1)のもとでは(2)の $\pm$ のうち+をとるべきことになり

$$\overline{FP} = (b^2-cx)/a \qquad (5)$$

が得られます．

また，$\overline{F'P}$ に対しては

$$\begin{aligned}\overline{F'P}^2 &= (x+2c)^2+y^2\\&= x^2+4cx+4c^2+\left[1-\frac{(x+c)^2}{a^2}\right]b^2\\&= \left(1-\frac{b^2}{a^2}\right)x^2+2c\left(2-\frac{b^2}{a^2}\right)x+4c^2+b^2-\frac{b^2}{a^2}c^2\\&= \frac{1}{a^2}\{c^2x^2+2c(a^2+c^2)x+(a^2+c^2)^2\}\\&= \frac{1}{a^2}\{cx+(a^2+c^2)\}^2\end{aligned}$$

となりますから

$$\overline{F'P} = \pm(cx+a^2+c^2)/a \qquad (6)$$

で，またこの式の $\pm$ を選ばなければなりません．

こんどは，不等式(1)は $x+c \leqq 0$ のとき $-(x+c) \leqq a$ を与え

$$x+c \geqq -a \quad \text{すなわち} \quad x+a+c \geqq 0$$

となりますから，$a^2 \geqq ac$ に注意して

$$cx+a^2+c^2 \geqq c(x+a+c) \geqq 0. \qquad (7)$$

また，$x+c > -a$ のときには(7)は明らかに成り立ちます．よって，(6)では，$x+c$ の正負にかかわらず $+$ をとるべきことになり，よって

$$\overline{F'P} = (cx+a^2+c^2)/a \qquad (8)$$

が得られます．

おかげさまで，またミスプリントが一つ見つかりました．増刷の機会に訂正します．見つけてくれた人のお名前を教えていただければ，本に明記します．よろしく．

吉埜(2003年1月29日)

ありがとうございました．

『物理は自由だ』は，参加してくれる人がいる限り続けていこうと思います．今後ともよろしくお願いします．ミスプリを見つけたのは，卒業生の横瀬君です．

吉埜(2003年2月11日)

先日はありがとうございました．

この間の式(4.6)のすぐ後にある，焦点からの距離の和が $2a$ になるという式の中の c の係数 2 が落ちていると思います．あの式から，楕円の式を出すのは，わかれば，何でもないですが，ずいぶん苦労をしてしまいました．

2月8日は，江沢先生に送って頂いたプリントを読み，そこまで進んで，終わってしまいました．

江沢(2003年2月12日)

おっしゃるとおり係数 2 が落ちていました．

$$\sqrt{x^2+y^2}+\sqrt{(x+2c)^2+y^2}=2a$$

とすべきでした．ありがとうございました．

楕円の式を出すのに苦労したとのこと，係数 2 が落ちていたせいだったでしょうか？ そうだったら，申し訳ありません．

吉埜(2003 年 2 月 12 日)

メールありがとうございます．

もたついたのは，2 のせいではありません．計算を丁寧に書かず，途中で写し違いなどして，もたつきました．「少々の計算で」と先生がお書きになっているので，皆，ちょっと悔しかったわけです．そこで，ついご報告をしてしまいました．

江沢(2003 年 2 月 12 日)

その計算は，ぼくも，かつて苦労したところです．

吉埜(2003 年 2 月 12 日)

先生からの言葉を聞くと，皆，元気になると思います．ありがとうございました．

吉埜(2003 年 2 月 24 日)

『自由 1』，p. 98 の図のキャプションで，三角形の合同がイコールで結んでありますが，高校生は数学と同じように三本線にしてほしいようです．

最近ミスプリの発見に生きがいを感じているようです．

吉埜(2003 年 3 月 4 日)

高校生も，大学に行った OB も，試験のところや，授業で関係のあるところは本を読むが，ちゃんと，始めから読む経験は，ほとんどないようです．教科書にも，いいかげんな書き方がされていますし，どのような本もミスプリはあるのですが，でもそんなこと，想像もしていません．完全だと思っているようです．

『自由 1』の切り口は，私にとってもとてもとても斬新なのですが，彼らにとっては，こんな考え方初めて聞いたというようなものばかりで，だから，読みつづけているのです．

そこにさらに，このところは先生の本にも，ミスがあることに俄然勇気づけられて，読み方に，熱が入っている感じがしています．

『クォークの魔女』*についてはまず，私は，実は，オズの魔法使いを読んでおりません．たとえば，質量の話で，みんなで力を合わせるとか，一つ一つの粒のことは気にしない，などの表現は，質量を，初歩的な段階では粒の数と教えるのがよいと思っている私には，とても面白いのですが，話としては，どうもなじめないというか，素粒子論についての理解がほとんどないので比喩的な表現が理解できないのと，かといって，おそらく比喩的であろう部分をお話として楽しむこともできない．物理のお話だけが，もう少しつながっていてくれたらなぁ…なんて印象がありました．

でも，娘に読んでもらうと，面白い，というのです．

吉埜(2003 年 6 月 21 日)

---

* R. ギルモア『クォークの魔法使い——素粒子物理のワンダーランド』，江沢 洋監訳・土佐幸子訳，培風館(2002)．

資料をお送りくださり，ありがとうございました．生徒に見せたところ，次のようなメールが来ました：

このまえ先生からお借りした『First Step to Nobel Prize』の前書きについてです．
　ほんとうにざっとしか読んでないのですが，印象に残ったのが「たとえ結果がすでに明らかになっていることでも，そこに辿り着くまでの課程が斬新で想像的なものなら，それはすばらしいことだ．ただ，一番悲しいのは，昔に日本人の物理学者がすでにやったことを，自分のオリジナルの実験だと偽ることだ」という部分です．
　ほかの部分でも「creative」という言葉がたくさん使われていて，やっぱりそれが原点なのかなって思いました．

　今日は，今から『物理は自由だ』の読書会です．新しい一年生が，2人加わり，また最初から読むことになりそうです．それはそれで，面白いと思っています．

吉埜(2003年10月5日)
　10月19日に行なわれる「国際物理オリンピックと日本の物理学教育」の講演会ですが，7年に1度の高校のときの同窓会とぶつかっています．もし，研究会の案内をお持ちでしたら，頂けないでしょうか？

江沢(2003年10月5日)
　NPO法人・学術研究ネット企画「国際物理オリンピックと日本の物理教育」講演会でのぼくの講演「物の理を教えない物理と国際感覚」の予稿をお送りします．
　『物理は自由だ』は，その後いかがですか？

吉埜(2003年10月6日)
　『物理は自由だ』は新しい一年生を迎え，また舞い戻っています．OBもきていて，充実はしているのですが，まだ一度も最後まで行っていないので，何とか今年は，最後まで行きたいと思っています．

吉埜(2003年12月10日)
　『プリンキピア』の中にある振り子の記述は，慣性質量と重力質量が同じであることを言っていることになるという理解をよく聞くのですが，本当なのでしょうか？
　あの部分は，中学・高校の教科書での質量・重量の扱いを，江沢先生が肯定的にお考えのように読みとれるのですが，そうなのでしょうか？
　もし，そうだとしたら，私は，お聞きしたいことがあるのです．異論があるのです．

江沢(2003年12月12日)
　その異論とは，どういうものですか？

吉埜(2003年12月17日)
　ニュートンのように，質量を(密度)×(体積)(イメージとして粒の数)とすると，重力が質量に比例していることは，一粒のもつ効果を重ね合わせることで理解でき，また慣性質量は一粒あたりの力が同じだったら加速度が同じであるということから理解でき，両者はどちらも粒の数できまると

いうことで同じになります．

ニュートンの振り子の実験は，むしろ，質の違うものを同じ粒の数としていいかどうかを確かめているのだというような，そのような感じで理解していました．

教科書の問題では，中学では，重さを重力とし，天秤で測る量を質量としていましたし，高校では，慣性質量を中心に，付加的に重力質量をならいますが，質量のイメージが得にくいと感じています．ニュートンの定義に沿った「粒の数」イメージで理解をしていく方がよいと考えています．

江沢(2003年12月23日)

慣性質量と重力質量についてのお考えはよくわかりました．しかし，たとえば陽子と中性子では質量がちがいます．そういうちがいが明らかになった今日では，いちがいに(質量)＝(粒の数)とはいえないのではありませんか？

吉埜(2003年12月24日)

陽子や中性子の重力質量と慣性質量の問題については棚上げをしたいというのが，私の気持です．

その問題の前に，粒の数のイメージを作ることが大事だし有効で，その問題は，その先の問題として，棚上げにしたいということです．

江沢(2003年12月24日)

質量と粒の数のお話，賛成です．認識を一歩，一歩進めることに異議はまったくありません．

次の一歩としては，異なる素粒子の問題もありますが，重力が長距離力であるということがあります．もし，重力が $\frac{1}{r^2}$ に比例するのでなく(核力のように)短距離でしかはたらかなかったら，その重力は粒の数には比例しないでしょう．

吉埜(2003年12月25日)

ありがとうございます．江沢先生にそう言っていただけると，とても嬉しいです．

＊　　　＊

●成瀬太郎(東京理科大学理学部物理学科3年，東京都立小石川高校卒業)

　　――『物理は自由だ』を読んで

私が出た高校には，生徒たちの希望でつくった歴史をもつ「自由選択科目」があり，そのひとつの物理研究で，3年生のとき，この『物理は自由だ』をセミナー形式で読みました．それと平行して実際のフルートなどの楽器を使って，物理的に楽器の考察をしました．

理系進学でない生徒もいましたが，丁寧に読み進めた(それができる本！)ので楽しく読めました．数学で勉強したときよく分からなかったベクトルの意味や演算がなるほどと納得できたこと，また円運動の速度を求めるのにベクトルの差の極限を考えていってついに接線が出るところなどが印象的でした．それまで極限というと数列ばっかりでしたから．

今，改めて『物理は自由だ』を読み返して楽しんでいます．どこからでも読むことができるので自分の興味のあるところを，読んでいます．また，本文に限らず最後の座談会や，読者とのやりとりなどもおもしろいと思います．

以下，2点について書きます．
(1) 第8講　力の法則 — 球体の引力 — について

はじめは図形的に話が進められていくので，なんだかパズルみたいな感じで，ちょっと複雑でしたが，とてもおもしろかったです．読んでいる途中で，あれ？ いつの間にか幾何学になっている，これは積分で計算したらどうなるのだろうか？ などと思って考えていると，第8講の最後には積分でも同じことが示されていて，さらにはニュートンの手法が積分変数の巧妙な選択！であることがわかって，ちょっと感動的でした．

これとほんの少し関係のあることですが，最近こんなことを経験しました．それは，「数学科教育論」の授業の中で教科書の内容を学生が分担して発表するというときのことです．受講者の大部分が数学科の学生です．私の大学では物理学科の学生も数学の教員免許を取ることができることもあって，数人ですが，私のような物理学科の学生がいます．

内容は幾何学だったのですが，三角形の五心の紹介の中で重心(各頂点から引いた中線のぶつかる点)について，「重心はその名のとおり，重さの中心となる点です」みたいな説明をされたので，私が「重心が重さの中心であるということは簡単に証明できるのですか？」と質問すると，「それは物理の問題ですよね……わかりません」といわれてしまいました．重さの中心が中線上にあるということは，少し考えれば理解できると思います．それが分かれば重さの中心は2本の中線の交点になり幾何でいう重心に一致します．

私は，この件に限らず，数学科の学生(数学の先生になる人たちも含めて)は物理を別物扱いしているように感じています．上の問題にしてもそれが数学の問題であるか物理の問題であるかは大した問題ではないように思います．著者は再三，学校教育の中で数学と物理が分断されていることを問題にされていますが，本当にその通りだと思います．

実は上の重心の話でいうと，中学校でも高校でも数学の教科書には「重心」という言葉が出てきます．しかし，それはあくまで「各頂点から引いた中線のぶつかる点」と説明されるだけで，「重さの中心」ということは一言もいわないのです．これは意図的に物理を避けているのだろうかとも思うのですが，学習指導要領などをみてもはっきりしたことはわかりませんでした．

それはともかくとしても，数学の先生になろうという人たちが物理を身近なものとは考えていない，むしろ別物と考えているというのは残念なことだと思います．

この考えも，先ほどの球体の引力に比べれば相当簡単ではありますが，分割＆統合ということになるのではないかと思います．

(2) 余白とゆとり

『物理は自由だ』には充分過ぎるほどの余白があります．この充分過ぎるほどの余白がとてもいいと思いました(本の中で紹介されているファインマンの本も余白が広いですね)．今の本の多くには補足や途中計算，考えや疑問点など自分で書きこめる余地はほとんどありません．私は，本に対する著者の考え方(難しいところは宿題にして先にいって…．行ったり戻ったり自在に)はとても気に入っているのですが，ここではこんなことがわからなかったとか，これはこういうこと，など書き留めておくスペースが他の本にももっとあったらと思うことがあります．自分の持っている高校

の教科書を見てみても，所狭しと図やら文字がつまっています．本当に必要なゆとりはこういうところにこそ必要ではないでしょうか．

*　　　*

●戸田盛和──書評(『数理科学』，1992年8月号，サイエンス社)

　書評というものは，いつでも書きにくいのですが，ことにすぐれた著者によって書かれた本の場合は大変書きにくいもので，この本はこの場合にあたります．べたほめにするのでは，書評の評の字の立場がありませんし，乱暴な口調で批評らしいことをいってのけるのは失礼すぎます．その本が趣味に合わなければ書評しなければいいわけですが，好きな部分があるときは一言いわせてもらいたくもなります．いずれにしても，「書評は自由だ」というわけにはいかないようです．

　さて，この本は雑誌『数学セミナー』に連載した記事をまとめたもので，連載中も大変面白く拝見していましたが，こうしてまとめられた本を手にしてみると，いまさらながら江沢さんの学識の広さと深さに驚かされます．著者は多忙な日々の間にどうしてこのような知識をたくわえ，それを忘れずによく記憶しているのでしょうか．その秘訣，秘法を書いて下されば，この本におとらず多くの人に役立つのではないか，というような気もします．

　たとえば，ケプラー，フック，ニュートンなどの著書からの引用や逸話が適当にちりばめられているのも楽しいし，ベクトルという言葉の語源なども面白く，大変参考になります．

　また，たとえば，リンゴを落下させる重力が月に及んでいることの検証(p.118)，惑星の質量比の算出(p.121)などに見られるように数値をおろそかにしないで細かく吟味しているのには感心させられる．同じように，ボーデの法則(p.216)に言及しては，これをふつう述べられるように惑星の軌道半径に関するものでなく，公転周期が整数比に近いとして把え，「物理は狭い教科書のなかに閉じこもっていることはできない．」と述べているのには共感を覚えます．

　この本の「はじめに」によれば，本書の題名「物理は自由だ」というのはいくつかの意味がある．一つは規制の多い高校の教科書風な書き方からの自由，また，高校で物理に微積分を使っていない不自由さからの自由，さらに急がないで考える自由ということです．わからないことをゆっくり考えれば，大きな視野が開けるから「わからないことは物理の宝だ」ということでもあるわけです．

　したがってこの本は高校の教科書と学習指導要領への批判でもあるわけです．実際，大学受験競争などという弊害のはびこらない世の中であったら，本書のような自由な本を教科書にする学校があってよいわけですし，本書(とその続編)をゆっくり勉強できたら大学の卒業証書を与えてくれてもいいのではないかと思います．高校と大学の3年ぐらい迄を区別しないで，一貫した教育ができる制度にしたら，教育上の大きな無駄がはぶけるのではないでしょうか．高校と大学をあわせてたとえば6年制の学校にしたら，ということです．これは書評の範囲を逸脱してしまいました．

　上のいくつかの自由の中で，「急がない自由」，著者もp.14で述べているように，著者にとって一番むずかしかったのではないでしょうか．これだけの豊富な内容を学習するのは学生にとって大変なことでしょう．もしかすると，この本は余程勉強好きな学生だけが読めるのかも知れない，とも

思います．他方で，この本に挑戦するような意欲のある学生が一人でも多くなることを望みたい．力学や物理学のテキストを書く人は，学生の意欲をかきたてたいという願望をもって書くので，本書はその一つの解答であるわけですが，読者が著者の意のあるところを十分理解するには相当の努力が必要でしょう．

　記述がていねいであれば，ゆとりがあってわかりやすいかというと必ずしもそうではなくて，ていねいさからくる不自由さということもあるようです．読者は本を閉じてさらに自分の想像をはばたかせなければならない．これができるときに，その読者は宝の山に入ることができる，ということを著者は自分の知識の蓄積を材料にして語りかけているのでしょう．

●広井 禎（筑波大学附属高校［物理］）――書評（『日本物理学会誌』，1993年1月号，日本物理学会）
　著者は「あえていえば，いまの高校物理に不満な人たちに，この本を読んでもらえるようにしたい」（はしがき）と書いている．この本は『数学セミナー』誌に「高校生のための力学」として連載されたものがもとになっているから，「高校物理に不満な人たち」というのは，高校生たちであって，教員ではないかもしれないが，私にも不満はある．高校で物理を選択している生徒数が化学の半分であるという数の問題もあるが，もっと気になるのは勉強の仕方の問題である．

　授業の最中は，自らを白紙にして，教員の展開することをまるごと吸収しようとする．自分が既に知っていることとつながりが悪い，場合によっては矛盾すると感じることがおこる．そのときは，それはそれ，これはこれと割り切って覚える．こういう努力をして「良い」成績をとり，ほめられることもある．こうして，いま学んでいることと，既知の事項と結びつけて考えてみようとしない傾向は強まる．

　私の推測であるが，このような態度を「不自由だ」と，著者は言いたいのではないだろうか．つながりそうで，つながらない事項がある．このようなときを，著者は「わからないことは物理の宝だ」とはしがきで言ったのかもしれない．筋が通ってすっきり理解できたときのうれしさは，生涯の宝である．

　いま，高校生に，つながりを断ち切り，断片化して暗記してしまう傾向が強くなっていると書いた．小・中・高校でそして塾・予備校で，教員や親，大人が生徒・子供に何を課し，何をほめてきたかを考えると，高校生だけが悪いのではないことがわかる．

　「自由」になりたい．著者がこの本で試みていることは，普通の教科書（大学も含めて）では一行ですますか，触れないでしまうことを，ゆったりと考察していく．「書いてみたいのはできあがったときに自ずと教科書批判になっているようなものである」（はしがき）．それは教育批判でもあるが，行間に滲み出してくるものである．紙面のつくりにも余裕があり，いそがない気分にあっている（ただ，値段は学生さんには少々高い．図書館には是非置いていただきたい．）

　高校物理に不満をもつ生徒は多いが，背伸びしてもこの本を読める高校生の数は，残念ながらかなり少ないと思う．「大学」物理に不満な学生もぜひ読んでほしい．また，高校・大学の教員にも，刺激のある本だと思う．

E．物理教育を正常にするには，どうしても生徒たちの浸された環境，すなわち社会を変えなければ，と思います．朝から夜中まで垂れ流しのテレヴィ放送などは，前の戦争中の一億一心の教育のやり口や"洗脳"を思い起こさせます．

＊　　　＊

［2018年2月，重版に際して追加］
●石田幸子（2016年4月，2016年7月，2018年2月）
　物理の本では「時刻 t における位置 $x(t)$」といった記述がしばしばなされます．長さのない時間である「時刻」というものは実在するでしょうか？
　いまボールの運動を調べるとして，時刻として，短いかもしれないが「ある有限な時間」を考えるとしたら，その間にもボールは動いているわけですからボールの位置はきまらないことになってしまいます．長さのない時間である「時刻」の実在を認めることは，物理学の成立にとって不可欠であるように思われます．
　ペンで線 AB をすうっと描いたとき，ペンは線上の各位置ア，イ，…に留まっている時間はゼロなのに，なぜ線が描けるのでしょうか？
　ボウルに 200 cc. ほどの牛乳を入れて，ボウルを左右に揺らします．すると，牛乳の白い色がボウルの内面について，ボウルの内面のどの高さまで牛乳が達したかが分かります．そこで疑問がわくのです．揺れている牛乳がボウルの側面の一番高い場所に達している時間の長さはゼロなのに，なぜ，牛乳が揺れて達したボウルの側面の一番高い場所に牛乳の白い跡がつくのでしょうか？
　長さのない時間である時刻は，テレヴィの画面が，たとえば天気図からアナウンサーの姿に切り替わる時として実現できるように思われますが，いかがでしょうか？
●E　長さのない時間である「時刻」は認識できないと思います．認識には多かれ少なかれエネルギーを受け取ることが必要ですが，認識の対象が，長さのない時間にゼロでないエネルギーを発することはできないからです．
　物理の本が「時刻 t におけるボールの位置」というとき，それを含む実験をする人は，t を含むある短い時間の間ボールが占めていた位置の全体を思い浮かべるのだと思います．時間にせよ位置にせよ，その間隔の端は漠然としているでしょう．それでいいのだと思います．細かいことをいえば始めも終わりも漠然とした時間間隔だけれど，時計で測れば 5 時 3 分 8 秒 7 というように定まった数がでてくるといったようなことだと思います．位置についても同様です．
　テレヴィの画面の切り替わるところに「時刻がある」というお話を伺って，ある幾何学の本が「幾何学で〈線〉とは幅がないというが，そんなものが実在するか」と問うて「紙を二つ折りにして別の紙に重ねてごらん，二枚の紙の境界が幅のない線だ」といっていたのを思い出しました．そうはいうけれど，紙を折ってできる線でも，よくよく見れば原子が凸凹に並んでいるでしょう．
　なぜペンで線が描けるのか，というお話は「飛ぶ矢も前に進めない」という有名なゼノンのパラドックスを思い出させます．［続きは，p.231 に掲載］

解答

●1.1 略.

●1.2 略.

●2.1 因数分解の公式
$$A^3 - B^3 = (A-B)(A^2 + AB + B^2)$$
により
$$x(t+\Delta t) - x(t) = a(t+\Delta t)^3 - at^3$$
$$= a\Delta t\,[(t+\Delta t)^2 + (t+\Delta t)\cdot t + t^2].$$
故に
$$\frac{x(t+\Delta t) - x(t)}{\Delta t}$$
$$= a[(t+\Delta t)^2 + (t+\Delta t)\cdot t + t^2]$$
$$\to 3at^2 \quad (\Delta t \to 0).$$
すなわち,速度は
$$v(t) = \frac{d}{dt} at^3 = 3at^2.$$

●2.2 $\quad x(t+\Delta t) - x(t) = b\,[(t+\Delta t)^n - t^n]$
$$= b\,[nt^{n-1}\Delta t + \{(\Delta t)\text{ の 2 乗以上の項}\}].$$
これを Δt で割って $\Delta t \to 0$ とすると $[\cdots]$ 内の第1項は残り,第2項 $\{\cdots\}$ は消える.よって,速度は
$$v(t) = \frac{d}{dt} bt^n = nbt^{n-1}. \tag{i}$$
この結果は,b をはずして
$$\frac{d}{dt} t^n = nt^{n-1} \tag{ii}$$
として記憶するとよい.上の証明は n を正の整数または 0 として行なったが,この結果は実は n を任意の実数としてなりたつ.

●2.3 前問と同様にして
$$\frac{1}{\Delta t}\left[\frac{1}{(t+\Delta t)^n} - \frac{1}{t^n}\right] = \frac{1}{\Delta t}\left[\frac{t^n - (t+\Delta t)^n}{(t+\Delta t)^n t^n}\right]$$
$$= \frac{-1}{(t+\Delta t)^n t^n}[t^{n-1} + t^{n-2}(t+\Delta t) + \cdots$$
$$+ (t+\Delta t)^{n-1}]$$
$$\to -nt^{-n-1} \quad (\Delta t \to 0).$$
ただし,$t \neq 0$ とする.すなわち,$t \neq 0$ のとき
$$\frac{d}{dt} t^{-n} = -nt^{-n-1}. \tag{i}$$
これは公式 (2-ii) がその n を負の整数としてもなりたつことを示している.速度は
$$\frac{d}{dt} ct^{-n} = -nct^{-n-1} \quad (t \neq 0). \tag{ii}$$

●2.4 図1から,
$$(\text{接線の勾配}) = \lim_{\Delta x \to 0}\frac{\Delta y}{\Delta x} = \frac{dy}{dx}(x_1).$$

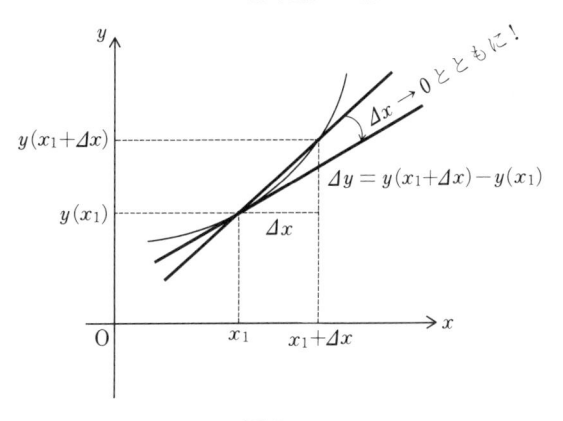

図1

ここに $\dfrac{dy}{dx}(x_1)$ は $\dfrac{dy}{dx}$ の $x = x_1$ における値を示す.$\dfrac{dy(x_1)}{dx}$ と書くこともある.接線は,これだけの勾配をもち点 $(x_1, y(x_1))$ を通る直線であるから,その方程式は
$$y - y(x_1) = \frac{dy(x_1)}{dx}(x - x_1).$$

●2.5 (a) $v_x(t) = v_{x0},\ v_y(t) = -gt + v_{y0}.$
(b) $t = x/v_{x0}$ を $y(t)$ に代入して
$$y = -\frac{g}{2v_{x0}^2}x^2 + \frac{v_{y0}}{v_{x0}}x$$
が軌道の方程式.$x = x(t_1)$ における接線の勾配は
$$\frac{dy}{dx} = -\frac{g}{v_{x0}^2}x + \frac{v_{y0}}{v_{x0}}$$
の $x = x(t_1) = v_{x0}t_1$ における値であるから
$$\frac{dy(v_{x0}t)}{dx} = \frac{-gt_1 + v_{y0}}{v_{x0}}.$$

これは確かに $v_y(t_1)/v_x(t_1)$ に等しい．

● **2.6** 粒子の速さが v_0 であること，すなわち
$$v_{x0}{}^2 + v_{y0}{}^2 = v_0{}^2$$
を問題 2.5 の $x(t), y(t)$ によって書けば，$v_{x0} = \dfrac{x(t)}{t}$ などから
$$\left(\frac{x}{t}\right)^2 + \left(\frac{y}{t} + \frac{1}{2}gt\right)^2 = v_0{}^2.$$
両辺に t^2 をかけて
$$x^2 + \left(y + \frac{1}{2}gt^2\right)^2 = (v_0 t)^2.$$
これは $\left(0, -\dfrac{1}{2}gt^2\right)$ に中心をもつ半径 $v_0 t$ の円を表わす．3 次元でいえば球になる．半径の増す速さは v_0 である．

● **3.1**
$$\begin{aligned}
\frac{dv}{dt} &= \frac{d}{dt}\frac{1}{at+b} \\
&= \lim_{\Delta t \to 0} \frac{1}{\Delta t}\left[\frac{1}{a(t+\Delta t)+b} - \frac{1}{at+b}\right] \\
&= \lim_{\Delta t \to 0} -\frac{a}{[a(t+\Delta t)+b][at+b]} \\
&= -\frac{a}{(at+b)^2} \\
&= -a v(t)^2.
\end{aligned} \quad \text{(i)}$$

この計算で $\dfrac{1}{at+b}$ を微分した結果が $-\dfrac{1}{(at+b)^2}$ に比例しているのは，$\dfrac{1}{t}$ を微分すると $-\dfrac{1}{t^2}$ になることとよく似ている．実際，同じメカニズムがはたらいているのであって，$at+b = \tau(t)$ とおけば
$$\lim_{\Delta t \to 0} \frac{1}{\Delta t}\left[\frac{1}{\tau(t+\Delta t)} - \frac{1}{\tau(t)}\right]$$
は，$\Delta \tau = \tau(t+\Delta t) - \tau(t)$ として
$$= \lim_{\Delta t \to 0} \frac{1}{\Delta \tau}\left[\frac{1}{\tau+\Delta \tau} - \frac{1}{\tau}\right]\cdot \frac{\Delta \tau}{\Delta t}$$
とも書ける．$\Delta t \to 0$ のとき $\Delta \tau \to 0$ となるから，これは
$$= \lim_{\Delta \tau \to 0} \frac{1}{\Delta \tau}\left[\frac{1}{\tau+\Delta \tau} - \frac{1}{\tau}\right]\cdot \lim_{\Delta t \to 0} \frac{\tau(t+\Delta t)-\tau(t)}{\Delta t}.$$
ただし，2 つの極限がともに存在すると仮定している．こうして
$$\frac{d}{dt}\frac{1}{\tau(t)} = \left(\frac{d}{d\tau}\frac{1}{\tau}\right)\frac{d\tau}{dt}. \quad \text{(ii)}$$

ところが
$$\frac{d}{d\tau}\frac{1}{\tau} = -\frac{1}{\tau^2}, \qquad \frac{d\tau}{dt} = a$$
なので
$$\frac{d}{dt}\frac{1}{\tau(t)} = -\frac{1}{\tau(t)^2}\cdot a. \quad \text{(iii)}$$
これは，もちろん (i) に一致している．

● **3.2** $x = x(\tau(t))$ であるから，速度は
$$\frac{x(\tau(t+\Delta t)) - x(\tau(t))}{\Delta t}$$
$$= \frac{x(\tau+\Delta \tau) - x(\tau)}{\Delta \tau}\cdot \frac{\tau(t+\Delta t) - \tau(t)}{\Delta t}$$
の $\Delta t \to 0$ の極限である．ここに
$$\Delta \tau = \tau(t+\Delta t) - \tau(t).$$
右辺の 2 つの極限がともに存在するなら
$$\frac{d}{dt}x(\tau(t)) = \frac{dx}{d\tau}\frac{d\tau}{dt}. \quad \text{(i)}$$
この公式を用いて $x = (at+b)^{100}$ の速度を計算してみよ．$(at+b)^{100}$ を展開してから t で微分するのは大仕事だ！

● **3.3** $f(t+\Delta t)g(t+\Delta t) - f(t)g(t)$ に中間項をはさんで
$$[f(t+\Delta t) - f(t)]g(t+\Delta t)$$
$$+ f(t)[g(t+\Delta t) - g(t)]$$
とし，この両辺を Δt で割って，$\Delta t \to 0$ の極限をとる．
$$\frac{f(t+\Delta t)}{h(t+\Delta t)} - \frac{f(t)}{h(t)}$$
$$= \frac{f(t+\Delta t)h(t) - f(t)h(t+\Delta t)}{h(t+\Delta t)h(t)}$$
$$= \frac{[f(t+\Delta t)-f(t)]h(t) - f(t)[h(t+\Delta t)-h(t)]}{h(t+\Delta t)h(t)}$$
の両辺を Δt で割って，$\Delta t \to 0$ とする．

● **3.4** 略．

● **3.5** $x(t) = \dfrac{c}{\sqrt{t}}$ を微分する 1 つの方法は $\xi(t) \equiv x(t)^2 = \dfrac{c^2}{t}$ を微分することである．問題 3.2 の連鎖律により
$$\frac{d\xi}{dt} = \frac{d\xi}{dx}\frac{dx}{dt} = 2x\cdot \frac{dx}{dt}.$$
他方，$\xi = \dfrac{c^2}{t}$ から
$$\frac{d\xi}{dt} = -\frac{c^2}{t^2}.$$
したがって

$$\frac{dx}{dt} = -\frac{1}{2x}\frac{c^2}{t^2} = -\frac{1}{2}\frac{\sqrt{t}}{c}\frac{c^2}{t^2}.$$

すなわち

$$\frac{dx}{dt} = -\frac{1}{2}\frac{c}{t^{3/2}}.$$

ここで

$$\frac{d}{dt}t^{-\frac{1}{2}} = -\frac{1}{2}t^{-\frac{1}{2}-1} \qquad \text{(i)}$$

という公式が得られている．これは問題 2.2 の公式

$$\frac{d}{dt}t^n = nt^{n-1} \qquad \text{(ii)}$$

を $n = -\dfrac{1}{2}$ の場合まで拡げれば，それに含まれる形をしている．実際 (ii) は n を任意の実数としてなりたつのである（証明略）．

このことを用い，あるいは (i) を導いたのと同様にして

$$\frac{d}{dt}t^{-\frac{3}{2}} = -\frac{3}{2}t^{-\frac{5}{2}}. \qquad \text{(iii)}$$

したがって，$x(t) = \dfrac{c}{\sqrt{t}}$ の加速度は

$$\frac{d^2x}{dt^2} = \left(-\frac{1}{2}\right)\frac{d}{dt}\frac{c}{t^{3/2}} = \frac{3}{4}\frac{c}{t^{5/2}}.$$

● **3.6** m の運動を $(x(t), y(t))$ とすれば，m が円周上に拘束されていることは，図 2 によれば

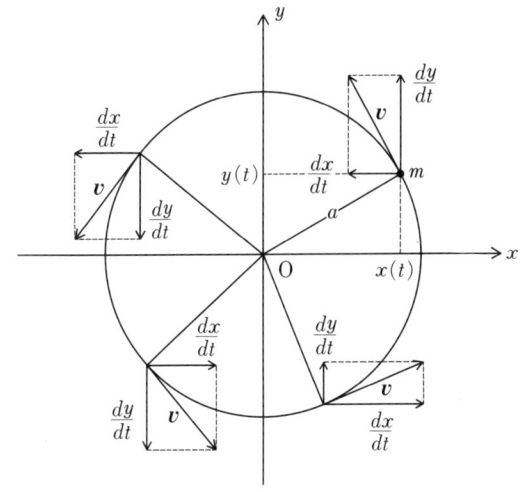

図2 $x(t)^2 + y(t)^2 = a^2$.
　　　$\dfrac{dx}{dt}$ の符号は y の符号と反対，
　　　$\dfrac{dy}{dt}$ の符号は x の符号と同じ．

$$x(t)^2 + y(t)^2 = a^2 \qquad \text{(i)}$$

で表わされる．この両辺を t で微分するのに，連鎖律で

$$\frac{d}{dt}x^2 = 2x\cdot\frac{dx}{dt}, \qquad \frac{d}{dt}y^2 = 2y\cdot\frac{dy}{dt}$$

とすれば，もちろん $\dfrac{d}{dt}a^2 = 0$ だから

$$\frac{d}{dt}(x^2+y^2) = 2\left[x\frac{dx}{dt} + y\frac{dy}{dt}\right] = 0. \qquad \text{(ii)}$$

他方，円周をまわる m の速さが $a\omega$ であることは——時間 $\varDelta t$ の間の m の変位が

　x 方向に $\varDelta x = \dfrac{dx}{dt}\varDelta t$,

　y 方向に $\varDelta y = \dfrac{dy}{dt}\varDelta t$

であることから，変位の大きさ

$$\sqrt{\left(\frac{dx}{dt}\right)^2 + \left(\frac{dy}{dt}\right)^2}\,\varDelta t$$

を得て

$$\sqrt{\left(\frac{dx}{dt}\right)^2 + \left(\frac{dy}{dt}\right)^2} = a\omega. \qquad \text{(iii)}$$

この式の両辺を2乗し，(ii) を用いて $\dfrac{dy}{dt}$ を消去すると

$$\left(\frac{dx}{dt}\right)^2 = \frac{y^2}{x^2+y^2}a^2\omega^2 = \omega^2 y^2.$$

ところが，図から，m が円周上を反時計まわりにまわるとき，$\dfrac{dx}{dt}$ の符号は y の符号と反対であることがわかり

$$\frac{dx}{dt} = -\omega y. \qquad \text{(iv)}$$

同様にして

$$\frac{dy}{dt} = \omega x. \qquad \text{(v)}$$

● **3.7** 前問の解の (iv) は——$t = 0$ のとき $x = a, y = 0$ とすれば

$$\frac{d}{dt}a\cos\omega t = -\omega a\sin\omega t \qquad \text{(i)}$$

と書ける．$\theta(t) = \omega t$ として問題 3.2 の解答の (i) を用いれば

$$\frac{d}{dt}\cos\theta(t) = \left(\frac{d}{d\theta}\cos\theta\right)\cdot\frac{d\theta}{dt}.$$

これを (i) と比較し，$\dfrac{d\theta}{dt} = \omega$ に注意すれば

$$\frac{d}{d\theta}\cos\theta = -\sin\theta \qquad \text{(ii)}$$

を得る．これが問題の公式 (1) である．公式 (2) の導出も同様．

●**4.1** できない．赤道上，経度 0 の点にあって真北を指しているベクトルを経度 0 の経線に沿って北極まで運び，次に東経 90° の経線に沿って赤道まで下ろしてくると赤道上に横たわるベクトルになる．さらに同じ経線に沿って南極まで移動し経度 0 の経線に沿ってもとの点にまで戻すと，ベクトルの向きが反対になる．このため，ベクトルの和も差も一意に定まらない．

●**4.2** 図 3 で A も R も大きさは円の半径に等しいから
$$(R-A)\cdot(R+A) = R^2 - A^2 = 0.$$

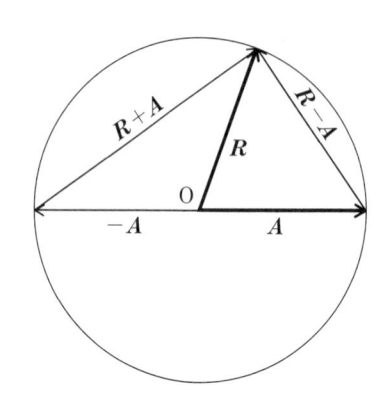

図 3

●**4.3** 問題の (2) の両辺と $b^\perp$ とのスカラー積をつくると，$b\cdot b^\perp = 0$ なので
$$x\,a\cdot b^\perp = p\cdot b^\perp. \tag{i}$$
a と b が平行でないなら $a\cdot b^\perp \neq 0$ だから
$$x = \frac{p\cdot b^\perp}{a\cdot b^\perp} = \frac{p_1 b_2 - p_2 b_1}{a_1 b_2 - a_2 b_1}.$$
同様に，(2) の両辺に $a^\perp$ をスカラー的にかけて
$$y\,b\cdot a^\perp = p\cdot a^\perp$$
から
$$y = \frac{p\cdot a^\perp}{b\cdot a^\perp} = \frac{-p_1 a_2 + p_2 a_1}{a_1 b_2 - a_2 b_1}.$$
こうして定めた x, y を代入すると，2 つの独立な方向 $a^\perp, b^\perp$ に対して (2) の左辺，右辺の射影が等しくなり，2 次元ベクトルの等式として (2) がなりたつ．

a と b が平行の場合，それらに p が平行な場合にのみ (1) は解をもつ．x, y は (a の大きさを a と書くなどして)
$$ax + by = p$$
をみたせばよく，解は無限にたくさんある．

●**4.4** (a) 略．
(b) 別の代表元 $(a', b'), (c', d')$ をとれば
$$(a', b') \sim (a, b) \Leftrightarrow a'b = b'a \tag{i}$$
$$(c', d') \sim (c, d) \Leftrightarrow c'd = d'c \tag{ii}$$
となっている．これらの代表元を用いたとき
$$(a', b') + (c', d') = (a'd' + b'c', b'd')$$
となるから，(i) と (ii) から
$$(a'd' + b'c', b'd') \sim (ad + bc, bd)$$
を示せばよい．それには
$$(a'd' + b'c')bd = b'd'(ad + bc)$$
を示せばよい．
(c) 略．

●**4.5**
$$P = \begin{pmatrix} p_{11} & p_{12} & \cdots & p_{1N} \\ p_{21} & p_{22} & & \vdots \\ \vdots & & \ddots & \\ p_{M1} & & \cdots & p_{MN} \end{pmatrix}$$

$$Q = \begin{pmatrix} q_{11} & q_{12} & \cdots & q_{1L} \\ q_{21} & q_{22} & & \vdots \\ \vdots & & \ddots & \\ q_{N1} & & \cdots & q_{NL} \end{pmatrix}$$

とすると，積 $P\cdot Q$ の kl 成分は
$$(P\cdot Q)_{kl} = \sum_{m=1}^{N} p_{km} q_{ml}.$$
これを転置すると
$$[(P\cdot Q)^{\mathrm{T}}]_{kl} = \sum_{n=1}^{N} p_{ln} q_{nk}$$
$$= \sum_{n=1}^{N} (Q^{\mathrm{T}})_{kn} (P^{\mathrm{T}})_{nl}$$
$$= (Q^{\mathrm{T}}\cdot P^{\mathrm{T}})_{kl}.$$

●**4.6** 行列を前問の解と同様にとると
$$(QR)_{nk} = \sum_{l=1}^{L} q_{nl} r_{lk}$$
$$[P(QR)]_{mk} = \sum_{n=1}^{N} p_{mn} (QR)_{nk}$$
$$= \sum_{n=1}^{N} \sum_{l=1}^{L} p_{mn} q_{nl} r_{lk}.$$
$[(PQ)R]_{mk}$ も同様に計算して，比べる．

● **5.1** 略．

● **5.2** $\boldsymbol{\gamma}_x = \boldsymbol{\gamma}_y \times \boldsymbol{\gamma}_z$ などに注意．

● **5.3** 図4を参照．Pから回転軸に下ろした垂線の長さ，すなわち回転半径は，$\overline{OP}$ と $\boldsymbol{\omega}$ のなす角を θ とすれば $\overline{OP}\sin\theta$．したがって，Pの速さは $\omega\cdot\overline{OP}\sin\theta$．これはベクトル積 $\boldsymbol{\omega}\times\overline{OP}$ の大きさに等しい．Pの速度の方向は $\boldsymbol{\omega}$ と $\overline{OP}$ の両者に垂直，向きは $\boldsymbol{\omega}$ から $\overline{OP}$ の方へまわした右ネジの進む向き，これはPの速度が $\boldsymbol{\omega}\times\overline{OP}$ と同じ方向・向きをもつことを示す．

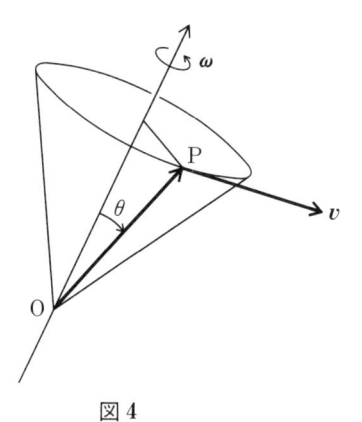

図 4

● **5.4** ベクトル $\boldsymbol{C}$ が $\boldsymbol{A},\boldsymbol{B}$ に垂直な場合．それを紙面に垂直，こちら向きにとれば，下のような図ができる．

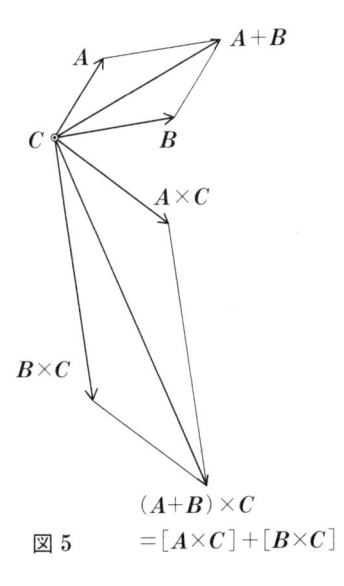

図 5 $=[\boldsymbol{A}\times\boldsymbol{C}]+[\boldsymbol{B}\times\boldsymbol{C}]$

三角形の相似から問題の分配則が示される．

ベクトル $\boldsymbol{C}$ が $\boldsymbol{A},\boldsymbol{B}$ に垂直でない場合には，垂直な成分と残りに分解して考える．

● **5.5** 極性ベクトル
$$(A_x, A_y, A_z) \to (-A_x, A_y, A_z).$$
軸性ベクトル
$$(B_x, B_y, B_z) \to (B_x, -B_y, -B_z).$$

● **5.6** 円運動を考え，円の中心を原点として位置ベクトルを $\boldsymbol{r}$，速度ベクトルを $\boldsymbol{v}$ とすれば，これらは極性ベクトルであり，角速度ベクトルは
$$\boldsymbol{\omega} = \frac{\boldsymbol{r}\times\boldsymbol{v}}{r^2}$$
と書ける．

● **6.1** 「小なるものは引力微にして，……，大なるものは引力盛ん」とあるところは作用・反作用の法則に反する．

● **6.2** 地球の自転角速度は
$$\Omega = \frac{2\pi}{24\times 60\times 60\,\text{s}} = 7.27\times 10^{-5}\,\text{rad/s}$$
だから，質量 m の物体に赤道上ではたらく遠心力は
$$mR\Omega^2 = m\times 6.37\times 10^6\,\text{m}\times(7.27\times 10^{-5}\,\text{rad/s})^2$$
$$= m\times 3.37\times 10^{-2}\,\text{m/s}^2.$$

地球は球形だとして，極での重力加速度 $9.832\,2\,\text{m/s}^2$ を用いれば
(極での重さ) $= m\times 9.832\,2\,\text{m/s}^2$
(赤道上での重さ)
$\quad = m\times (9.832\,2 - 0.033\,7)\,\text{m/s}^2$
したがって
$$\frac{(\text{極での重さ})-(\text{赤道上での重さ})}{(\text{極での重さ})}$$
$$= \frac{m\times 3.37\times 10^{-2}\,\text{m/s}^2}{m\times 9.83\,\text{m/s}^2} = \frac{1}{292}.$$

これは，ホイヘンスの値 $\frac{1}{289}$ にほぼ合っている．

なお，上のように (極) − (赤道) の差を $mr\Omega^2$ で表わして計算すれば，重力加速度の精密な値はいらない．(極) と (赤道) の重力加速度をそれぞれ数値で出して引き算して，……とするのは愚である．

● **6.3** 地球の半径を R，自転角速度を Ω とすれば緯度 φ の地点での遠心力は加速度 $R\Omega^2\cos\varphi$ にあたる．地球の引力を加速度にして g_0 とすれば，この地点での重力加速度 g は，余弦定理によ

り

$$g^2 = g_0{}^2 + (R\Omega^2 \cos \varphi)^2 - 2g_0 R\Omega^2 \cos \varphi \cdot \cos \varphi$$
$$= g_{\text{赤}}{}^2 + R\Omega^2(2g_0 - R\Omega^2) \sin^2 \varphi \qquad \text{(i)}$$

からもとめられる．ここに

$$g_{\text{赤}} = g_0 - R\Omega^2$$

は赤道上（$\varphi = 0$）での重力加速度である．

一般に，小さい x に対して，近似的に

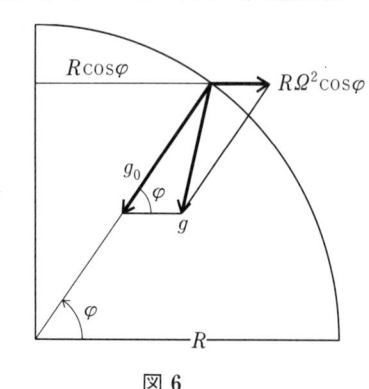

図 6

$$\sqrt{1+x} = 1 + \frac{x}{2} - \frac{1}{8}x^2 + \cdots$$

としてよいから（両辺を 2 乗して確かめよ）

$$g = g_{\text{赤}}\sqrt{1 + 2\alpha \sin^2 \varphi}$$
$$= g_{\text{赤}}\left(1 + \alpha \sin^2 \varphi - \frac{\alpha^2}{2} \sin^4 \varphi + \cdots \right) \qquad \text{(ii)}$$

を得る．ここに

$$\alpha = \frac{\left(g_0 - \frac{1}{2}R\Omega^2\right)R\Omega^2}{g_{\text{赤}}{}^2}. \qquad \text{(iii)}$$

いま，$g_{\text{赤}}$ の値は正規重力式からとって

$$g_{\text{赤}} = 9.780\,318\,5 \text{ m/s}^2$$

とすれば，前問から

$$R\Omega^2 = 3.37 \times 10^{-2} \text{ m/s}^2$$

なので

$$g_0 = g_{\text{赤}} + R\Omega^2,$$
$$g_0 - \frac{1}{2}R\Omega^2 = g_{\text{赤}} + \frac{1}{2}R\Omega^2 = 9.797\,2.$$

したがって，(ii) の係数は

$$\alpha = \frac{(g_0 - R\Omega^2/2)R\Omega^2}{g_{\text{赤}}{}^2} = \frac{9.80 \times 3.37 \times 10^{-2}}{9.78^2}$$
$$= 0.003\,45$$
$$\frac{1}{2}\alpha^2 = 0.000\,005\,95.$$

正規重力式とのくいちがいは，これが地球を楕円体としていることによる．

● **6.4** 略．

● **7.1** 速さが 0 だった瞬間を時刻 $t=0$ とすれば，時刻 t の速さは $v(t) = \eta t$．したがって円周をまわる角速度は反時計まわりを正として $\omega(t) = \dfrac{\eta t}{a}$ となる．時刻 t と，微小時間 Δt 後の $t + \Delta t$ における m の速度およびその間の位置変化を図 7 に示す．m の速度の変化は，図 8 から

図 7　　　　　図 8

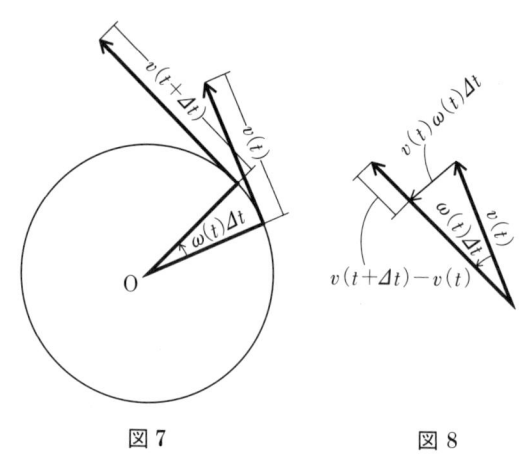

法線方向，円の中心に向かい：$v(t)\omega(t)\Delta t$

接線方向，反時計まわりに：$v(t+\Delta t) - v(t)$

これらを Δt で割れば m の加速度 $\boldsymbol{\alpha}$ の成分が得られる．

法線成分（円の中心に向かう）：

$$a_r(t) = v(t)\omega(t) = \frac{(\eta t)^2}{a}$$

接線成分（反時計まわりを正）：

$$a_s(t) = \frac{v(t+\Delta t) - v(t)}{\Delta t} = \eta.$$

したがって，質点 m にはたらく力は

法線成分（円軌道の中心に向かう）：$\dfrac{m\eta^2}{a}t^2$

接線成分（反時計まわりを正）：$m\eta$．

別解　角速度が各時刻に $\omega(t)$ なので，時刻 t までの角変位は

$$\theta(t) = \int_0^t \omega(t')\,dt'$$

となる．いま，m の位置までさかのぼって書けば，直角座標では

$$x(t) = a\cos\int_0^t \omega(t')\,dt'$$

$$y(t) = a \sin \int_0^t \omega(t')\,dt'$$

となる．m の速度は

$$v_x(t) = \frac{dx(t)}{dt} = -a\omega(t) \sin \int_0^t \omega(t')\,dt'$$

$$v_y(t) = \frac{dy(t)}{dt} = a\omega(t) \cos \int_0^t \omega(t')\,dt'.$$

加速度は

$$\begin{aligned}a_x(t) &= \frac{dv_x(t)}{dt}\\ &= -a\frac{d\omega(t)}{dt}\sin\int_0^t \omega(t')\,dt'\\ &\quad -a\omega(t)^2 \cos\int_0^t \omega(t')\,dt'\end{aligned}$$

$$\begin{aligned}a_y(t) &= \frac{dv_y(t)}{dt}\\ &= a\frac{d\omega(t)}{dt}\cos\int_0^t w(t')\,dt'\\ &\quad -a\omega(t)^2 \sin\int_0^t \omega(t')\,dt'.\end{aligned}$$

この x 成分，y 成分のそれぞれから第1行をとると速度ベクトル $\boldsymbol{v}(t)$ に比例し，つまり接線方向をむいている．第2行をとると，位置ベクトル $\boldsymbol{r}(t) = (x(t), y(t))$ の符号を変えたものに正の数をかけた形になるから，これは円の法線方向で，円の中心にむかうベクトルである．

● **7.2** 問題の図 4.9 の場合 A．共通の角速度を ω とする．宇宙船は半径 r，角速度 ω の等速円運動をしている．その加速度は大きさ $r\omega^2$ で地球の中心に向かう．宇宙船にはたらいている力は，地球の引力 $G\dfrac{m_\mathrm{s}M}{r^2}$ と，それと反対向きの命綱の張力 T である（M は地球の質量）．したがって

$$m_\mathrm{s}r\omega^2 = G\frac{m_\mathrm{s}M}{r^2} - T. \tag{i}$$

宇宙飛行士は半径 $r+l$，角速度 ω の等速円運動をしている．命綱も彼を地球の中心に向けて引くので

$$m_\mathrm{a}(r+l)\omega^2 = G\frac{m_\mathrm{a}M}{(r+l)^2} + T. \tag{ii}$$

これら2式から T と ω を決定したい．

(i) を m_s で，(ii) を m_a で割って，まず辺々引くと

$$l\omega^2 = GM\left(\frac{1}{(r+l)^2} - \frac{1}{r^2}\right) + \left(\frac{1}{m_\mathrm{a}} + \frac{1}{m_\mathrm{s}}\right)T. \tag{iii}$$

$l \ll r$ なので

$$\frac{1}{(r+l)^2} - \frac{1}{r^2} = \frac{r^2 - (r^2 + 2rl + l^2)}{r^2(r+l)^2}$$

$$\fallingdotseq -\frac{2l}{r^3}$$

となること，および $m_\mathrm{a} \ll m_\mathrm{s}$ を考慮して，(iii) から

$$T = m_\mathrm{a}\left(\frac{2GM}{r^3} + \omega^2\right)l. \tag{iv}$$

次に，辺々加えると，上と同じ近似で

$$\begin{aligned}2r\omega^2 &= 2G\frac{M}{r^2} + \left(\frac{1}{m_\mathrm{a}} - \frac{1}{m_\mathrm{s}}\right)T\\ &= 2G\frac{M}{r^2} + \frac{1}{m_\mathrm{a}}T. \tag{v}\end{aligned}$$

これから ω^2 をもとめて (iv) に代入すれば

$$T = m_\mathrm{a}\left(\frac{2GM}{r^3} + \frac{GM}{r^3}\right)l + \frac{l}{2r}T$$

を得る．$l \ll r$ なので，これは

$$T = \frac{Gm_\mathrm{a}M}{r^2} \cdot \frac{3l}{r}$$

としてよい．

軌道半径 r は地球の半径にほぼ等しいというのだから $\dfrac{Gm_\mathrm{a}M}{r^2}$ は地表で m_a にはたらく重力 $m_\mathrm{a}g$ にほぼ等しい．よって

$$T = m_\mathrm{a}g \cdot \frac{3l}{r}. \tag{vi}$$

数値を入れて

$$\begin{aligned}T &= (60\,\mathrm{kg}) \times (9.8\,\mathrm{m/s^2}) \times \frac{3 \times 20\,\mathrm{m}}{6300 \times 10^3\,\mathrm{m}}\\ &\fallingdotseq \frac{60 \times 10 \times 3 \times 20}{6 \times 10^6}\,\mathrm{N}\\ &= 6 \times 10^{-3}\,\mathrm{N}.\end{aligned}$$

問題の図 4.9 の場合 B と C．命綱の張力は 0．

● **7.3** 焦点 $\mathrm{F}_1, \mathrm{F}_2$ の座標をそれぞれ $(-q, 0), (q, 0)$ とすれば，楕円の上の点 P の座標 (x, y) は

$$\sqrt{(x+q)^2 + y^2} + \sqrt{(x-q)^2 + y^2}$$
$$= \mathrm{const.} \,(\equiv 2a)$$

をみたす．これを

$$\sqrt{(x+q)^2 + y^2} = 2a - \sqrt{(x-q)^2 + y^2}$$

としてから両辺を2乗すると

$$(x+q)^2 + y^2 = (x-q)^2 + y^2 + 4a^2$$
$$-4a\sqrt{(x-q)^2 + y^2}$$

となる．整理して

$$(a^2 - qx) = a\sqrt{(x-q)^2 + y^2}$$

としてから両辺を2乗すると

$$a^4 - 2a^2qx + q^2x^2 = a^2(x^2 - 2qx + q^2 + y^2)$$

となる．整理して

$$(a^2 - q^2)x^2 + a^2y^2 = a^2(a^2 - q^2)$$

としてから両辺を $a^2(a^2 - q^2)$ で割れば

$$\frac{x^2}{a^2} + \frac{y^2}{b^2} = 1.$$

ここで，

$$b^2 = a^2 - q^2$$

とおいた．

この定義式から $a \geq b$ で $q = \sqrt{a^2 - b^2}$ であることがわかる．楕円の焦点の座標は

$$(\pm\sqrt{a^2 - b^2}, 0).$$

● **7.4**

	軌道半径(平均)	質量
火星	2.3×10^8 km	6.4×10^{23} kg
地球	1.5×10^8 km	6.0×10^{24} kg

火星と地球が最も近づくときの距離は

$$(2.3 - 1.5) \times 10^8 \text{ km} = 8 \times 10^7 \text{ km}.$$

したがって，地球におよぼす力の比は

$$\frac{(火星が)}{(太陽が)} = \left(\frac{1.5 \times 10^8 \text{ km}}{8 \times 10^7 \text{ km}}\right)^2 \cdot \frac{6.4 \times 10^{23} \text{ kg}}{2.0 \times 10^{30} \text{ kg}}$$

$$= 1.1 \times 10^{-6}.$$

● **7.5** 月を引く力の比は

$$\frac{(太陽が)}{(地球が)} = \left(\frac{4 \times 10^5 \text{ km}}{1.5 \times 10^8 \text{ km}}\right)^2 \cdot \frac{2.0 \times 10^{30} \text{ kg}}{6.0 \times 10^{24} \text{ kg}}$$

$$= 2.4.$$

太陽が引く力のほうが大きい！　それなのに，月が地球のまわりを回っているのは何故だろう？

● **7.6** 略．

● **8.1** 表5.1のデータから，地球と月との距離は

$$r_{Q_S} = (1 \times 1.496 \times 10^{11} \text{ m}) \times 10'33'' \times \frac{\pi}{180°}$$

$$= 4.59 \times 10^8 \text{ m}.$$

また，月の公転周期は

$$T_S = 27^d 7^h 43^m = 3.93 \times 10^4 \text{ min}.$$

図5.5の F の計算と同様に標準Pとして金星をとれば

$$\frac{m_{地球}}{M_S} = \left(\frac{4.59 \times 10^8 \text{ m}}{1.083 \times 10^{11} \text{ m}}\right)^3 \times \left(\frac{3.24 \times 10^5 \text{ min}}{3.93 \times 10^4 \text{ min}}\right)^2$$

$$= (7.61 \times 10^{-8}) \times (6.80 \times 10^1)$$

$$= \frac{1}{1.932 \times 10^5}.$$

『理科年表』(1989年版)，p.92 によれば，地球と月との距離は

$$r_{Q_S} = 3.84 \times 10^8 \text{ m}$$

である．これを用いると，上の計算は

$$\frac{m_{地球}}{M_S} = \frac{1}{1.932 \times 10^5} \times \left(\frac{3.84 \times 10^8 \text{ m}}{4.59 \times 10^8 \text{ m}}\right)^3$$

$$= \frac{1}{3.30 \times 10^5}$$

となり，表5.2 の現在の値に近づく．

● **8.2**

$$\frac{d}{dx}\int f(\eta)\frac{1}{\frac{dg}{dx}}d\eta = \left[\frac{d}{d\eta}\int f(\eta)\frac{1}{\frac{dg}{dx}}d\eta\right]\frac{d\eta}{dx}. \quad \text{(i)}$$

問題文の(5)により

$$\text{(i) の右辺} = \left[f(\eta)\frac{1}{\frac{dg}{dx}}\right]\cdot\frac{d\eta}{dx}. \quad \text{(ii)}$$

ところが，$\eta = g(x)$ だから，$\frac{d\eta}{dx} = \frac{dg(x)}{dx}$ であって

$$\text{(ii) の右辺} = f(g(x))\frac{1}{\frac{dg}{dx}}\frac{dg}{dx} = f(g(x)).$$

これは問題文の(2)に確かに等しい．

● **8.3** 前問の公式を使う．まず使い方を説明しよう．$\eta = g(x) = 1 - x^2$ とおくと，前問の公式で

$$\frac{dg}{dx} = -2x \quad \text{(i)}$$

となり，η は積分区間で単調 ($dg/dx < 0$) だから

$$\int (1-x^2)^3 \cdot 2x\, dx = \int \eta^3 \cdot 2x \cdot \frac{1}{-2x}d\eta$$

$$= -\int \eta^3 d\eta$$

$$= -\frac{1}{4}\eta^4 = -\frac{1}{4}(1-x^2)^4.$$

したがって

$$\int_0^1 (1-x^2)^3 \cdot 2x\, dx = \left[-\frac{1}{4}(1-x^2)^4\right]_0^1. \quad \text{(ii)}$$

しかし，わざわざ x に戻らなくても，$x = 0$ で $\eta = 1$，また $x = 1$ で $\eta = 0$ であることに注意して

$$-\int_1^0 \eta^3 dx = \left[-\frac{1}{4}\eta^4\right]_1^0 \quad \text{(iii)}$$

として同じ結果が得られる．

この計算は，(i) を $d\eta = -2xdx$ と見て，積分の $2xdx$ を $-d\eta$ で置きかえて次のように機械的に進めることができる．最初からもう一度書く：

$1-x^2 = \eta$ とおくと
$-2xdx = d\eta$

x	0	1
η	1	↘ 0

となる．η の変化は表のとおり単調だから

$$I = \int_0^1 \eta^3 d\eta = \left[\frac{1}{4}\eta^4\right]_0^1 = \frac{1}{4}.$$

他方，$(1-x^2)^3$ を展開する方法では

$$I = \int_0^1 (2x - 6x^3 + 6x^5 - 2x^7)\,dx$$
$$= \left[x^2 - \frac{3}{2}x^4 + x^6 - \frac{1}{4}x^8\right]_0^1 = \frac{1}{4}$$

となり，置換積分法による答と一致する．

● 8.4 （a）$\sin^3 x = (1-\cos^2 x)\sin x$ とみて，$\cos x = \eta$ とおけば
$-\sin x\,dx = d\eta$.

x	0	π
η	1	↘ -1

したがって

$$\int_0^\pi \sin^3 x\,dx = \int_{-1}^1 (1-\eta^2)\,d\eta = \left[\eta - \frac{1}{3}\eta^3\right]_{-1}^1$$
$$= \frac{4}{3}.$$

（b）$\sqrt{1+x} = \eta$ とおけば
$\frac{1}{2}\frac{1}{\sqrt{1+x}}dx = d\eta$,
$x = \eta^2 - 1$.

x	0	8
η	1	↗ 3

したがって

$$\int_0^8 \frac{x}{\sqrt{1+x}}dx = 2\int_1^3 (\eta^2 - 1)\,d\eta$$
$$= 2\left[\frac{1}{3}\eta^3 - \eta\right]_1^3 = \frac{40}{3}.$$

● 8.5 $x = \eta^2 - 1$ とおくと
$dx = 2\eta d\eta$, $\sqrt{1+x} = \eta$

x	0	8
η	1	↗ 3

となり

$$\frac{dx}{\sqrt{1+x}} = 2d\eta.$$

ここから後は問題 8.4(b) の解と同じ．

● 8.6 第Ⅰ象限にある部分は全体の面積 S の $\frac{1}{4}$ である．

$$\frac{1}{4}S = b\int_0^a \sqrt{1-\frac{x^2}{a^2}}dx.$$

$\frac{x}{a} = \eta$ とおけば

$dx = ad\eta.$

x	0	a
η	0	↗ 1

したがって

$$\frac{1}{4}S = ab\int_0^1 \sqrt{1-\eta^2}\,d\eta.$$

右辺の積分 $\int_0^1 \sqrt{1-\eta^2}\,d\eta$ は半径 1 の円の面積の $\frac{1}{4}$ にほかならず，$\frac{\pi}{4}$ に等しい．故に，$S = \pi ab$.

積分を実際に行なうには $\eta = \sin\theta$ とおくとよい．

$d\eta = \cos\theta\,d\theta$, $\sqrt{1-\eta^2} = \cos\theta$ $\left(0 \leqq \theta \leqq \frac{\pi}{2}\right)$

η	0	1
θ	0	↗ $\frac{\pi}{2}$

だから

$$I \equiv \int_0^1 \sqrt{1-\eta^2}\,d\eta = \int_0^{\pi/2} \cos^2\theta\,d\theta.$$

倍角公式 $\cos 2\theta = 2\cos^2\theta - 1$ により

$$I = \frac{1}{2}\int_0^{\pi/2} (\cos 2\theta + 1)\,d\theta$$
$$= \frac{1}{2}\left[\frac{1}{2}\sin 2\theta + \theta\right]_0^{\pi/2} = \frac{\pi}{4}.$$

● 8.7 略

● 9.1 図 9 において，時間 $\varDelta t$ の間に惑星 P の動径ベクトルが $\overrightarrow{SP}$ から $\overrightarrow{SP'}$ まで動いて掃過する面積は，次のように計算される：

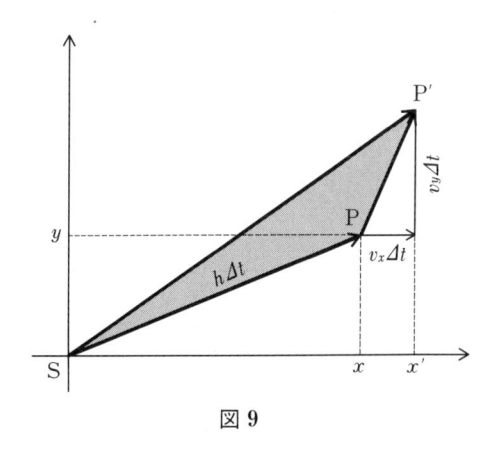

図 9

$$\triangle \mathrm{S}x'\mathrm{P}' = \frac{1}{2}(x+v_x\Delta t)(y+v_y\Delta t) \quad \Big| \times 1$$

$$\triangle \mathrm{S}x\mathrm{P} = \frac{1}{2}xy \quad \Big| \times (-1)$$

$$\square xx'\mathrm{P}'\mathrm{P} = \frac{1}{2}v_x\Delta t(2y+v_y\Delta t) \quad \Big| \times (-1)$$

$$\triangle \mathrm{SPP}' = \frac{1}{2}(xv_y - yv_x)\Delta t$$

P の面積速度 h は $\lim_{\Delta t \to 0}\dfrac{\triangle \mathrm{SPP}'}{\Delta t}$ であるから，

$$h = \frac{1}{2}(xv_y - yv_x).$$

● 9.2 $h = \dfrac{1}{2}(xv_y - yv_x)$ を時間で微分すると

$$\frac{dh}{dt} = \frac{1}{2}\left(\frac{dx}{dt}v_y - \frac{dy}{dt}v_x\right)$$
$$+ \frac{1}{2}\left(x\frac{dv_y}{dt} - y\frac{dv_x}{dt}\right)$$

となるが，右辺の第 1 項は $\dfrac{dx}{dt} = v_x$, $\dfrac{dy}{dt} = v_y$ により 0．したがって

$$\frac{dh}{dt} = \frac{1}{2}\left(x\frac{dv_y}{dt} - y\frac{dv_x}{dt}\right).$$

両辺に m をかけた上で，問題にあたえられた力を右辺にもつ運動方程式

$$m\frac{dv_x}{dt} = \eta(x,y)\cdot x, \quad m\frac{dv_y}{dt} = \eta(x,y)\cdot y$$

を用いれば，$\dfrac{dh}{dt} = 0$．

● 9.3 時刻 t における m の速度を $v(t)$ とする．速度の時間微分が加速度であるから

$$\frac{dv(t)}{dt} = g. \tag{i}$$

微分すると一定値になるのは

$$v(t) = gt + c_1. \tag{ii}$$

c_1 は (ii) が (i) をみたすという条件からは任意の定数．しかし，あたえられた初期条件 $v(0) = v_0$ から

$$v(0) = c_1 = v_0.$$

と定まる．故に

$$v(t) = gt + v_0. \tag{iii}$$

次に，時刻 t における m の位置座標を $x(t)$ とする．刻々の位置座標の時間微分が速度であるから

$$\frac{dx(t)}{dt} = v(t) = gt + v_0. \tag{iv}$$

ところが，微分すると t の 1 次関数になるのは 2 次関数であって

$$x(t) = \frac{1}{2}gt^2 + v_0 t + c_2. \tag{v}$$

ただし，c_2 は任意定数．(v) が条件 (iv) をみたすことは (v) を t で微分してみればわかる．初期条件 $x(0) = x_0$ から

$$x(0) = c_2 = x_0$$

のように c_2 が定まる．故に

$$x(t) = \frac{1}{2}gt^2 + v_0 t + x_0. \tag{vi}$$

一意性 (ii) は (i) をみたすが，(ii) 以外にも (i) をみたす t の関数があるかもしれない——これが心配だという読者もあろうか．

いま，(i) をみたす t の関数が 2 つ以上あったとして，そのうちの 2 つを $v^{(1)}(t), v^{(2)}(t)$ としよう．これらは

$$\frac{dv^{(1)}(t)}{dt} = g$$

$$\frac{dv^{(2)}(t)}{dt} = g$$

をみたすので，辺々引いて

$$\frac{d}{dt}[v^{(1)}(t) - v^{(2)}(t)] = 0$$

を得る．時間微分 = 0 は時間変化がないことを意味し

$$v^{(1)}(t) - v^{(2)}(t) = \mathrm{const.}$$

つまり，2 つの関数の差は定数でしかなく，これは (ii) の任意定数に吸収できる．このことを「(i) の解は**付加定数を除いて** (up to an additive constant) 一意 (unique) である」という．

(iv) の解が付加定数を除いて一意であることも同様にして証明される．

なお，上に見たとおり「(i) ＋初期条件」の解は一意である．

(ii) についても同様．

● 9.4 (a) $t = t_1$ で $x(t_1) = 0$ になったら問題の (1) から $\dfrac{dx(t_1)}{dt} = 0$ となり

$$x(t_1 + \Delta t) = x(t_1) + \frac{dx(t_1)}{dt}\Delta t = 0.$$

これをくりかえして $x(t) = 0$ $(t \geq t_1)$ を得る．

(b) $x_1(t), x_2(t)$ を (1) の 0 でない解とすれ

ば，どちらも決して 0 にならない．商の微分の公式から

$$\frac{d}{dt}\frac{x_2(t)}{x_1(t)} = \frac{\frac{dx_2}{dt}x_1 - x_2\frac{dx_1}{dt}}{x_1^2}$$
$$= \frac{(\lambda x_2)x_1 - x_2(\lambda x_1)}{x_1^2} = 0.$$

ここで問題の微分方程式 (1) を用いた．したがって

$$\frac{x_2(t)}{x_1(t)} = \text{const.} \tag{i}$$

すなわち，(1) の解は **定数因子を除いて**（up to a multiplicative constant）一意である．

（c） $\frac{dx}{dt}$ は (t, x) 平面上の解曲線 $x = x(t)$ の勾配であり，問題の微分方程式 (1) は，これが λx に等しいことをいっている．$x = x(t)$ は，この条件さえみたせば解になる．問題の図は横軸を $1/\lambda$ を単位に目盛ってあり，こうすると図上の小斜線の勾配は λ によらず，したがって図上の解曲線も λ によらない．これは解 $x(t)$ が λt の関数であることを示す．

（d） 問題の図により，$t = 0$ で $x(0) = 1$ からはじまる解をつくる．その解 $x(t)$ は条件

  微分方程式 (1) をみたし，$t = t_1$ で値 $x(t_1)$
  をとる．

をみたす．同じ条件を $x(t_1)x(t - t_1)$ もみたす．ところが，(b) により (1) の解は定数因子を除いて一意だから，$t = t_1$ での値を指定すれば一意に定まる．よって，上の 2 つの解は同一でなければならない：$x(t) = x(t_1)x(t - t_1)$．これは，また

$$x(t_1 + t) = x(t_1)x(t)$$

とも書ける．

（e） 問題の (6) の右辺の近似値は：

N	100	10 000	1000 000	100 000 000
$\left(1 + \frac{1}{N}\right)^N$	2.71	2.718	2.718 28	2.718 282

● **10.1** 導関数の定義により

$$\frac{d}{d\theta}\sin\theta = \lim_{\Delta\theta \to 0}\frac{\sin(\theta + \Delta\theta) - \sin\theta}{\Delta\theta}$$

であるが，三角関数の加法定理により

$$\sin(\theta + \Delta\theta) = \sin\theta\cos\Delta\theta + \cos\theta\sin\Delta\theta$$

だから

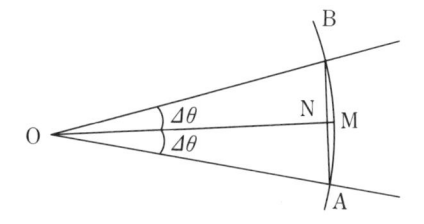

図 10 $OA = 1$ とすれば，
$$\overline{AN} = \sin\Delta\theta$$
$$\widehat{AM} = \Delta\theta.$$

$$\frac{d}{d\theta}\sin\theta = \lim_{\Delta\theta \to 0}\left[\cos\theta\frac{\sin\Delta\theta}{\Delta\theta} - \sin\theta\frac{1 - \cos\Delta\theta}{\Delta\theta}\right]. \tag{i}$$

ところが，図 10 で $\Delta\theta \to 0$ のとき弧 $\widehat{AMB}$ と弦 $\overline{AB}$ が一致することから，それぞれの長さの半分を比べて

$$\sin\Delta\theta \underset{\Delta\theta \to 0}{\sim} \Delta\theta \tag{ii}$$

が知れる*．このことから，また

$$1 - \cos\Delta\theta = 2\sin^2\frac{\Delta\theta}{2} \underset{\Delta\theta \to 0}{\sim} \frac{1}{2}(\Delta\theta)^2. \tag{iii}$$

よって，(i) は

$$\frac{d}{d\theta}\sin\theta = \lim_{\Delta\theta \to 0}\left[\cos\theta - \sin\theta \cdot \frac{1}{2}\Delta\theta\right]$$
$$= \cos\theta.$$

これが問題の公式 (1) である．

同様に，加法定理の式

$$\cos(\theta + \Delta\theta) = \cos\theta\cos\Delta\theta - \sin\theta\sin\Delta\theta$$

から

$$\frac{d}{d\theta}\cos\theta$$
$$= \lim_{\Delta\theta \to 0}\left[-\sin\theta\frac{\sin\Delta\theta}{\Delta\theta} - \cos\theta\frac{1 - \cos\Delta\theta}{\Delta\theta}\right]$$
$$= -\sin\theta.$$

これが問題の公式 (2) である．

同じ問題を以前に解いた．第 3 講の問題 3.7 である．

● **10.2** $x(t) = A\sin\varphi(t)$, $\varphi(t) = \omega t + \alpha$ として，合成関数の微分に対する連鎖律［第 3 講・問

---

* この推論は一見もっともらしいが，不完全なことが注意されている：

今井功：「高校生諸君!! 数学を楽しもう」，数学セミナー，1987 年 1 月号．

題 3.2 の (1) 式]を用いれば
$$\frac{dx(t)}{dt} = A\frac{d\sin\varphi}{d\varphi} \cdot \frac{d\varphi(t)}{dt}$$
$$= \omega A \cos\varphi(t). \quad \text{(i)}$$
もう一度，微分して
$$\frac{d^2x(t)}{dt^2} = \omega A \frac{d\cos\varphi}{d\varphi} \cdot \frac{d\varphi(t)}{dt}$$
$$= -\omega^2 A \sin\varphi(t). \quad \text{(ii)}$$
これは
$$\frac{d^2x(t)}{dt^2} = -\frac{k}{m}x(t) \quad \text{(iii)}$$
にほかならず，$x(t)$ が運動方程式 (0.2) をみたすことを示す．

● **10.3** （a） x 方向の運動に対する運動方程式は
$$m\frac{d^2x}{dt^2} = -T(t)\frac{x}{l}. \quad \text{(i)}$$
z 方向の運動に対しては
$$m\frac{d^2z}{dt^2} = -T(t)\frac{z}{l} + mg. \quad \text{(ii)}$$

（b） 運動方程式 (i) に z，(ii) に x をかけて辺々引き，恒等式
$$z\frac{d^2x}{dt^2} - x\frac{d^2z}{dt^2} = \frac{d}{dt}\left(z\frac{dx}{dt} - x\frac{dz}{dt}\right)$$
に注意する．

（c） 糸の長さは $\sqrt{x^2+z^2} = l$ なので
$$z(t) = \sqrt{l^2 - x(t)^2}$$
となる．これを用いれば，合成関数の微分の公式により
$$\frac{dz}{dt} = -\frac{x}{\sqrt{l^2-x^2}}\frac{dx}{dt}$$
となるから，問題文の (1) において
$$z\frac{dx}{dt} - x\frac{dz}{dt} = \left(\sqrt{l^2-x^2} + \frac{x^2}{\sqrt{l^2-x^2}}\right)\frac{dx}{dt}$$
$$= \frac{l^2}{\sqrt{l^2-x^2}}\frac{dx}{dt}.$$

（d） $|x| \ll l$ のとき $\sqrt{l^2-x^2} \fallingdotseq l$ なので，問題文の (2) は (3) となる．(3) は調和振動子の運動方程式 (0.2) と同じ形であるから，その解は (2.7) であたえられ
$$x(t) = A\sin(\omega t + \alpha) \quad \left(\omega = \sqrt{\frac{g}{l}}\right). \quad \text{(iii)}$$
ここに，A と α は初期条件から定めるべき定数．初期条件 (4) を書き下せば
$$x(0) = A\sin\alpha = x_0,$$
$$\frac{dx}{dt}(0) = \omega A \cos\alpha = v_0.$$
したがって
$$A = \sqrt{x_0{}^2 + \left(\frac{v_0}{\omega}\right)^2}, \quad \tan\alpha = \frac{\omega x_0}{v_0}. \quad \text{(iv)}$$
微小振動の条件は
$$A = \sqrt{x_0{}^2 + \left(\frac{v_0}{\omega}\right)^2} \ll l \quad \text{(v)}$$
で，これがなりたつとき (iii) の $x(t)$ は常に $|x(t)| \ll l$.

（e） 運動方程式 (i) から
$$T(t) = -ml\frac{1}{x}\frac{d^2x}{dt^2}.$$
この右辺に微小振動近似における運動 (iii) を代入すれば
$$T(t) = -ml \cdot \left(-\frac{g}{l}\right) = mg.$$
この近似では糸の張力は一定なのである．

（f） 運動方程式 (2) の両辺に $\dfrac{1}{\sqrt{l^2-x^2}}\dfrac{dx}{dt}$ をかけると
$$\text{左辺} = \frac{l}{\sqrt{l^2-x^2}}\frac{dx}{dt} \cdot \frac{d}{dt}\left(\frac{l}{\sqrt{l^2-x^2}}\frac{dx}{dt}\right)$$
$$= \frac{1}{2}\frac{d}{dt}\left(\frac{l}{\sqrt{l^2-x^2}}\frac{dx}{dt}\right)^2$$
$$\text{右辺} = -g\frac{x}{\sqrt{l^2-x^2}}\frac{dx}{dt} = g\frac{d}{dt}\sqrt{l^2-x^2}$$
となるから
$$\frac{m}{2}\left(\frac{l}{\sqrt{l^2-x^2}}\frac{dx}{dt}\right)^2 - mg\sqrt{l^2-x^2} = \text{const.}$$

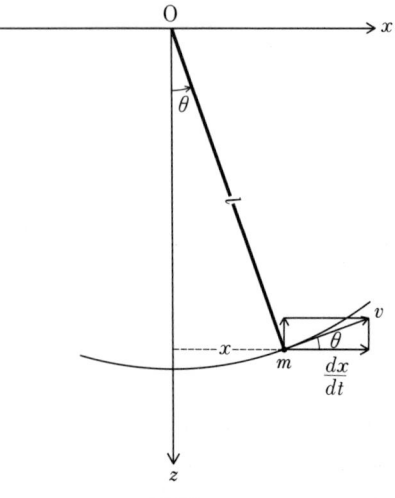

図 11

これがエネルギー保存則である．

図 11 から
$$\frac{\sqrt{l^2-x^2}}{l} = \cos\theta, \qquad v\cos\theta = \frac{dx}{dt}$$

なので
$$\frac{l}{\sqrt{l^2-x^2}}\frac{dx}{dt} = v.$$

したがって，(vi) の第 1 項は運動エネルギー $\frac{1}{2}mv^2$ に等しい．(vi) の第 2 項は位置エネルギーである．

(g) 運動方程式 (i) に $\frac{dx}{dt}$ を，(2) に $\frac{dz}{dt}$ をかけて辺々加えると
$$左辺 = m\left(\frac{dx}{dt}\frac{d^2x}{dt^2} + \frac{dz}{dt}\frac{d^2z}{dt^2}\right)$$
$$= \frac{m}{2}\frac{d}{dt}\left[\left(\frac{dx}{dt}\right)^2 + \left(\frac{dz}{dt}\right)^2\right]$$
$$右辺 = -\frac{T(t)}{l}\left(x\frac{dx}{dt} + z\frac{dz}{dt}\right) + mg\frac{dz}{dt}. \tag{vii}$$

ところが，糸の長さが一定値 l であることから
$$x^2 + z^2 = l^2.$$

両辺を t で微分すれば
$$2\left(x\frac{dx}{dt} + z\frac{dz}{dt}\right) = 0$$

となるから
$$(vii)\ の右辺 = mg\frac{dz}{dt}.$$

したがって
$$\frac{m}{2}\left[\left(\frac{dx}{dt}\right)^2 + \left(\frac{dz}{dt}\right)^2\right] - mgz = \text{const.}$$

これは (vi) と同じ内容である．

● **10.4** $x(t) = l\sin\theta(t), z(t) = l\cos\theta(t)$ で l は定数だから
$$\frac{dx}{dt} = l\cos\theta\cdot\frac{d\theta}{dt}, \qquad \frac{dz}{dt} = -l\sin\theta\cdot\frac{d\theta}{dt}.$$

これを問題 10.3 の方程式 (1) に代入する．
$$z\frac{dx}{dt} - x\frac{dz}{dt} = l^2\frac{d\theta}{dt}$$

だから，(1) は
$$\frac{d^2\theta}{dt^2} = -\frac{g}{l}\sin\theta \tag{i}$$

となる．

微小振動では，θ が小さいので，問題 10.1 の解答で得た (ii) から，運動方程式 (i) は
$$\frac{d^2\theta}{dt^2} = -\frac{g}{l}\theta \tag{ii}$$

となる．これは調和振動子型であって，その解は (2.7) と同じ
$$\theta = A\sin(\omega t + \alpha)$$

である．

● **10.5** 位置エネルギーは
$$V(x) = \frac{k}{2}x^2 \tag{i}$$

だから，(2.7) を代入すれば
$$V(x(t)) = \frac{k}{2}A^2\sin^2(\omega t + \alpha)$$

となる．これを積分するには，まず倍角公式で変形する．
$$V(x(t)) = \frac{k}{4}A^2[1 - \cos 2(\omega t + \alpha)].$$

こうしておけば，'cos の積分は sin' という事実が使えて
$$\int_0^T V(x(t))\,dt$$
$$= \frac{k}{4}A^2\int_0^T [1 - \cos 2(\omega t + \alpha)]\,dt$$
$$= \frac{k}{4}A^2\left[t - \frac{1}{2\omega}\sin 2(\omega t + \alpha)\right]_0^T$$
$$= \frac{k}{4}A^2\cdot T. \tag{ii}$$

したがって
$$\langle V\rangle_\text{平均} = \frac{k}{4}A^2. \tag{iii}$$

他方，振動子の速度は (2.8) に計算してあり
$$\frac{dx(t)}{dt} = \omega A\cos(\omega t + \alpha)$$

であるから，運動エネルギーは
$$K(t) = \frac{m}{2}\left(\frac{dx}{dt}\right)^2 = \frac{m\omega^2}{2}A^2\cos^2(\omega t + \alpha)$$
$$= \frac{k}{4}A^2[1 + \cos 2(\omega t + \alpha)].$$

ここで，$\omega = \sqrt{k/m}$ であることを用いた．1 周期にわたる積分は (ii) と同様に計算され，それから
$$\langle K\rangle_\text{平均} = \frac{k}{4}A^2 \tag{iv}$$

が得られる．(iii) と比べて
$$\langle K\rangle_\text{平均} = \langle V\rangle_\text{平均}. \tag{v}$$

● **10.6** あたえられた 2 次形式

$$Px^2+Qy^2+2Rxy=1 \qquad (\text{i})$$

は，座標系の回転

$$\left.\begin{array}{l}x=x'\cos\varphi-y'\sin\varphi \\ y=x'\sin\varphi+y'\cos\varphi\end{array}\right\} \qquad (\text{ii})$$

により

$$P'x'^2+Q'y'^2+2R'x'y'=1 \qquad (\text{iii})$$

に変わる．ここに

$$\left.\begin{array}{l}P'=P\cos^2\varphi+Q\sin^2\varphi+2R\sin\varphi\cos\varphi \\ Q'=P\sin^2\varphi+Q\cos^2\varphi-2R\sin\varphi\cos\varphi\end{array}\right\} \qquad (\text{iv})$$

$$\begin{aligned}R'&=(Q-P)\sin\varphi\cos\varphi\\ &\quad +R(\cos^2\varphi-\sin^2\varphi)\\ &=-\frac{1}{2}(P-Q)\sin 2\varphi+R\cos 2\varphi.\end{aligned} \qquad (\text{v})$$

ここで，場合を2つに分ける．

(a) $P=Q$ の場合 (v) より

$$\cos 2\varphi=0, \qquad \varphi=\frac{\pi}{4}$$

にとれば

$$R'=0$$

となる．このとき，(ii) は

$$\left.\begin{array}{l}x=\dfrac{1}{\sqrt{2}}(x'-y')\\ y=\dfrac{1}{\sqrt{2}}(x'+y')\end{array}\right\} \qquad (\text{vi})$$

であり，新しい2次形式は

$$(P+R)x'^2+(P-R)y'^2=1$$

となる．

これは P^2-R^2 の正負が $(P+R)$ と $(P-R)$ の符号の異同を表わし，両者が同符号のとき，その符号は $(P+R)+(P-R)$ の符号に一致することに注意すれば

$$\left.\begin{array}{ll}P^2-R^2>0, P>0 & \text{のとき 楕円}\\ P^2-R^2=0 & \text{のとき 直線}\\ P^2-R^2<0 & \text{のとき 双曲線}\end{array}\right\} \qquad (\text{vii})$$

を表わす．P^2-R^2 は2次形式 (i) の判別式に等しい．

(b) $P\neq Q$ の場合 (v) より

$$\tan 2\varphi=\frac{2R}{P-Q} \qquad (\text{viii})$$

にとれば

$$R'=0$$

となる．

このとき

$$\cos 2\varphi=\frac{P-Q}{\sqrt{(P-Q)^2+4R^2}},$$

$$\sin 2\varphi=\frac{2R}{\sqrt{(P-Q)^2+4R^2}}$$

となることに注意すれば，(iv) は

$$P'=\frac{1}{2}[(P+Q)+\sqrt{(P-Q)^2+4R^2}]$$

$$Q'=\frac{1}{2}[(P+Q)-\sqrt{(P-Q)^2+4R^2}].$$

この [⋯] 内の第1項は第2項に比べて

$$(P+Q)^2-(P-Q)^2-4R^2=4(PQ-R^2)>0$$

のとき，そしてこのときに限り，絶対値において大きい．

したがって，2次形式 (iii) は

$$\left.\begin{array}{ll}PQ-R^2>0, P+Q>0 & \text{のとき 楕円}\\ PQ-R^2=0 & \text{のとき 直線}\\ PQ-R^2<0 & \text{のとき 双曲線}\end{array}\right\} \qquad (\text{viii})$$

を表わす．これは，$P=Q$ とおけばさきの (vii) に帰着する．$PQ-R^2$ は，やはり2次形式 (i) の判別式である．

●**10.7** 質点 m にはたらいている力は中心力だから m の角運動量は保存し，したがって m の運動は一平面内にかぎられる．それを xy 平面にとれば

$$\text{常に}\quad z=0$$

となる．このとき，m の運動は一般に

$$x=A\sin(\omega t+\alpha) \qquad (\text{i})$$

$$y=B\sin(\omega t+\beta) \qquad (\text{ii})$$

となるが，

$$\left.\begin{array}{l}A, B \text{の一方が} 0, \text{または}\\ \alpha-\beta=n\pi \quad (n=0, \pm 1, \cdots)\end{array}\right\} \text{の場合}$$

には m の軌道は明らかに直線（つぶれた楕円）であるから，以下

$$\left.\begin{array}{l}A\text{も}B\text{も}0\text{でなく，しかも}\\ \alpha-\beta\neq n\pi \quad (n=0, \pm 1, \cdots)\end{array}\right\} \text{の場合} \qquad (\text{iii})$$

を考える．(i), (ii) を展開し

$$x=A(\sin\alpha\cos\omega t+\cos\alpha\sin\omega t)$$

$$y=B(\sin\beta\cos\omega t+\cos\beta\sin\omega t)$$

の線形結合をつくって $\sin \omega t$ を消去すれば

$$B\cos\beta \cdot x - A\cos\alpha \cdot y$$
$$= AB\sin(\alpha-\beta)\cos\omega t,$$

$\cos\omega t$ を消去すれば

$$B\sin\beta \cdot x - A\sin\alpha \cdot y$$
$$= -AB\sin(\alpha-\beta)\sin\omega t$$

を得る．辺々2乗して加えれば右辺は定数になる：

$$B^2x^2 + A^2y^2 - 2AB\cos(\alpha-\beta) \cdot xy$$
$$= A^2B^2\sin^2(\alpha-\beta). \quad \text{(iv)}$$

いま（iii）の場合を考えているから（iv）の右辺は 0 でない．前問の2次形式に引き直せば

$$P = \frac{1}{A^2\sin^2(\alpha-\beta)}$$
$$Q = \frac{1}{B^2\sin^2(\alpha-\beta)}$$
$$R = \frac{\cos(\alpha-\beta)}{AB\sin^2(\alpha-\beta)}$$

となり，判別式は

$$PQ - R^2 = \left(\frac{1}{AB\sin(\alpha-\beta)}\right)^2 > 0$$

であり，$P+Q$ も明らかに正だから，（iv）は楕円を表わす．

● **10.8** 解の一意性を示す．仮に解が2つあったとして，それぞれ $x_1(t), x_2(t)$ とすれば

$$\xi(t) = x_1(t) - x_2(t)$$

は問題の（3）と同じ微分方程式

$$\frac{d\xi(t)}{dt} = i\omega\xi(t) \quad \text{(i)}$$

をみたし，かつ初期条件

$$\xi(0) = 0 \quad \text{(ii)}$$

をみたす．

いま，(i) の両辺の複素共役をとれば

$$\frac{d\xi^*(t)}{dt} = -i\omega\xi^*(t) \quad \text{(iii)}$$

となるから，(i) に $\xi^*(t)$ を (iii) に $\xi(t)$ をかけて辺々を加えると

$$\frac{d}{dt}|\xi(t)|^2 = 0.$$

したがって

$$|\xi(t)|^2 = \text{const.} \quad \text{(iv)}$$

よって，初期条件 (ii) から

$$\xi(t) = 0$$

となり

$$x_1(t) = x_2(t)$$

が結論される．2つの解としたものは，実は同一だったのである．

● **10.9** 略．

● **10.10** $e^{(a+ib)t} = x(t)$ とおく．

$$\frac{d}{dt}x(t) = (a+ib)x(t)$$

$$\frac{d^2}{dt^2}x(t) = (a+ib)^2 x(t)$$
$$= [(a^2-b^2) + 2iab]x(t).$$

これら2式を組み合わせて虚数係数を消去するには，第1式に $2a$ をかけて第2式から引く：

$$\left[\frac{d^2}{dt^2} - 2a\frac{d}{dt}\right]x(t) = -(a^2+b^2)x(t).$$

こうして，もとめる実係数の微分方程式は

$$\left[\frac{d^2}{dt^2} - 2a\frac{d}{dt} + (a^2+b^2)\right]x(t) = 0.$$

調和振動子の運動方程式と比べると，

$$-2a\frac{d}{dt}x(t)$$

の項が余分に加わっている．これは，右辺に移して $2a\frac{d}{dt}x(t)$ とすれば振動子の速度に比例する力であって，もし $a<0$ なら速度 $\frac{d}{dt}x(t)$ と異符号になり抵抗を表わす．確かに $a<0$ のとき

$$x(t) = e^{at}e^{ibt}$$

は t の増大とともに減衰してゆく．

● **10.11** 問題の微分方程式から

$$\frac{d^2}{d\phi^2}A_y = \frac{d}{d\phi}A_z = -A_y,$$

すなわち

$$\frac{d^2}{d\phi^2}A_y = -A_y. \quad \text{(i)}$$

これは調和振動子の微分方程式であって，一般解は

$$A_y(\phi) = \alpha\cos\phi + \beta\sin\phi. \quad \text{(ii)}$$

同様にして

$$A_z(\phi) = \gamma\cos\phi + \delta\sin\phi. \quad \text{(iii)}$$

初期条件から定数 $\alpha, \cdots, \delta$ を決定しよう．

まず，$\phi = 0$ とおいて

$$\alpha = A_y(0), \quad \gamma = A_z(0). \quad \text{(iv)}$$

次に，問題にあたえられた微分方程式で $\phi = 0$ とおき

$$\left.\frac{d}{d\phi}A_y(\phi)\right|_{\phi=0} = A_z(0)$$

$$\left.\frac{d}{d\phi}A_z(\phi)\right|_{\phi=0} = -A_y(0).$$

これらに (ii), (iii) を代入して

$$\beta = A_z(0), \qquad \delta = -A_y(0). \tag{v}$$

(iv), (v) を用いて

$$A_y(\phi) = A_y(0)\cos\phi + A_z(0)\sin\phi$$
$$A_z(\phi) = -A_y(0)\sin\phi + A_z(0)\cos\phi.$$

これが座標系の x 軸まわりの回転を正しく表現していることは，(2.4.1)――これは z 軸まわりの回転――と比べてみればわかる．

●**11.1** 問題文の (2) の形の式を使って遠心力が正しく出てくるかどうかを調べよう．

$V_{遠心力}$ は動径ベクトル $\boldsymbol{r}$ の大きさ r の関数であって，m の運動により t とともに $\boldsymbol{r}$ が変化し，r も変化する：

$$V_{遠心力} = V_{遠心力}(r(t)). \tag{i}$$

これを t で微分するには，合成関数の微分の公式を用いて

$$\frac{d}{dt}V_{遠心力} = \left(\frac{d}{dr}V_{遠心力}\right)\cdot\frac{dr}{dt} \tag{ii}$$

とすればよい．

ところで，第 11 講の (8.1.2) は，$\boldsymbol{r}^2 = r^2$ に注意すれば

$$\frac{1}{2}\frac{d}{dt}r^2 = \boldsymbol{r}\cdot\frac{d\boldsymbol{r}}{dt}$$

と読むことができ，右辺は $r\dfrac{dr}{dt}$ に等しいから

$$\frac{dr}{dt} = \frac{\boldsymbol{r}}{r}\cdot\frac{d\boldsymbol{r}}{dt} \tag{iii}$$

をあたえる．これは有用な公式である．これを用いると (ii) は

$$\frac{d}{dt}V_{遠心力} = \left(\frac{d}{dr}V_{遠心力}\right)\frac{\boldsymbol{r}}{r}\cdot\frac{d\boldsymbol{r}}{dt} \tag{iv}$$

となる．問題の (2) 式と比べて

$$\boldsymbol{f} = -\left(\frac{d}{dr}V_{遠心力}\right)\frac{\boldsymbol{r}}{r} \tag{v}$$

を得る．(iv) からは本来 $\dfrac{d\boldsymbol{r}}{dt}$ に平行な $\boldsymbol{f}$ の成分しか定まらないが，$\dfrac{d\boldsymbol{r}}{dt}$ は任意だから $\boldsymbol{f}$ が完全に定まるのである．

遠心力ポテンシャル $V_{遠心力}$ の形は問題の (3) にあたえられている．それを (v) に代入して

$$\boldsymbol{f} = -\left(-\frac{l^2}{mr^3}\right)\frac{\boldsymbol{r}}{r} = \frac{l^2}{mr^3}\frac{\boldsymbol{r}}{r}. \tag{vi}$$

これは，$V_{遠心力}$ に対応する力が

　　大きさ：$f = \dfrac{l^2}{mr^3}$

　　方向・向き：$\boldsymbol{r}$ と同じ．動径方向・外向き

であることを示している．この方向と向きは遠心力のそれにあっている．大きさは，角運動量の大きさが (3.6) により

$$l = mrv_\perp$$

であたえられることに注意すれば

$$f = \frac{l^2}{mr^3} = \frac{mv_\perp^2}{r}$$

となり，確かに遠心力の大きさに一致する．

●**11.2** 前問の解答にならえ．

●**11.3** $\theta = \sin^{-1}x$. $\dfrac{d}{d\theta}\sin\theta > 0$ の区間で考えているから，$\cos\theta = \sqrt{1-x^2}$.

●**11.4** (a)

$$\frac{d}{du}\sin^{-1}\left[\frac{1}{\sqrt{D}}\frac{2c+bu}{u}\right]$$

$$= \frac{1}{\sqrt{1-\dfrac{1}{D}\left(\dfrac{2c+bu}{u}\right)^2}}\cdot\frac{1}{\sqrt{D}}\left(-\frac{2c}{u^2}\right)$$

$$= \frac{\sqrt{D}\,u}{\sqrt{4|c|(au^2+bu+c)}}\cdot\frac{1}{\sqrt{D}}\frac{2|c|}{u^2}.$$

ここで，$c < 0$ であることを考慮した．

(b) 問題の積分は，$u > 0$ であるから

$$F = \int\frac{1}{\sqrt{a+\dfrac{b}{u}+\dfrac{c}{u^2}}}\frac{du}{u^2}$$

と変形することができる．こうしておいて

$$\frac{1}{u} = v$$

とおけば

$$-\frac{du}{u^2} = dv$$

であるから

$$F = -\int\frac{1}{\sqrt{a+bv+cv^2}}dv.$$

$c < 0$ を考慮して

$$cv^2 + bv + a = -|c|\left(v^2 + \frac{b}{c}v + \frac{a}{c}\right)$$

$$= -|c|\left[\left(v+\frac{b}{2c}\right)^2 - \frac{b^2-4ac}{4c^2}\right]$$

と書き

$$v + \frac{b}{2c} = \frac{\sqrt{D}}{2|c|}\sin\varphi \qquad (D = b^2 - 4ac > 0)$$

とおけば

$$dv = \frac{\sqrt{D}}{2|c|}\cos\varphi \cdot d\varphi$$

となるから

$$F = -\frac{1}{\sqrt{|c|}}\int\frac{1}{\cos\varphi}\cos\varphi\, d\varphi = -\frac{1}{\sqrt{|c|}}\varphi$$

$$= -\frac{1}{\sqrt{|c|}}\sin^{-1}\left[\frac{2|c|}{\sqrt{D}}\left(\frac{1}{u}+\frac{b}{2c}\right)\right].$$

$c < 0$ だったから $\frac{|c|}{c} = -1$ なので

$$F = \frac{1}{\sqrt{|c|}}\sin^{-1}\left[\frac{1}{\sqrt{D}}\left(\frac{2c+bu}{u}\right)\right].$$

これは (5.14) の右辺に等しい．

● **12.1** 運動方程式 (8.0.3) から見て，振動子にはたらく力の'向きのついた大きさ'は

$$f(r) = -kr \tag{i}$$

である．これを公式 (1.13) に代入して

$$U_{調和振動子}(r) = \int_{r_0}^{r} kr\, dr + C. \tag{ii}$$

ただし，ポテンシャルの r_0 での値を簡略に C と書いた．この値は，r_0 の値とともに任意に選んでよい．積分をすると

$$U_{調和振動子}(r) = \frac{1}{2}k(r^2 - r_0^2) + C$$

を得る．ここで $r_0 = 0, C = 0$ と選べば，(8.1.2) で用いた位置エネルギーの表式

$$U_{調和振動子}(r) = \frac{k}{2}r^2 \tag{iii}$$

になる．

● **12.2** $r(t)$ が最小値 r_1 をとる時刻を $t = 0$ とすれば，最大値 r_2 をとる時刻は $t = T/2$．その間 $r = r(t)$ は単調に増加するから t の代わりに r を積分変数にとることができる（これと同じことは (2.16) ですでに行なった）．(2.15) の dr/dt を用いて

t	0		$T/2$
r	r_1	↗	r_2

$$\langle V \rangle_{平均} = -\frac{2}{T}GmM\int_{r_1}^{r_2}\frac{1}{r}\cdot\frac{dt}{dr}\, dr$$

$$= -\frac{2GmM}{T}\sqrt{\frac{m}{2|E|}}$$

$$\times \int_{r_1}^{r_2}\frac{1}{r}\cdot\frac{r}{\sqrt{(r-r_1)(r_2-r)}}\, dr. \tag{i}$$

この積分の値は (2.17) にあたえられている．

$$\langle V \rangle_{平均} = -\frac{2GmM}{T}\sqrt{\frac{m}{2|E|}}\pi.$$

公転周期 T に (2.18) を代入すれば

$$\langle V \rangle_{平均} = -\frac{GmM}{a} \tag{ii}$$

となる．

(2.10) を参照すれば

$$\langle V \rangle_{平均} = 2E. \tag{iii}$$

惑星の運動エネルギーを K とすれば，

$$K + V = \text{const.} = E$$

であり，一定値の平均はそのものに等しいから

$$\langle K \rangle_{平均} + \langle V \rangle_{平均} = E. \tag{iv}$$

したがって，(iii) から

$$\langle K \rangle_{平均} = -E \tag{v}$$

が得られる．

(iii) と (v) を比べて

$$2\langle K \rangle_{平均} = -\langle V \rangle_{平均}. \tag{vi}$$

● **12.3** この型の積分では

$$\sqrt{\frac{r-r_1}{r_2-r}} = \eta \tag{i}$$

とおくのがよい．逆に解けば

$$r = \frac{r_1 + r_2\eta^2}{1+\eta^2} \tag{ii}$$

r	r_1		r_2
η	0	↗	∞

となるので

$$\frac{dr}{d\eta} = \frac{2r_2\eta(1+\eta^2) - (r_1+r_2\eta^2)\cdot 2\eta}{(1+\eta^2)^2}$$

$$= \frac{2(r_2-r_1)\eta}{(1+\eta^2)^2}.$$

ゆえに

$$dr = \frac{2(r_2-r_1)\eta}{(1+\eta^2)^2}\, d\eta. \tag{iii}$$

また

$$r - r_1 = \frac{(r_2-r_1)\eta^2}{1+\eta^2}$$

となるから，

$$\int_{r_1}^{r_2}\frac{1}{\sqrt{(r-r_1)(r_2-r)}}\, dr$$

$$= \int_0^{\infty}\eta\cdot\frac{1+\eta^2}{(r_2-r_1)\eta^2}\cdot\frac{2(r_2-r_1)\eta}{(1+\eta^2)^2}\, d\eta$$

$$= 2\int_0^{\infty}\frac{1}{1+\eta^2}\, d\eta. \tag{iv}$$

この積分をするには
$$\eta = \tan\theta \tag{v}$$

η	0		∞
θ	0	↗	$\frac{\pi}{2}$

という置換をするのが定石である．
$$\eta = \frac{\sin\theta}{\cos\theta}$$
と見て，θ で微分すれば
$$\frac{d\eta}{d\theta} = \frac{\cos\theta \cdot \cos\theta - \sin\theta(-\sin\theta)}{\cos^2\theta}$$
$$= \frac{1}{\cos^2\theta}$$
$$= 1 + \tan^2\theta = 1 + \eta^2.$$
ゆえに
$$\frac{1}{1+\eta^2} d\eta = d\theta. \tag{vi}$$
これを積分して
$$\int_0^\infty \frac{1}{1+\eta^2} d\eta = \int_0^{\pi/2} d\theta = \frac{\pi}{2}. \tag{vii}$$
(iv) に代入すると
$$\int_{r_1}^{r_2} \frac{1}{\sqrt{(r-r_1)(r_2-r)}} dr = \pi. \tag{viii}$$
これが証明すべき式であった．

●**12.4** (a) 地球の質量を M，万有引力定数を G とする．衛星が地表面上にあるときに受ける地球の引力は
$$m_s g = G\frac{Mm_s}{a^2} \quad \text{だから} \quad GM = ga^2. \tag{i}$$
静止衛星が軌道上を運動しているときの運動方程式
$$m_s R_s \omega^2 = G\frac{Mm_s}{R_s^2}$$
の GM に (i) を代入して
$$R_s = \sqrt[3]{\frac{ga^2}{\omega^2}}.$$
したがって
$$v_s = R_s \omega = \sqrt[3]{g\omega a^2}.$$
(b) 地表でもつ位置エネルギーを U_0 とすれば
$$U_0 = -G\frac{M(m_c+m_s)}{a} = -(m_c+m_s)ga. \tag{ii}$$
(c) 打ち上げ時の速度の大きさは v_0 で地球の半径 a と垂直の方向，地球から最も離れたときの速さは v_1 で，このとき動径方向の速度成分は 0，つまり速度の方向は動径に対して垂直である．したがって，面積速度一定の法則 $av_0 = R_s v_1$ より
$$v_1 = \frac{a}{R_s} v_0. \tag{iii}$$
点 A における位置エネルギー U は，(b) と同様にして
$$U = -G\frac{M(m_c+m_s)}{R_s} = -(m_c+m_s)\frac{ga^2}{R_s}. \tag{iv}$$
力学的エネルギー保存の式
$$\frac{1}{2}(m_c+m_s)v_0^2 + U_0 = \frac{1}{2}(m_c+m_s)v_1^2 + U$$
に (ii)，(iv) を代入して整理すると
$$v_0^2 - 2ga = v_1^2 - \frac{2ga^2}{R_s}.$$
この式に (iii) を代入して整理すれば
$$\left\{1 - \left(\frac{a}{R_s}\right)^2\right\} v_0^2 = 2ga\left(1 - \frac{a}{R_s}\right).$$
故に
$$v_0 = \sqrt{\frac{2ga}{1+a/R_s}} = \sqrt{\frac{2gaR_s}{R_s+a}}.$$
また
$$v_1 = \frac{a}{R_s} v_0 = a\sqrt{\frac{2ga}{R_s(R_s+a)}}.$$
(d) 右図の実線．
(e) 打ち出した直後の母船の速度を V とすれば，運動量保存の法則より
$$(m_c+m_s)v_1 = m_c V + m_s v_s. \tag{v}$$
力学的エネルギーの増加は
$$\Delta E = \frac{1}{2} m_c(V^2 - v_1^2) + \frac{1}{2} m_s(v_s^2 - v_1^2)$$
$$= \frac{1}{2} m_c(V-v_1)(V+v_1)$$
$$\quad + \frac{1}{2} m_s(v_s^2 - v_1^2). \tag{vi}$$
(v) 式より得られる
$$m_c(V-v_1) = m_s(v_1-v_s)$$
を用いて (vi) から V を追いだすと
$$\Delta E = \frac{1}{2} m_s\left(1 + \frac{m_s}{m_c}\right)(v_s-v_1)^2.$$

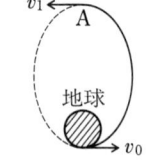

図 12

図 13

図 14

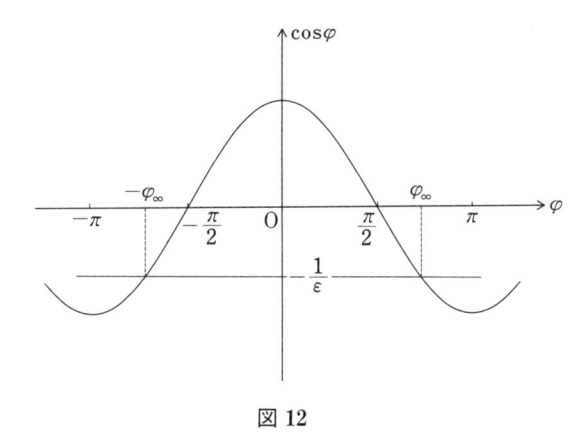

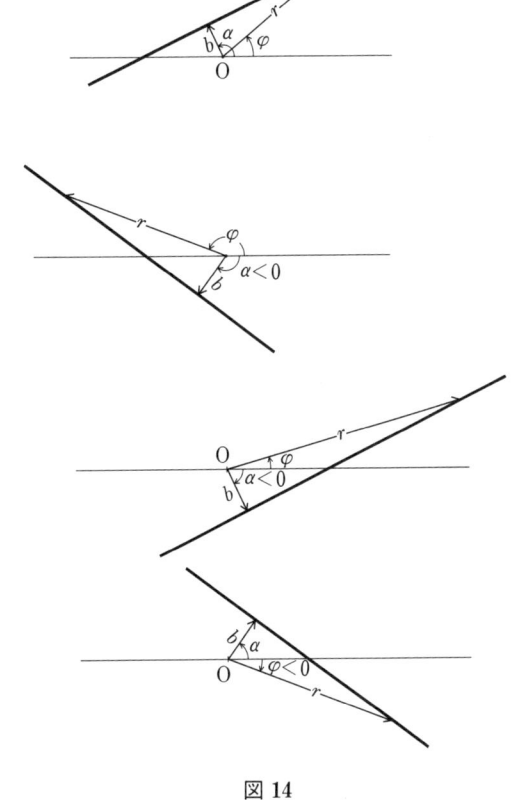

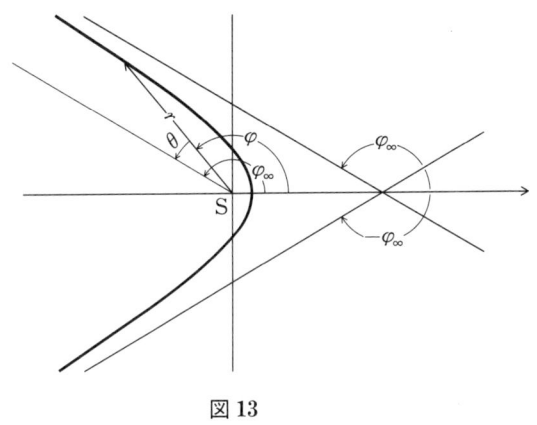

●13.1　極座標と直角座標の関係は
$$r = \sqrt{x^2+y^2}, \qquad r\cos\varphi = x$$
であるから，(4.1) は
$$\sqrt{x^2+y^2} = L - \varepsilon x$$
となる．両辺を 2 乗して整理すれば
$$(1-\varepsilon^2)x^2 + 2\varepsilon L x + y^2 = L^2.$$
$0 < \varepsilon < 1$ に注意しつつ x の部分を完全平方に直して
$$(1-\varepsilon^2)\left(x + \frac{\varepsilon L}{1-\varepsilon^2}\right)^2 + y^2 = \frac{L^2}{1-\varepsilon^2}.$$
すなわち
$$\frac{(x+x_\mathrm{F})^2}{a^2} + \frac{y^2}{b^2} = 1,$$
ただし
$$a = \frac{L}{1-\varepsilon^2}, \quad b = \frac{L}{\sqrt{1-\varepsilon^2}}, \quad x_\mathrm{F} = \frac{\varepsilon L}{1-\varepsilon^2}$$

とおいた．これは楕円の方程式であって，長半径 a は (4.5) に，短半径 b は (4.8) に見る値に，そして焦点の位置 x_F は (4.10) に一致している．

●13.2　(a)　問題の方程式 (1) から $r \to \infty$ となるのは $1 + \varepsilon\cos\varphi = 0$ となる φ の方向であって，その φ を $\pm\varphi_\infty$ とすれば（図 12, 13 を参照）
$$\tan\varphi_\infty = -\sqrt{\varepsilon^2-1} = -\sqrt{\frac{2E}{m}}\frac{l}{GmM}$$
$$= -\frac{v_\infty^2 b}{GM}.$$
進行方向の変化の角は $\chi = 2\varphi_\infty - \pi$ だから
$$\cot\frac{\chi}{2} = \cot\left(\varphi_\infty - \frac{\pi}{2}\right) = -\tan\varphi_\infty = \frac{v_\infty^2 b}{GM}.$$

(b)　最接近の瞬間の速さを v_1，海王星の中心からの距離を r_1 とすれば，エネルギー保存則
$$\frac{1}{2}mv_1^2 - \frac{GmM}{r_1} = \frac{1}{2}mv_\infty^2$$

から
$$v_\infty{}^2 = v_1{}^2 - \frac{2GM}{r_1}.$$
角運動量の保存則
$$mv_\infty b = mv_1 r_1$$
から
$$b = \frac{v_1 r_1}{v_\infty}.$$

海王星の質量は $(1.989 \times 10^{30}\,\mathrm{kg}) \times 5.18 \times 10^{-5}$ $= 1.030 \times 10^{26}\,\mathrm{kg}$ だから

$$v_\infty{}^2 = (2.73 \times 10^4\,\mathrm{m/s})^2 -$$
$$\frac{2 \times (6.67 \times 10^{-11}\,\mathrm{kg^{-1} \cdot m^3 \cdot s^{-2}}) \times (1.030 \times 10^{26}\,\mathrm{kg})}{2.92 \times 10^7\,\mathrm{m}}$$
$$= 7.45 \times 10^8\,\mathrm{m^2 \cdot s^{-2}} - 4.70 \times 10^8\,\mathrm{m^2 \cdot s^{-2}}$$
$$= 2.75 \times 10^8\,\mathrm{m^2 \cdot s^{-2}}.$$

これを用いて
$$b = \frac{(2.73 \times 10^4\,\mathrm{m \cdot s^{-1}}) \times (2.92 \times 10^4\,\mathrm{km})}{\sqrt{2.75 \times 10^8\,\mathrm{m^2 \cdot s^{-2}}}}$$
$$= 4.81 \times 10^7\,\mathrm{m}.$$

したがって
$$\cot \frac{\chi}{2}$$
$$= \frac{(2.75 \times 10^8\,\mathrm{m^2/s^2}) \times (4.81 \times 10^7\,\mathrm{m})}{(6.67 \times 10^{-11}\,\mathrm{kg^{-1} \cdot m^3/s^2}) \times (1.030 \times 10^{26}\,\mathrm{kg})}$$
$$= 1.925.$$

よって
$$\chi = 54.9°.$$

これは問題の図 10.7 から測りとった角によくあっている．

●**13.3** $1 + \varepsilon \cos \varphi = 0$ となる φ を $\pm \varphi_\infty$ とし，いま $+\varphi_\infty$ の方に注目して $\varphi = \varphi_\infty - \theta$ とおけば $r \to \infty$ となるのは θ が正の側から 0 に近づくときである（図 13 を参照）．このとき
$$1 + \varepsilon \cos \varphi = 1 + \varepsilon \cos(\varphi_\infty - \theta)$$
$$= 1 + \varepsilon[\cos \varphi_\infty \cos \theta$$
$$+ \sin \varphi_\infty \sin \theta]$$
において
$$\cos \theta = 1 + \mathrm{O}(\theta^2), \quad \sin \theta = \theta + \mathrm{O}(\theta^3)$$
であるから，θ の 1 次までとる近似で
$$1 + \varepsilon \cos \varphi = \varepsilon \sin \varphi_\infty \cdot \theta.$$
したがって，$\varphi = \varphi_\infty$ の方向に伸びた双曲線の腕に対して

$$r \sim \frac{L}{\varepsilon \sin \varphi_\infty \cdot (\varphi_\infty - \varphi)} \quad (\varphi \uparrow \varphi_\infty). \quad (1)$$

ここに $\varphi \uparrow \varphi_\infty$ は φ が増加しつつ φ_∞ に近づくことを意味する．

他方，極座標での直線の方程式は，一般に
$$r \cos(\varphi - \alpha) = b \quad (2)$$
の形に書ける（図 14）．あるいは
$$r \sin\left(\frac{\pi}{2} + \alpha - \varphi\right) = b. \quad (3)$$
$\varphi \uparrow \varphi_\infty$ で (1) と (3) が漸近的に一致するのは
$$\frac{\pi}{2} + \alpha = \varphi_\infty$$
のときであるから，もとめる漸近線の方程式は
$$r \sin(\varphi_\infty - \varphi) = \frac{L}{\varepsilon \sin \varphi_\infty} \quad (\varphi_\infty - \pi < \varphi < \varphi_\infty) \quad (4)$$
となる．ただし，φ の変域は図 10.6 から読む．

$\varphi = -\varphi_\infty$ の方向に伸びた双曲線の腕に漸近するのは，上と同様にして
$$r \sin(\varphi_\infty + \varphi) = \frac{L}{\varepsilon \sin \varphi_\infty}.$$
$$(-\varphi_\infty < \varphi < \pi - \varphi_\infty) \quad (5)$$
これは (4) で φ_∞ を $-\varphi_\infty$ におきかえた式に一致している．

●**14.1** （a） $\boldsymbol{\varepsilon} = \beta[\boldsymbol{v} \times \boldsymbol{l}] + \alpha \boldsymbol{r}. \quad$ (i)

ただし β と α は r の関数で，$\boldsymbol{r} = (x(t), y(t), z(t))$ から
$$r = \sqrt{x(t)^2 + y(t)^2 + z(t)^2} \quad \text{(ii)}$$
を通して t の関数になる．したがって，
$$\frac{d}{dt} \beta(r(t)) = \frac{d\beta(r)}{dr} \frac{dr}{dt}.$$
ところが，(ii) の両辺を 2 乗してから t で微分すると
$$r \frac{dr}{dt} = x \frac{dx}{dt} + y \frac{dy}{dt} + z \frac{dz}{dt} = \boldsymbol{r} \cdot \boldsymbol{v}.$$
ここに，$\boldsymbol{v}$ は速度である．こうして
$$\frac{d\beta}{dt} = \frac{1}{r} (\boldsymbol{r} \cdot \boldsymbol{v}) \frac{d\beta(r)}{dr}.$$
α についても同様である．これを用いて
$$\frac{d}{dt} \boldsymbol{\varepsilon} = \frac{1}{r} (\boldsymbol{r} \cdot \boldsymbol{v}) \left\{ [\boldsymbol{v} \times \boldsymbol{l}] \frac{d\beta(r)}{dr} + \boldsymbol{r} \frac{d\alpha(r)}{dr} \right\}$$
$$+ \frac{1}{m} \beta(r) f(r) [\boldsymbol{r} \times \boldsymbol{l}] + \alpha(r) \boldsymbol{v}. \quad \text{(iii)}$$

ただし，右辺の第2行，第1項で運動方程式
$$\frac{d\boldsymbol{v}}{dt} = \frac{1}{m}f(r)\boldsymbol{r}$$
を用いた．

本文の (11.2.5), (11.2.6) により
$$\boldsymbol{v}\times\boldsymbol{l} = m\{v^2\boldsymbol{r}-(\boldsymbol{r}\cdot\boldsymbol{v})\boldsymbol{v}\} \\ \boldsymbol{r}\times\boldsymbol{l} = m\{(\boldsymbol{r}\cdot\boldsymbol{v})\boldsymbol{r}-r^2\boldsymbol{v}\} \tag{iv}$$
であるから，
$$\frac{d\boldsymbol{\varepsilon}}{dt} = 0$$
を (iii) により $\boldsymbol{r}$ と $\boldsymbol{v}$ の方向に分けて書けば

$\boldsymbol{r}$ 方向の成分：
$$m\frac{v^2}{r}\frac{d\beta(r)}{dr} + \frac{1}{r}\frac{d\alpha(r)}{dr} + \beta(r)f(r) = 0 \tag{v}$$

$\boldsymbol{v}$ 方向の成分：
$$-m\frac{1}{r}(\boldsymbol{r}\cdot\boldsymbol{v})^2\frac{d\beta(r)}{dr} + \alpha(r) - r^2\beta(r)f(r) \\ = 0 \tag{vi}$$

(v) の両辺に r^2 をかけて (vi) に辺々加えれば
$$m\left\{rv^2 - \frac{(\boldsymbol{r}\cdot\boldsymbol{v})^2}{r}\right\}\frac{d\beta(r)}{dr} \\ + \left\{r\frac{d\alpha(r)}{dr} + \alpha(r)\right\} = 0 \tag{vii}$$
となる．ここで $d\beta(r)/dr$ の係数について
$$r^2v^2 - (\boldsymbol{r}\cdot\boldsymbol{v})^2 = \left(\frac{l}{m}\right)^2$$
に注意する．この式は (iv) と問 14.5 の公式からも得られるが，$\boldsymbol{r}$ と $\boldsymbol{v}$ のなす角を θ として
$$\boldsymbol{r}\cdot\boldsymbol{v} = rv\cos\theta \\ r^2v^2 - (\boldsymbol{r}\cdot\boldsymbol{v})^2 = r^2v^2\sin^2\theta$$
のように計算しても得ることができる．$\boldsymbol{l}$ の大きさが――ベクトル積の定義から―― $mrv\sin\theta$ であるから．

したがって，(vii) は
$$\frac{l^2}{m}\frac{d\beta(r)}{dr} + r\frac{d}{dr}\{r\alpha(r)\} = 0. \tag{viii}$$

（b）$\beta = \text{const.} (\equiv \beta_0)$ の場合，(viii) から
$$\alpha(r) = \frac{A}{r} \quad (A : \text{定数})$$
となり，(vi) から
$$f(r) = \frac{A}{\beta_0 r^3}.$$
よって力 $f(r)\boldsymbol{r}$ は逆2乗法則にしたがう．

逆に $\alpha(r) = \dfrac{\alpha_0}{r} (\alpha_0 : \text{定数})$ の場合には (viii) から $\beta(r) = \text{const.}$ となり，上の場合に帰着．

● **14.2** x,y,z をベクトルの成分を表わす添字とし，(i,j,k) とか (k,l,m) とかを (x,y,z) の順列とする．たとえば
$$(i,j,k) = (x,y,z). \tag{i}$$
また，たとえば
$$(i,j,k) = (z,y,x). \tag{ii}$$
後者は前者の x と z を入れかえれば得られる．

一般に (i,j,k) の任意の2つを入れかえる操作を**互換**（transposition）という．それに限らず，x,y,z の任意の並べかえを**置換**（permutation）という．順列も英語でいえば permutation である．

任意の置換は互換を重ねて達成できる．その仕方は一意ではないが，その回数の偶奇は置換ごとに定まっており，偶数回のものを**偶置換**（even permutation）とよび，奇数回のものを**奇置換**（odd permutation）とよぶ．たとえば，(i) → (ii) は1回の互換であったが，まず x と y の互換を行ない，次に y と z の互換，さらに y と x の互換を行なうことで3回の互換によっても達成される．(i) から (ii) への置換は奇置換である．

さて，(i,j,k) が (x,y,z) の偶置換であるか奇置換であるか，……により
$$\varepsilon_{ijk} = \begin{cases} +1 & \text{偶置換のとき} \\ -1 & \text{奇置換のとき} \\ 0 & \text{どちらでもないとき} \end{cases} \tag{iii}$$
を定義する．'どちらでもない' というのは $(i,j,k) = (x,x,z)$ のような場合をさす．

これだけの準備をしておくと，ベクトル $\boldsymbol{A}, \boldsymbol{B}$ のベクトル積を
$$(\boldsymbol{A}\times\boldsymbol{B})_i = \sum_{j=x}^{z}\sum_{k=x}^{z}\varepsilon_{ijk}A_jB_k \tag{iv}$$
によって定義することができる．いま例として，$\boldsymbol{A}\times\boldsymbol{B}$ の x 成分を真正直に書き下せば
$$(\boldsymbol{A}\times\boldsymbol{B})_x = \varepsilon_{xxx}A_xB_x + \varepsilon_{xxy}A_xB_y + \varepsilon_{xxz}A_xB_z \\ + \varepsilon_{xyx}A_yB_x + \varepsilon_{xyy}A_yB_y + \varepsilon_{xyz}A_yB_z \\ + \varepsilon_{xzx}A_zB_x + \varepsilon_{xzy}A_zB_y + \varepsilon_{xzz}A_zB_z$$
となるが，0 でない ε は
$$\varepsilon_{xyz} = 1, \qquad \varepsilon_{xzy} = -1$$

のみだから
$$(\boldsymbol{A}\times\boldsymbol{B})_x = A_y B_z - A_z B_y.$$
これは，確かに正しい表式である．同様にして，y 成分，z 成分に対しても正しい表式がでてくる．

問題のベクトル積は
$$(\boldsymbol{A}\times[\boldsymbol{B}\times\boldsymbol{C}])_i = \sum_{j=x}^{z}\sum_{k=x}^{z}\varepsilon_{ijk}A_j(\boldsymbol{B}\times\boldsymbol{C})_k$$
$$= \sum_{j=x}^{z}\sum_{k=x}^{z}\sum_{l=x}^{z}\sum_{m=x}^{z}\varepsilon_{ijk}\varepsilon_{klm}A_j B_l C_m \quad \text{(v)}$$

となる．ところが，$\varepsilon_{ijk}\varepsilon_{klm}$ が 0 でないのは——k が共通なことを考えると——$i \neq j$ で，かつどちらも k に等しくなくて
$$(i,j) = (l,m) \quad \text{または} \quad \text{(vi)}$$
$$(i,j) = (m,l) \quad \text{(vii)}$$
である場合に限られる．(vi) では，(i,j,k) が (x,y,z) の偶（奇）置換なら (k,l,m) も然りとなり，$\varepsilon_{ijk}\varepsilon_{klm} = 1$．たとえば $i = x$ のとき，それは

$k = y$ とすれば
$j = z$: $(i,j) = (l,m) = (x,z)$
$k = z$ とすれば
$j = y$: $(i,j) = (l,m) = (x,y)$

の場合である．

(vii) の方も同様だが，$(i,j) = (m,l)$ に変わり $\varepsilon_{ijk}\varepsilon_{klm} = -1$ となることに注意して，(v) から
$$(\boldsymbol{A}\times[\boldsymbol{B}\times\boldsymbol{C}])_x = A_z B_x C_z + A_y B_x C_y$$
$$- A_z B_z C_x - A_y B_y C_x$$
を得る．この形を整えるため，右辺に
$$A_x B_x C_x - A_x B_x C_x = 0$$
を加えれば
$$(\boldsymbol{A}\times[\boldsymbol{B}\times\boldsymbol{C}])_x = (\boldsymbol{A}\cdot\boldsymbol{C})B_x - (\boldsymbol{A}\cdot\boldsymbol{B})C_x.$$
y 成分，z 成分も同様に計算される．

こうして
$$\boldsymbol{A}\times[\boldsymbol{B}\times\boldsymbol{C}] = (\boldsymbol{A}\cdot\boldsymbol{C})\boldsymbol{B} - (\boldsymbol{A}\cdot\boldsymbol{B})\boldsymbol{C}.$$

● 14.3 問題の式は
$$\boldsymbol{A}\times[\boldsymbol{B}\times\boldsymbol{C}] = (\boldsymbol{A}\cdot\boldsymbol{C})\boldsymbol{B} - (\boldsymbol{A}\cdot\boldsymbol{B})\boldsymbol{C}$$
を $\boldsymbol{A}, \boldsymbol{B}, \boldsymbol{C}$ のあらゆる巡回置換（$A \to B \to C \to A$ のように順ぐりに置きかえる）にわたって加え合わせたものである．巡回置換は 3 回で元にもどる．したがって，右辺で第 1 項に 1 回の巡回置換をほどこして $(\boldsymbol{B}\cdot\boldsymbol{A})\boldsymbol{C}$ とし，それから改めてあらゆる巡回置換にわたって加え合わせることにしても同じことである．

● 14.4 （a） 問題 14.2 の解に示した (iv) を使えば
$$\boldsymbol{A}\cdot[\boldsymbol{B}\times\boldsymbol{C}] = \sum_{i,j,k}\varepsilon_{ijk}A_i B_j C_k.$$

(i,j,k) を（巡回置換）で (j,k,i) とするのは偶置換だから
$$\varepsilon_{ijk} = \varepsilon_{jki}.$$
よって
$$\boldsymbol{A}\cdot[\boldsymbol{B}\times\boldsymbol{C}] = \sum_{i,j,k}\varepsilon_{jki}B_j C_k A_i$$
$$= \boldsymbol{B}\cdot[\boldsymbol{C}\times\boldsymbol{A}].$$

（b） $\boldsymbol{A}\cdot[\boldsymbol{B}\times\boldsymbol{C}]$ は，ベクトル $\boldsymbol{A}, \boldsymbol{B}, \boldsymbol{C}$ の張る平行 6 面体の体積を表わす．実際，

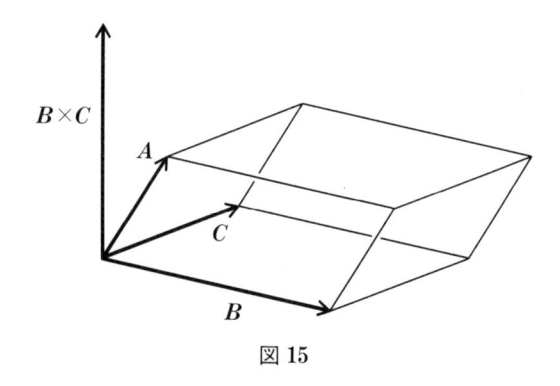

図 15

$\boldsymbol{B}\times\boldsymbol{C}$ は
- 大きさ：$\boldsymbol{B}, \boldsymbol{C}$ の張る平行四辺形の面積
- 方　向：その平行四辺形の面に垂直

であって，
$\boldsymbol{A}\cdot[\boldsymbol{B}\times\boldsymbol{C}]$ は
- $\boldsymbol{B}\times\boldsymbol{C}$ の大きさ（底面の面積）と
- $\boldsymbol{A}$ の $\boldsymbol{B}\times\boldsymbol{C}$ 方向への射影（高さ）の積

だから，すなわち平行六面体の体積を表わす．

(a) の恒等式は，平行六面体のどの面を底面と

みても体積は変わらないことを表わしている.

● 14.5

$$[\boldsymbol{A}\times\boldsymbol{B}]\cdot[\boldsymbol{C}\times\boldsymbol{D}] = \sum_{i=1}^{3}[\boldsymbol{A}\times\boldsymbol{B}]_i[\boldsymbol{C}\times\boldsymbol{D}]_i$$

の右辺 X に，問題 14.2 の解に示した (iv) を用いて

$$X = \sum_{i=1}^{3}\sum_{j=1}^{3}\sum_{k=1}^{3}\sum_{l=1}^{3}\sum_{m=1}^{3}\varepsilon_{ijk}\varepsilon_{ilm}A_jB_kC_lD_m.$$

i を固定したとき

$$\varepsilon_{ijk}\varepsilon_{ilm} = \begin{cases} 1 & (j,k)=(l,m) \\ -1 & (j,k)=(m,l) \\ 0 & \text{その他} \end{cases}$$

ただし，$(i,j,k),(i,l,m)$ は (x,y,z) の置換とする．したがって

$$X = \sum_{(i,j,k)}(A_jC_jB_kD_k - A_jD_jB_kC_k).$$

この和の記号は (i,j,k) につき (x,y,z) の置換全体にわたる和をとることを意味する．その中には $j=k$ の項はないが，それを入れても相殺がおこり X は変えないので

$$X = \sum_{j=1}^{3}\sum_{k=1}^{3}(A_jC_jB_kD_k - A_jD_jB_kC_k)$$

としてよい．これは

$$X = (\boldsymbol{A}\cdot\boldsymbol{C})(\boldsymbol{B}\cdot\boldsymbol{D}) - (\boldsymbol{A}\cdot\boldsymbol{D})(\boldsymbol{B}\cdot\boldsymbol{C})$$

にほかならない.

索引

● A

アリストテレス　Aristoteles, 384-322 B.C.　103

『新らしい天文学』→『新天文学』

● B

場　field　137

万有引力　universal gravitation, gravitational attraction　92
　地球と月，リンゴの――　104, 119
　地球と月，太陽と月の――　104
　球殻の――　grav. attr. of spherical shell　113, 131
　球体の――　grav. attr. of spherical body　112, 117
　鉛の球の間の――　gravitational force between two lead balls　125
　――の場　gravitational field　137
　――の法則　law of univ. gravitation　71, 92, 95, 101, 102
　太陽と惑星たちの――　101
　惑星とその衛星の――　123

万有引力定数　gravitation constant　125

ベクトル　vector
　軸性――　axial vector　66
　極性――　polar vector　66
　――のベクトル積 → ベクトル積
　　――の幾何学的意味　64
　――の成分　component of a vector　41
　――のスカラー積 → スカラー積
　　――の幾何学的意味 → スカラー積
　――3重積　vector triple product　210, 216
　――成分の変換　transformation of vector components　53

ベクトル算法　vector calculus　5, 39, 43

　成分の世界での――　43

ベクトル積　vector product　48, 63, 65
　――の分配則　distributive law for vector product　66
　――の非可換性　non-commutativity of vector product　65

微分公式　formula for derivative　163
　$t^{\pm n}$ の――　24
　$1/(at+b)$ の――　32
　三角関数の――　157
　指数関数の――　158
　逆三角関数の――　176
　積の――　32
　商の――　32
　逆関数の――　176
　合成関数の――　32
　スカラー積の――　163, 165
　ベクトル積の――　166

微小振動　small oscillation　158

ボーデの法則　Bode's law　215

ボレリ　Giovanni Alfonso Borelli, 1608-79　135

ボイル　Robert Boyle, 1627-91　134

『物理学史Ⅰ』　144

秒　second　27
　――の定義　definition of one second　27, 28, 105

● C

カジョリ　Florian Cajori, 1859-1930　175

キャヴェンディシュ　Henry Cavendish, 1731-18　125

置換積分法　integration by substitution　126, 174, 176

力　force　73

——の単位　unit of force　　75
地球　earth　　8
　——の半径　radius of the earth　　80
　——の速さ　speed of the earth　　22
　——の引力　attraction of the earth　　71, 75
　——の自転　rotation of the earth　　27, 28, 31, 105
　——の自転角速度　angular velocity of earth rotation　　107
　——の軌道半径　radius of earth's orbit　　8
　——のミソスリ運動　precession of the earth　　109
直交行列　orthogonal matrix　　59
直線運動　rectilinear motion　　8
潮汐　tide　　28
調和振動子　harmonic oscillator　　172, 174
中心力　central force　　143
　——の場　central force field　　167, 182
コペルニクス　Nicolaus Copernicus, 1473-1543　　86
コリオリ　Gaspard Gustav de Coriolis, 1792-1843　　167
cross product → ベクトル積

● D

楕円　ellipse　　95, 98
　——の法線　normal to ellipse　　207
　——の方程式（直交座標系）equation of ellipse　　95, 199
　——の方程式（極座標系）　197
　——の面積　area of ellipse　　98
　——の離心ベクトル → Lenzベクトル
　——の離心率　eccentricity of ellipse　　96
　——の焦点　focus of ellipse　　96, 103, 104, 200
　——の定義　definition of ellipse　　95, 96
楕円軌道　elliptic orbit　　86
楕円振動　elliptic oscillation　　156, 158, 174
代表　representative　　40
代表点　representative point　　7, 152
ダランベール　Jean Le Rond d'Alembert, 1717-83　　167
デカルト　René Descartes, 1596-1650　　3, 134, 167
ディラック　Paul Adrien Maurice Dirac, 1902-84　　211
dot product → スカラー積
同値類　equivalence class　　40, 49
同位　same order　　22
　——の無限小　infinitesimal of the same order　　22
導関数　derivative → 微分公式　　24

● E

$e = 2.718\,282$, 自然対数の底　　146
衛星　planet　　74
エネルギー　energy　　150
　位置の——　potential energy　　150
　ポテンシャル——　potential energy　　150
　運動——　kinetic energy　　150
エネルギーの保存　conservation of energy　　150, 181
　万有引力の場における運動に関する——　181
円　circle　　95
　——を押し縮める　to compress a circle　　95
遠心力ポテンシャル　centrifugal potential　　170, 175
遠心力　centrifugal force　　75, 82
円運動　circular motion　　7, 18, 30
　——の加速度　　30
　等速——　uniform circular motion　　33
オイラー　Leonhard Euler, 1707-83　　167

● F

ファインマン　Richard Phillips Feynman, 1918-88　　80
不変性　invariance　　80
　自然法則と——　natural law and invariance　　80
フック → H

振子　pendulum　25
　——時計　pendulum clock　26

● G
ガリレオ　Galileo Galiei, 1564-1642　25, 101
『ガリレオ-世界の名著21』　101
『現代の科学I』　144
原子　atom
　——時　105
　——時計　atomic clock　28, 105
剛体　rigid body　6
　——の回転　rotation of rigid body　66
行列　matrix
　直交——　orthogonal matrix　59
　——の積　product of matrices　49, 53
　　——の結合法則　associative law for matrix product　49
　転置——　transposed matrix　46, 49
行列力学　matrix mechanics　211

● H
ハリー　Edmund Halley, 1656-1743　134
反平行　antiparallel　38
反作用　reaction　69, 76
速さ　speed　20
　地球の——　speed of the earth　22
　ジェット機の——　speed of a jet plane　22
　新幹線の——　22
平均　average, mean　27
　——恒星日　mean sidereal day　105
　——太陽時　mean solar time　27, 105
ハイゼンベルク　Werner Karl Heisenberg, 1901-76　211
並進　translation　7
変位　displacement　5
変位ベクトル　displacement vector　5
　無限小回転の——　d. v. of infinitesimal rotation　60
変換　transformation　10, 53
　ベクトルの成分の——　transf. of vector components　53

変換行列　transformation matrix　53
　回転の——　transf. matrix of rotation　53, 57
非可換性　noncommutativity　65
　ベクトル積の——　noncommutativity of vector product　65
フック　Robert Hooke, 1635-1703　134
放物線　parabola　197
　——の方程式（極座標）　equation of parabola　197
　——の方程式（直角座標）　202
方向　direction　19
方向余弦　direction cosine　51
法線加速度　normal acceleration　31
方程式　equation　24
　接線の——　equation of tangent　24
保存　conservation　153
　エネルギーの——　cons. of energy　165
　角運動量の——　cons. of angular momentum　167
　レンツ・ベクトルの——　211
ホイヘンス　Christiaan Huygens, 1629-95　26, 80, 134

● I
位置　position
　——ベクトル　position vector　4, 38
位置のエネルギー　potential energy　150
　中心の場における——　potential energy in central force field　183
因果律　causality　139
一般相対性理論　general theory of relativity　28
板倉聖宣　Kiyonobu Itakura, 1930-　76

● J
ジェット機　jet plane　22
　——の速さ　speed of a jet plane　22
時間　time　25
　——平均　time average　158
軸性ベクトル　axial vector　66

尺数関係　commensurability　216
自由ベクトル　free vector　38
状態　state　151
状態空間　state space　151, 171
　　動径方向の運動の——　171
準線　directrix　198
重力　gravitational force　75, 112
　　地上の——場　gravitational field near the earth's surface　141
　　球殻の——　grav. f. of spherical shell　113
　　球体の——　grav. f. of spherical body (ball)　117
　　——の逆2乗法則　inverse-square law of gravitation　135
　　——の法則　law of gravitation　101
　　——の加速度　gravitational acceleration　72
　　——質量　gravitational mass　72
　　正規——式　80
『重力と力学的世界』　103

● K
解の一意性　uniqueness of solution　155
　　調和振動子の運動方程式の——　155
　　運動方程式の——　uniqueness of solution to equation of motion　155
海王星　Neptune　203
回転　rotation　7, 53
　　剛体の——　rotation of rigid body　66
無限小回転　infinitesimal rotation　159
　　——の変換行列　transformation matrix of inf. rot.　53, 57
　　座標系の——　rotation of coordinate system　53, 156
角振動数　angular frequency　155
角速度　angular velocity　154
角運動量　angular momentum　167
　　——と面積速度　ang. mom. and areal velocity　168
　　——の保存則　conservation law of ang. mom.　167, 179

慣性質量　inertial mass　72
加速度　acceleration　29, 31
　　地球の赤道上の点の——　31
　　向心——　centripetal acceleration　31
　　法線——　normal acceleration　31
　　接線——　tangential acceleration　30
　　等速円運動の——　acceleration of uniform circular motion　90
　　惑星の——　acceleration of planet　100
計算　calculation　10
　　単位の——　calculation of units　10
ケプラー　Johannes Kepler, 1571-1630　85, 87, 102, 103
　　——の第1法則　the first law of K.　87, 140
　　——の第2法則　the second law of K.　87
　　——の第3法則　the third law of K.　87, 88, 91, 188
『ケプラーの夢』　Somnium, seu Opus Posthumum de Astronomia Lunari　102
結合法則　associative law　49
　　行列の積——　associative law of matrix product　49
軌道　orbit　172
　　調和振動子の——　orbit of harmonic oscillator　172, 174
軌道半径　radius of orbit　8
　　地球の——　radius of orbit of the earth　8
幾何学　geometry　46
　　——的意味　geometrical meaning　56
　　スカラー積の——　56
　　ベクトル積の——　64
キログラム原器　kilogram prototype　75
近日点　perihelion　87, 186, 214
クライン　Felix Klein, 1849-1925　46
高位の無限小　infinitesimal of higher order　22
恒星日　sidereal day　105
恒星時　sidereal time　26
向心加速度　centripetal acceleration　31
極限　limit　15
極性ベクトル　polar vector　66

曲線　curve　23
　　——の微小部分は直線である　23
共変性　covariance　45
求心加速度　centripetal acceleration　31

● L

ランダウ　Edmund Georg Herman Landau, 1877-1938　22
　　——の記号　Landau's symbol　22
ラプラス　Pierre Simon Laplace, 1749-1827　139, 144
　　——の魔物（知性）　Laplace's intelligence　139
ライプニッツ　Gottfried Wilhelm Freiherr von Leibniz, 1646-1716　167
レンツ・ベクトル　Lenz vector　211

● M

マッハ　Ernst Mach, 1838-1916　80, 175
摩擦　frition　28
面積速度　areal velocity　92
　　——と角運動量　areal velocity and angular momentum　68
面積速度一定の法則　area law, law of constant areal velocity　86, 142
　　自由質点に対する——　area law for a free particle　143
　　中心力の場における運動に対する——　143, 144
無限小　infinitesimal　22, 159
　　同位の——　infinitesimal of the same order　22
　　高位の——　infinitesimal of higher order　22
無限小回転　infinitesimal rotation　60, 62, 159
　　——の変換行列　transformation matrix for inf. rot.　60
向き　orientation　19

● N

捩りバカリ　torsion balance　125
ニュートン　Sir Isaac Newton, 1642-1727　26, 68, 74, 113, 129, 131, 144
　　——の振子の実験　119
『ニュートン』　126
ニュートン（力の単位）　Newton　75
日心最大離角　greatest heliocentric elongation　122
2定点からの距離の和が一定な点の軌跡　96

● O

オイラー → E

● P

パウリ　Wolfgang Ernst Pauli, 1990-1958　211
ピサの斜塔　Leaning Tower of Pisa　102
プランク　Max Karl Ernst Ludwig Planck, 1858-1947　160
ポテンシャル　potential　150, 169, 183
　　遠心力の——　centrifugal　170, 175
　　有効——　effective potential　169
ポテンシャル・エネルギー　potential energy　150, 169, 183
　　中心力の場における——　potential energy of central force field　183
『プリンキピア』　Philosophiae Naturalis Principia Mathematica　26, 68, 79, 113, 126, 134, 135, 142, 144, 167
　　——前21年　118
　　——前3年　134
プロクルーステース　27

● R

ライプニッツ → L
ランダウ → L
ラプラス → L
『暦象新書』　80
レンツ → L
連立1次方程式　system of linear equations

48
連鎖律　chain rule　32
列ベクトル　column vector　58
『力学の批判的発展史』　Die Mechanik in Ihrer Entwicklung Historisch-Kritisch Dargestellt　76, 79
リシェール　Jean Richer　26
『理論物理学講話』　14
離心ベクトル　eccentricity vector → Lenz ベクトル
　　——の保存　conservation of Lenz vector　212
離心率　eccentricity　96
量子力学　quantum mechanics　28, 211

● S
坂井卓三　Takuzo Sakai　79
三角関数　trigonometric function　159
　　——を虚数変数の指数関数で表わす　159
散乱角　scattering angle　203
　　——と衝突径数　scatt. angle and impact parameter　203
作用　action　76
作用・反作用の法則　law of action and reaction　76, 81, 101
シュヴァルツの不等式　Schwarz inequality　57
成分　component　41
正規重力式　80
静止衛星　stationary satellite　189
『世界の調和』　Harmonice Mundi　86, 103
塵も積もれば山となる　140
接線　tangent　24
　　——の方程式　equation of tangent　24
　　——加速度　tangential acceleration　30
『新科学対話』　Discorsi e Dimonstrazoni Matematiche, intorno a due nuovoe Scienze attenti alla Mechanica & i Movimenti Locali　102
新幹線　Shinkansen　22
　　——の速さ　speed of a Shinkansen train　22

『新天文学』　Astronomia Nova　86, 102, 103
指数関数　exponential function　145
　　——の導関数　derivative of exponential function　158
　　虚数変数の——　exp. func. of imaginary argument　158
　　——を三角関数で表わす　159
志筑忠雄　Tadao Shizuki, 1760-1806　80
質量　mass　70
　　——の加法性　additivity of mass　73
　　——の定義　definition of mass　72, 76
質点　particle　69, 89
自然法則　natural law　2, 74, 80
　　初期条件と——の分離　separation of initial condition from natural law　74
　　——と不変性　natural laws and invariance　80
自然対数の底 → e
『自然哲学の数学的諸原理』→『プリンキピア』
初期条件　initial condition　74, 139
衝突　collision
　　——径数　impact parameter　203
　　——と散乱角　impact parameter and scattering angle　203
　　——の法則　law of collision　134
小惑星　asteroid　74
主動霊　motrix anima　85
春分点　vernal equinox　109
束縛ベクトル　fixed vector　38, 40
速度　velocity　12, 16, 99
　　等速円運動の——　velocity of uniform circular motion　94, 95
　　惑星の——　velocity of a planet　99
速度ベクトル　velocity vector　38
双1次共変形式　covariant bilinear form　53
双曲線　hyperbola　197
　　——の方程式（極座標）　eqution of hyperbola　197
　　——の方程式（直角座標）　201
　　——の漸近線　asymptote of hyperbola　203

水晶時計　quartz clock　28
スカラー積　scalar product　46, 55, 164
　　──の幾何学的意味　56

● T
太陽　sun　105
　平均──　mean sun　105
太陽時　solar time　26, 105
　平均──　mean solar time　27, 105
太陽系　solar system　215
　──の形成史　history of solar system formation　215
単位　unit　10
　──の換算　conversion of unit　9
　──の計算　calculation of unit　9
単純調和振動　simple harmonic motion　155
単振子　simple pendulum　157
定ベクトル　constant vector　18
テコの理　principle of lever　73
転置行列　transposed matrix　42, 49, 58
天秤　balance　72
天文単位　astronomical unit　88
『哲学原理』　Principorum Philosophiae　3
時計　clock　25
徳川家康　Ieyasu Tokugawa, 1542-1616　3
徳川綱吉　Tsunayoshi Tokugawa, 1646-1709　68
等エネルギー線　equienergy line　151
等時性　isochronism　25
等加速度運動　motion of uniform acceleration　30
等速円運動　uniform circular motion　7, 33
　──の加速度　acceleration of uniform circular motion　90
　──の速度　velocity of uniform circular motion　94, 95
月　moon
　──も落下している　119
　──の軌道　lunar orbit　104
　──の公転　revolution of the moon　119
　──公転速度　velocity of the moon in its orbit　27

● U
宇宙飛行士　astronaut　103
『宇宙の神秘』　Mysterium Cosmographicum　85, 102
『宇宙論』　Le Monde　126
動く座標系　moving system of coordinates　78
運動　motion　11
　調和振動子の──　154
　一定の力を受ける──　motion under a constant force　140
　──の第Ⅰ法則　the first law of motion　77
　──の第Ⅱ法則　the second law of motion　69, 79, 84
　──の第Ⅲ法則　the third law of motion　76
　逆2乗則に従う力の場における──　135
　振子（振幅無限小）の──　m. of pendulum　157
　振子（振幅有限）の──　157
　速度が変位に比例する──　m. with velocity proportional to displacement　145
　加速度が変位に比例する──　149
　惑星の──　motion of planets　135
運動エネルギー　kinetic energy　150
運動学　kinematics　70
運動方程式　equation of motion　139
運動の法則　law of motion　68

● V
ヴィリアル定理　virial theorem　158, 186, 188
ヴォイジャー2号　Voyager 2　203
　──の海王星接近　203

● W
惑星　planet　85, 99
　──にはたらいている力　force acting on a planet　85, 99, 101, 134

——の加速度　acceleration of a planet　100
　　——の平均半径　mean distance to the sun　186
　　——の速度　velocity of a planet　99
　　——の運動方程式　equation of motion for a planet　101, 179
　　——のデータ　data of a planet　89
惑星の軌道　orbit of a planet, planetary orbit　87, 197
　　——の近日点　perihelion of pl. orbit　214
　　——の長半径　semi-major axis of pl. orb.　200
　　——の法線　normal to pl. orb.　27
　　——の形　shape of pl. orb.　217
　　——の離心率　eccentricity of pl. orb.　215
　　——の短半径　semi-minor axis of pl. orb.　200
　　——は楕円　Planetary orbit is an ellipse.　87, 200
惑星運動　motion of planet, planetary motion
　　——のエネルギー保存　conservation of energy in …　212
　　——のホドグラフ　hodograph of pl. motion　214
　　——の離心ベクトル　Lenz vector of pl. m.　211
ウォリス　John Wallis, 1616-1703　134
ウィグナー　Eugene Paul Wigner, 1902-　74
レン　Christopher Wren, 1632-1723　134

● Y

余弦定理　cosine theorem　46, 57
湯川秀樹　Hideki Yukawa, 1907-81　12
有効ポテンシャル　effective potential　169
　　万有引力の場の——　eff. pot. in gravitational field　183

● Z

座標系　system of coordinates　78
　　——の回転　rotation of coordinate system　53, 156
　　動く——　moving system of coordinates　78
絶対主義　absolutism　3

江沢 洋（えざわ・ひろし）

略歴
- 1932年　東京都に生まれる．
- 1955年　東京大学理学部物理学科を卒業．
- 1960年　東京大学大学院数物系研究科修了．理学博士．
　　　　　東京大学理学部助手，欧米に出張．
- 1967年　学習院大学助教授，1970年に教授．
- 2003年　学習院大学名誉教授．

主な著・訳・編書
- 『だれが原子をみたか』（岩波書店）
- 『量子と場』（ダイヤモンド社）
- 『量子力学』湯川秀樹・豊田利幸編の第III，VI部（岩波講座「現代物理学の基礎」，岩波書店）
- 『フーリエ解析』（講談社）
- 『漸近解析』（岩波講座「応用数学」，岩波書店）
- 『量子力学（I），（II）』（裳華房）
- ファインマン『物理法則はいかにして発見されたか』（訳；岩波現代文庫）
- 朝永振一郎『量子力学と私』（編；岩波文庫）
- 朝永振一郎『科学者の自由な楽園』（編；岩波文庫）

物理は自由だ[1]力学　[改訂版]

1992年3月15日　第1版第1刷発行
2004年3月30日　改訂版第1刷発行
2018年4月20日　改訂版第2刷発行

著者　江沢　洋
発行者　串崎　浩
発行所　株式会社 日本評論社
〒170-8474 東京都豊島区南大塚 3-12-4
電話　03-3987-8621（販売）
　　　03-3987-8599（編集）
印刷　精興社
製本　難波製本
装幀　妹尾浩也

JCOPY 〈（社）出版者著作権管理機構 委託出版物〉
本書の無断複写は著作権法上での例外を除き禁じられています．複写される場合は，そのつど事前に，（社）出版者著作権管理機構（電話：03-3513-6969, FAX：03-3513-6979, e-mail：info@jcopy.or.jp）の許諾を得てください．また，本書を代行業者等の第三者に依頼してスキャニング等の行為によりデジタル化することは，個人の家庭内の利用であっても，一切認められておりません．

© 江沢 洋 2004年　　　　　　　　　　Printed in Japan
ISBN 978-4-535-60806-1